应用型基础物理实验教程

张 礼 白 磊 陈 杰 吴 弘 编著

东南大学出版社
SOUTHEAST UNIVERSITY PRESS
·南京·

图书在版编目(CIP)数据

应用型基础物理实验教程 / 张礼等编著. —南京：东南大学出版社，2021.12(2024.12重印)

ISBN 978-7-5641-9891-6

Ⅰ. ①应… Ⅱ. ①张… Ⅲ. ①物理学—实验—高等学校—教材 Ⅳ. ①O4-33

中国版本图书馆 CIP 数据核字(2021)第 254588 号

责任编辑：夏莉莉　责任校对：杨　光　封面设计：顾晓阳　责任印制：周荣虎

应用型基础物理实验教程　YINGYONGXING JICHU WULI SHIYAN JIAOCHENG

编　　著：张　礼　白　磊　陈　杰　吴　弘
出版发行：东南大学出版社
社　　址：南京四牌楼 2 号　邮编：210096　电话：025-83793330
网　　址：http://www.seupress.com
电子邮件：press@ seupress.com
经　　销：全国各地新华书店
印　　刷：苏州市古得堡数码印刷有限公司
开　　本：787mm×1092mm　1/16
印　　张：16.75
字　　数：396 千
版　　次：2021 年 12 月第 1 版
印　　次：2024 年 12 月第 4 次印刷
书　　号：ISBN 978-7-5641-9891-6
定　　价：48.00 元

本社图书若有印装质量问题，请直接与营销部调换。电话(传真)：025-83791830

前　言

大学物理实验课程是高等学校工科专业必修的基础课程。它通过实际动手操作实现对习惯的培养、知识的学习、能力的训练，达到对学生实验知识的掌握及科学素养的培养，进而提高学生发现问题、分析问题和解决问题的能力。

本书根据教育部高等学校物理基础课程教学指导分委员会编制的《理工科类大学物理实验课程教学基本要求》，结合应用型本科院校专业的特点和东南大学成贤学院高质量应用型本科人才培养要求及实验室仪器现状，在总结多年教学实践的基础上编写而成。全书由绪论及22个实验项目组成，实验内容涉及力学、热学、电磁学、光学及近代物理学等相关知识，实验设计以基础实验为主并进行研究性延伸，实验方式含课内实验、开放实验、创新实验等形式。针对实验项目的编写，本书采用衔接紧凑的8部分编写方式，分别为(1)知识介绍；(2)实验目的；(3)实验原理；(4)实验仪器；(5)实验内容(数据记录、数据处理、结果分析)；(6)注意事项；(7)观察思考；(8)拓展阅读。教材编写努力体现以下特色：实验介绍追踪溯源，探索当下；实验要求结构清晰，逻辑清楚；实验拓展注重应用，推进创新。

本教材作为基础性实验指导用书，适合本科院校各工科专业24～64学时教学使用，也适合相关教师作为阅读与实践参考书。

本书由东南大学成贤学院基础部物理实验中心教师编写，具体编写分工如下：张礼(绪论、实验1(拓展阅读)、2、4、5、6(附录)、14、16、22)；白磊(实验9、13、18、21)；陈杰(实验1、3、6、8、20)；吴弘(实验1(知识介绍)、7、10、11、12、15、17、19)。

编者诚挚感谢东南大学物理学院周雨青、戴玉蓉两位教授在成书过程中给予的细致、严谨、中肯的建设性意见。

在本书撰写过程中，编者参阅了部分兄弟院校的大学物理实验教材及部分仪器厂家的产品说明书，也从网上收集了相关资料，在此表示诚挚的感谢。限于编者水平，疏漏之处在所难免，望广大读者批评指正。

编　者

2021年7月

目　录

绪　论

第一节　引　言

著名的物理学家丁肇中教授2006年曾说过："实验是自然科学的基础，理论如果没有实验的证明是没有意义的。当实验推翻了理论之后，才可能创建新的理论。理论是不可能推翻实验的。"物理学从本质上说是一门实验科学，物理概念的建立和物理规律的发现都以严格的实验事实为基础，并且不断受到实验的检验。物理学在自然科学领域的广泛应用也离不开实验。大学物理实验是对高等学校学生进行科学训练的基础性课程。它既可以帮助学生加深对物理理论的理解，又可以使学生获得基本的实验知识，同时还可以让学生在实验方法和实验技能等方面受到系统、严格的训练。在促进学生科学基础、科学素养的全面发展方面起持续的潜移默化的作用，为后续专业学习打下坚实的基础。

一、大学物理实验的主要目的和任务

1. 通过对多层次物理实验现象的观察、分析、研究和对物理量的测量，加深对基本物理概念和定律的认识和理解。掌握物理实验的基本知识、方法和技能，学会运用物理原理和实验方法来研究问题、分析问题、解决问题，不断提高科学基础和科学素养。

2. 培养和提高学生从事科学实验的综合能力。通过预习，使学生学会阅读文献，了解实验的思想与背景知识，概括出实验原理和方法要点，明确实验目的，知道怎么去做，书本上是怎样实现的，是否还有更好的方法等。通过动手做实验，学习各种物理量的测量，学会基本仪器的使用与设备的操作，学会观察实验现象并提升获取数据信息的能力；通过撰写实验报告，学会正确记录数据、处理数据以及分析数据；通过每个实验的总结与讨论，培养能提出问题、分析问题、研究问题、独立解决实际问题的工作能力。这些都是科研必备的基本素质，也是进一步学习、工作和研究的基础。

3. 培养学生理论联系实际和实事求是的科学态度和严谨踏实的工作作风，勇于探索、积极进取、坚忍不拔的钻研精神以及遵守纪律、严格执行科学实验操作规范、团结协作的优良品德。

4. 养成良好的实验室工作习惯，培养严肃认真、实事求是的工作作风，提高科学素养。在调整仪器设备时，在观察测量的过程中，要严格仔细，一丝不苟；当发现实验结果与预期不符合时，要仔细分析原因，而不能随意作假，拼凑数据；要遵守实验室的规章制度，爱护仪器，注意安全。

二、学习物理实验的基本程序

物理实验是学生在教师指导下，独立进行实验的一种实践活动。物理实验一般包含3个环节：课前预习、课堂实验和课后撰写实验报告。

1. 课前预习

实验课前要仔细阅读实验教材或有关资料，在理解本次实验的目的、原理的基础上，明确要观察哪些现象，测量哪些物理量；要清楚哪些物理量是直接测量量，哪些是间接测量量；用什么方法和仪器来测量，初步了解有关测量仪器的主要性能、使用方法和注意事项。并在此基础上写出预习报告。预习报告包括：实验名称、实验目的、实验原理图、实验所依据的重要理论公式、数据记录表格等。有些实验还要求学生课前自拟实验方案，自己设计线路图或光路图，自拟数据表格等。因此，课前预习的好坏是实验中能否取得预期效果的关键。

2. 课堂实验

课堂实验是实验课的重要环节，为了顺利完成实验，学生进入实验室后应按下列要求进行实验。

(1) 认真听取实验教师的讲授内容。进入实验室后，首先听取实验教师对实验的目的要求、重点难点和注意事项的讲解；对照仪器，仔细阅读有关仪器的使用说明和操作注意事项；进一步明确本实验的具体要求。

(2) 实验仪器调节。进入实验操作环节后，学生首先详细检查实验仪器与组件初始状态是否完好，如有缺损，及时报告实验教师或仪器管理人员。严格按照实验内容与实验步骤安装、调节实验仪器，使实验仪器达到正常试验状态。在安装和调试中确保人身安全和仪器安全。确认仪器正确使用后，再按照实验要求、实验步骤逐步逐项进行操作。在仪器调节中，细心和耐心尤为重要。如在力学、热学实验中，一些仪器使用前往往需要调至水平或垂直状态，仪器调节时，按照要求，细心把仪器调整到指定的状态。电磁学实验中在连接电路前，应考虑仪器设备的合理摆放，电路连接的顺序，还要注意把仪器调节到“安全状态”，线路连接好并检查无误后，再请教师检查，确定电路连接正确后方可接通电源进行实验。光学实验仪器调节时，一定要细心调节仪器至要求的工作状态，它决定了实验能否顺利进行和测量结果是否精确可靠。

(3) 观察实验现象。实验中必须仔细观察、积极思考。要在实验所具备的温度、压力等客观条件下，进行认真的实事求是的观察和测量。遇到问题时，应先冷静地分析和处理，再与同学或老师讨论；仪器发生故障时，也要在教师指导下学习排除故障的方法；在实验中有意识地培养自己的独立分析问题和解决问题的能力。

(4) 实验数据记录。实验记录是计算结果和分析问题的重要依据，在实际工作中则是宝贵的资料。根据实验的目的和要求，把实验现象和实验数据细心地记录在预习报告的原始数据表格内。记录时要用钢笔或签字笔，不要用铅笔。如确系记错了，也不要涂改，应在原数据上轻轻画上一道斜线，在旁边写上正确值，使正误数据都能清晰可辨，以供在分析测量结果和误差时参考。切勿先将数据记在草稿纸上，然后再写在表格内。此外，还应记录环境温度、湿度、气压等实验条件，仪器型号规格与编号等。总之，在实验过程中，不要只会按照教材的实验步骤被动地去做实验，而要在充分预习的基础上积极主动地去完成实验；不应片面追求快速测完实验数据，而应注重分析实验现象和解决实验中所遇到的问题；不应依赖他人完成实验，而应独立自主完成实验。

3. 课后撰写实验报告

在充分理解实验原理，检验完善实验步骤，充分分析实验现象、实验结果的基础上撰写完整规范的实验报告。实验报告是实验工作的全面总结，要用简明扼要的形式，将实验结果完整而又真实地表达出来。学会撰写实验报告，也为今后撰写课题汇报、实践总结及科研论文打下基础，这也是进行科学素质培养的必要内容之一。实验报告要求字体工整，文理通顺，图表规矩，结论明确，逐步培养以书面形式分析总结科学实验结果的能力。

实验报告内容包括：

(1) 实验名称、实验者学号姓名、组别、座位号、实验日期等。(报告册封面)

(2) 实验目的。简单分条罗列。

(3) 实验原理。用自己的语言对实验所依据的理论做简要叙述，不要照抄书本；列出重要的公式和必要的文字说明，并附有原理图，包括电路图或光路图等。

(4) 实验仪器。列出实验中所使用的的主要仪器的名称、规格、型号，主要技术参数，必要的仪器示意图等。

(5) 实验步骤。概括地、条理分明地说明实验所进行的主要程序，包含观察了哪些物理现象，测量了哪些物理量，并说明这些观测中所采用的方法等。

(6) 实验数据与数据处理。将原始记录数据转记于实验报告上的数据表格中，原始记录也应附在报告中，以便教师检查。按照有效数字的运算法则进行计算，并按实验要求求出结果的不确定度，正确运用不确定度表示实验结果，以及按照作图规范作图等。

(7) 实验结果。明确客观地给出实验结果。

(8) 分析讨论。该部分对实验过程或结果进行讨论，如实验中观察到的现象分析、误差来源分析、实验中存在的问题讨论、实验思考题的讨论等。也可对实验本身的设计思想、实验仪器的改进提出意见或建议。还可以对实验中某个问题进行比较深入的讨论和研究，以期为以后的课程竞赛或参加大学生创新实践做准备。

三、学生实验制度

为了培养学生良好的实验素质和严谨的科学态度，保证实验顺利进行和进一步提高实验室教学和管理质量，制定以下学生实验制度。

1. 实验前认真预习实验指导书规定的有关内容，必须做好预习工作，明确实验目的和要求，掌握实验的基本原理和基本步骤，了解相关仪器设备的性能和操作方法，写好预习报告。准备好必要的物品，如文具、计算器、草稿纸和作图纸等。

2. 学生应在课表规定或预约的时间按时进入实验室，不得无故缺席或迟到，实验时间如需变动，需经过学院相关部门和实验室批准。

3. 学生进入实验室后，指导教师将检查预习情况，检查预习报告和简要提问，经检查合格后方可进行实验。

4. 进入实验室后，学生应在教师的指导下检查核对自己使用的仪器或工具有无缺少或损坏，若发现问题，应及时向指导教师或实验室管理人员提出，不得自行调换、拆卸仪器、设备。

5. 实验中要细心观察仪器构造，谨慎操作，严格遵守操作规程及注意事项。对电学实验，电路连接好后，先经教师或实验室工作人员检查无误后方可接通电源，以免发生意外。

6. 为保证实验设备的安全，严禁带食物饮料进入实验室，实验室内严禁吸烟、吃东西、随地吐痰、乱扔脏物。保持实验室安静，不得大声喧哗打闹。

7. 仪器设备发现异常现象时，应立即停止实验，及时报告指导教师或实验室管理人员，查明原因后，方可继续实验。凡属违反操作规程导致设备损坏的，视情节对责任人追究责任，照章赔偿。

8. 实验结束时，学生应将实验数据记录交指导教师检查并签字，不合格者，需重做或补做；合格者，应将所用实验仪器切断电源，实验物品全面整理、放回原处，桌子凳子收放整齐，经指导老师检验后方可离开实验室。实验报告在实验结束一周内交实验室指定地点。

第二节 测量误差基础知识

物理实验是通过实验的方法呈现物理现象，探索研究物理规律。物理实验研究的内容包含三个环节：第一，通过实验仪器和实验方法呈现物理现象；第二，在物理现象的基础上测量实验数据；第三，对测得的数据进行处理，求出所测物理量，并找出各物理量之间的关系。

一、测量及其分类

测量是物理实验的中心环节，测量就是将待测物理量与选作计量标准的同类物理量进行比较，得出其倍数的过程。所得的倍数值称为待测物理量的数值，选作的计量标准称为单位。因此，表示一个物理量的测量值必须包括数值和单位。

1. 等精度测量和不等精度测量

根据测量条件是否相同，测量可分为等精度测量和不等精度测量。**等精度测量**就是在相同的测量条件下对某一物理量进行的多次测量。例如，在同样的环境下，同一个人使用同一台仪器，采用同样的测量方法，对同一待测量连续进行多次测量，此时每次测量的可靠程度都相同，这种测量称之为等精度测量。重复测量必须是重复进行测量的整个操作过程，而不是仅仅为重复读数。

不等精度测量是指在对某一物理量进行多次测量时，测量条件不完全相同，则各次测量结果的可靠程度也不同的测量。

2. 直接测量和间接测量

根据测量方式的不同，测量可分为直接测量和间接测量。**直接测量**是用计量仪器直接与待测量进行比较，直接获得待测物理量的操作过程。例如，用刻度尺测量物体长度、用温度计测量物体温度、用天平测量物体质量等，都属于直接测量。

间接测量是指利用若干个直接测量量，通过一定的函数关系运算后才能获得待测物理量的测量。例如，测量物体的密度时，先测得它的质量和体积，再通过密度公式计算出待测物的密度，这就是间接测量，密度称为间接测量量。虽然大多数的物理量都是间接测量量，但直接测量是一切测量的基础。

二、测量误差

在一定条件下，任何一个待测物理量的大小都是客观存在的，不以测量工具、测量方法、测量人员的变化而变化的客观量值，这个量值称为**真值**。在实际测量中，由于受实验方法、实验设备、实验条件等多种因素的限制，被测量物理量的测量结果 $N_{测}$ 与其真值 $N_{真}$ 之间总存在一定的偏差，两者的差值 ΔN 称为**测量误差**，即：

$$\Delta N = N_{测} - N_{真} \tag{1}$$

上式可以看出，测量误差 ΔN 指测量值与真值的差值，反映了测量值偏离真值的大小（由绝对值表示）和方向（由正、负决定），其大小又称为绝对误差。绝对误差可以表示某一测量结果的优劣，但在比较不同测量结果时则不适用，需要用相对误差表示。例如，测量400 m长的跑道相差 10 m 与测量地球和月球之间距离相差 10 m，两者绝对误差相同，而相对误差不同。相对误差定义为某个测量值的绝对误差 ΔN 与其真值 $N_{真}$ 之比的绝对值的百分数，称为该测量值的相对误差 E，即：

$$E = \frac{|N_{测} - N_{真}|}{N_{真}} \times 100\% = \frac{|\Delta N|}{N_{真}} \times 100\% \tag{2}$$

“相对误差”是一个无量纲量，它反映了测量准确度的高低，常用百分比来表示，因而相对误差有时也称为百分误差。

绝对误差反映测量值偏离真值的大小，适用于比较同一个测量对象物理量测量值的优劣。相对误差反映测量误差的严重程度，适用于比较不同测量量的优劣。测量误差存在于一切测量之中，贯穿于测量过程的始终。随着科学技术的发展，测量水平的不断提高，测量误差可以被控制得越来越小，但是却永远不会被消除。

三、误差的分类

误差的产生有多方面的原因，根据误差的性质及产生的原因，一般可将其分为系统误差、随机误差和粗大误差三大类。

1. *系统误差*

在相同条件下多次测量同一物理量时，误差的大小恒定，符号总偏向一方或误差按照某一确定的规律变化，这种偏差称为**系统误差**。产生系统误差的原因有很多，如，仪器本身的缺陷或实验者没有按照规定条件使用而产生；实验方法本身的不完善或测量所依据的理论公式本身的近似性而引入；环境影响或没有按规定的条件使用仪器而引起；观测者本人生理或心理特点，以及缺乏经验而造成等。

系统误差的特征是具有确定性和方向性，**测量结果总是**偏大或者偏小。按其出现的规律，系统误差可分为两类：定值系统误差和变值系统误差。

（1）定值系统误差

定值系统误差是指大小和方向已经确定的系统误差，按人们对它的掌握程度又可分为已定系统误差和未定系统误差两种。

已定系统误差是以高精度仪器为标准，测量仪器的各个测量值与标准仪器（高精度仪器）测量值之间的差值，尽管在不同分度上其大小和方向可能都不相同，但它们都是定值。这类系统误差被称为定值系统误差中的已定系统误差。

由于已定系统误差是确定了大小与方向的误差，在测量中，可以通过校正仪器等办法将其消除。如仪器的示值误差、零值误差、环境误差等。

未定系统误差是指数值或方向没有确定或无法确定的系统误差。例如，物理天平的两个臂事实上不完全相等，惠斯登电桥两个比率臂示值虽相等，但实际上有差异，螺旋测微器、读数显微镜、迈克耳孙干涉仪等有空行程，这些在数值或方向上都不能确定，但它们也是定值。在消除未定系统误差时，无须深究它们的大小和方向，只用抵消法、交换法和替代法消除其影响即可。

（2）变值系统误差

变值系统误差其数值是变化的，按其变化规律分为线性系统误差和周期性系统误差。

线性系统误差的数值随测量尺度的增大而变化，或随时间的增加而变化，而且其变化呈线性关系。例如，长度测量中千分尺螺杆螺距的误差随测量尺寸的增大而增大；有些工件，随着温度变化其尺寸也呈线性变化；标准电阻箱随电阻值的增大其系统误差也增大，这些都具有累积性质，所以，线性系统误差也称为累积性系统误差。

周期性系统误差是指误差的大小与方向呈一定的周期性变化的误差。如分光计的刻度盘与游标盘偏心差，此时读数误差将随着角度的增大呈周期性变化。

2. 随机误差

在极力消除或修正一切明显的系统误差之后，在同一条件下多次测量同一物理量时，测量结果仍会出现一些无规律的起伏。这种在同一量的多次测量过程中，绝对值和符号以不可预知的方式变化的测量误差分量称为随机误差。随机误差的出现，就个别测量值而言是没有规律的，当测量次数足够多时，随机误差服从统计分布规律，可以用概率理论来估算。

3. 粗大误差

实验中，由于实验者操作不当或粗心大意，明显地歪曲了测量结果的误差称为粗大误差。例如看错刻度、读错数字、记错数或计算错误等都会使测量结果明显地被歪曲，这种由于错误引起的误差称为粗大误差或过失误差。含有粗大误差的测量值称为坏值或异常值，正确的结果中不应包含有过失错误。在实验测量中要极力避免过失错误，在数据处理中要尽量剔除坏值。

四、随机误差的分布规律与特性

理论和实践都证明，等精度测量中，当测量次数较少时，就某一测量值来说是没有规律的，其大小和方向都是不能预知的。当测量次数 n 很大时（理论上是 $n \to \infty$），测量列（测量列指在等精度测量中所测得的一组测量值）的随机误差多接近于正态分布（即高斯分布）。标准化的正态分布曲线如图 1 所示。图中横坐标 $\Delta x = x_i - x_0$ 表示随机误差，纵坐标表示对应的误差出现的概率密度 $f(\Delta x)$。服从正态分布的随机误差符合如下特征：

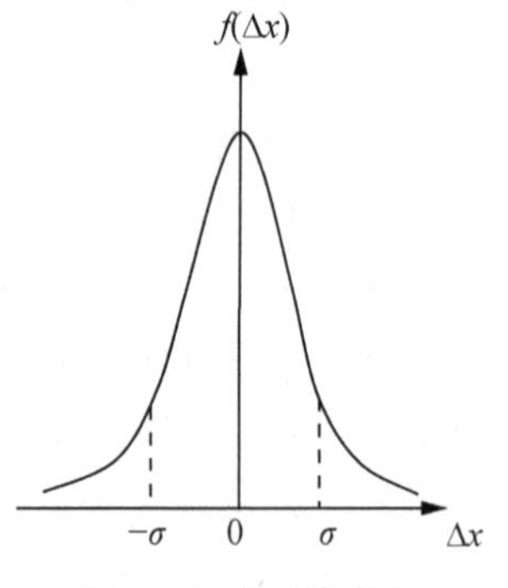

图 1　正态分布曲线

单峰性：绝对值小的误差比绝对值大的误差出现的概率大；

对称性：绝对值相等的正误差和负误差出现的概率相等；

有界性：在一定的测量条件下，绝对值很大的误差出现的概率趋于零；

抵偿性：随机误差的算术平均值随着测量次数的增加而越来越趋于零。换句话说，若测量误差只有随机误差分量，即随着测量次数的增加，测量列的算术平均值越来越趋近于真值。因此增加测量次数，可以减小随机误差的影响。抵偿性是随机误差最本质的特征，原则上具有抵偿性的误差都可以按随机误差的方法处理。

然而，实际测量总是在有限次数内进行，如果测量次数 $n \leqslant 20$，误差分布明显偏离正态分布而呈现 t 分布形式。t 分布函数已算成数表，可在数学手册中查到。t 分布曲线如图 2 所示，数理统计中可以证明，当 $n \to \infty$ 时，t 分布趋近于正态分布（图 2 中的虚线对应于正态分布曲线）。由图可见，t 分布比正态分布曲线变低、变宽了；n 越小，t 分布越偏离正态分布。但无论哪一种分布形式，一般都有两个重要的数字特征量，即算术平均值和标准偏差。

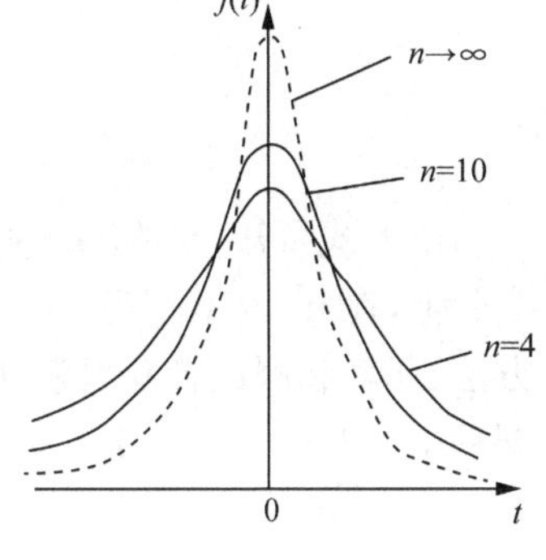

图 2　t 分布曲线

五、算术平均值和标准偏差

1. 算术平均值和残差

在实际测量中，为了减小误差，常常对某一物理量 N 进行多次等精度测量，得到一系列测量值 $x_1, x_2, \cdots, x_n$，则测量结果的算术平均值 $\bar{x}$ 定义为：

$$\bar{x} = \frac{(x_1 + x_2 + \cdots + x_n)}{n} = \frac{1}{n}\sum_{i=1}^{n} x_i \tag{3}$$

由于每一个测量值 $x_1, x_2, \cdots, x_n$ 是等精度的，也就是每一次重复测量的工具、方法、人员及环境必须保持不变，因此对它们的信任程度也应是一样的，利用它们来计算测量值的结果时，各个测量值应占有同样的比重，在同样的系统误差情况下，每个测量值的随机误差（后面讲到）根据其抵偿性，当 $n \to \infty$ 时而趋于零，因而 $\bar{x} \to x_{真}$，故算术平均值比任一次测量值的可靠性更高，所以算术平均值是真值的最佳估计值。因实际测量中用算术平均值代替真值，则单次测量的结果与算术平均值之差称为**残差**。

2. 有限次测量的标准偏差

由于实验中测量次数总是有限的，在大学物理实验中，通常取 $5 \leqslant n \leqslant 10$，因此我们实际应用的都是这种情况下的单次测得值的标准偏差公式，即贝塞尔公式：

$$S = \sqrt{\frac{\sum_{i=1}^{n} (x_i - \bar{x})^2}{n-1}} \tag{4}$$

标准偏差表示测量值 $x_1, x_2, x_3, \cdots, x_n$ 及其随机误差的离散程度。标准偏差小表示测量值密集，即测量的精密度高；标准偏差大表示测量值分散，即测量的精密度低。

3. 算术平均值的标准偏差

如果在相同条件下,对同一量做多组重复的系列测量,则每一系列测量都有一个算术平均值。由于随机误差的存在,两个测量列的算术平均值也不相同。不考虑系统误差影响时,它们围绕着被测量的真值有一定的分散。此分散说明了算术平均值的不可靠性,而算术平均值的标准偏差则是表征同一被测量的各个测量列算术平均值分散性的参数,可作为算术平均值不可靠性的评定标准。$S_{\bar{x}}$ 又称算术平均值的实验标准差,即:

$$S_{\bar{x}}=\sqrt{\frac{\sum_{i=1}^{n}(x_i-\bar{x})^2}{n(n-1)}}=\frac{S}{\sqrt{n}} \tag{5}$$

由上式可知,$S_{\bar{x}}$ 随着测量次数的增加而减小,似乎 n 越大,算术平均值越接近于真值。实际上,在 $n>10$ 以后,$S_{\bar{x}}$ 的变化相当缓慢,另外测量精度主要还取决于仪器的精度、测量方法、环境和测量者等因素,因此在实际测量中,单纯地增加测量次数是没有必要的。在本课程中一般取 6~10 次。

第三节 测量结果的表示与不确定度的估算

一般情况下,科学实验中的测量结果,不仅要给出被测量的测量值,而且应该体现其测量的误差,通过测量值和误差评定其测量结果的可信赖程度。由于被测量的真值是从测量中获取的,因而不可能用测量误差实际大小的方法说明测量结果的可信赖程度。为此,1980年,国际计量局(BIPM)起草了一份《实验不确定度的说明》的建议书 INC-1(1980),国际计量委员会(CIPM)在 1981 年原则上通过了这一建议书,引入"不确定度"的目的是对测量结果做出更科学、更合理的评价。

若干年来,"不确定度表示"体系经历了系统化、完善化和不断推广的过程。1993 年,国际标准化组织(ISO)等 7 个国际组织联名发表《测量不确定度表达指南》等文件。许多工业化国家相继颁布了不确定度表达的国家标准。我国在国家标准文件和计量规范中逐步采用了不确定度的表达方式。1999 年,我国计量科学研究院经国家质量技术监督局批准,发布了《JJF1059—1999 测量不确定度评定与表示》(现为 JJF1059.1—2012),明确提出了测量结果的最终形式要用不确定度来进行评定与表示,由此不确定度在我国开始进入推广使用阶段。

"不确定度"是对被测物理量真值所处范围的评定,它表示由于存在测量误差,导致被测量的真值不能确定的程度。即,若以 $\bar{x}$ 表示测量值的算术平均值,U 表示测量不确定度,则被测量的真值 x 以一定置信概率 P 落在测量平均值附近的一个范围 $(\bar{x}-U,\ \bar{x}+U)$ 内,区间 $(\bar{x}-U,\ \bar{x}+U)$ 称为置信区间。

一、测量结果的表示

根据国家《JJF1059—1999 测量不确定度评定与表示》文件精神,采用**扩展不确定度** U 来表示实验测量结果,测量结果的表达形式为:

$$x=\bar{x}\pm U \tag{6}$$

上式表示被测量值的真值位于区间（$\bar{x}-U$，$\bar{x}+U$）内的概率为 P，P 可以取 68%、95%、99%。

扩展不确定度简称为不确定度。从评定方法上看，扩展不确定度分为两类分量：**A 类分量** U_A 指在同一条件下进行多次测量，根据一列测量值的统计学方法分析评定的分量；**B 类分量** U_B 指不同于 A 类的其他方法（即根据经验或非统计方法）评定的分量。这两类分量按照方和根规则合成，即

$$U=\sqrt{U_A^2+U_B^2} \tag{7}$$

$U_r=U/\bar{x}$ 为相对不确定度，也常用来评定测量结果，可更直观地检查测量结果的可信赖程度。

二、直接测量结果的不确定度评定

不确定度是对被测量的真值所处的量值范围的评定，它用以评定实验测量结果的质量，是对测量误差的一种评定方式。它表示由于存在测量误差，导致被测量的真值不能确定的程度。测量不确定度的理论保留系统误差的概念，也包含随机误差的因素。

不确定度反映在一定的概率下，真值的最佳估计值所处的量值范围。不确定度越小，误差的可能分布范围越小，测量的可信程度越高；不确定度越大，标志着误差的可能值越大，测量的可信赖程度越低。

1. 多次等精度直接测量结果的不确定度评定

(1) 不确定度 A 类分量 U_A

在相同条件下对某物理量 x 进行了 n 次独立测量，其测量值分别为 x_1，x_2，…，x_n，通常以样本的算术平均值 $\bar{x}$ 作为被测量值的最佳值，即

$$\bar{x}=\frac{1}{n}(x_1+x_2+\cdots+x_n)=\frac{1}{n}\sum_{i=1}^{n}x_i \tag{8}$$

A 类标准不确定度由标准偏差 S 乘以 $t/\sqrt{n}$ 得到，即

$$U_A=\frac{t}{\sqrt{n}}\cdot\sqrt{\frac{1}{(n-1)}\sum_{i=1}^{n}(x_i-\bar{x})^2}=\frac{t}{\sqrt{n}}S \tag{9}$$

上式中，t 称为"**t 因子**"，它与置信概率和测量次数有关，其数值可由表 1 查出。由表 1 看出，当测量次数 n 很多，对应的置信概率为 68.3%时，$t\approx1$；由表 2 看出，当对应的置信概率为 95%时，若测量次数 n 在 5 到 8 次，也可取 $t/\sqrt{n}\approx1$。所以在大多数普通物理实验教学中，为了简便，一般就取 $t/\sqrt{n}\approx1$。

表 1　不同概率时 t 因子的值

测量次数 置信概率	2	3	4	5	6	7	8	9	10	20	30	∞
$P=0.683$	1.84	1.32	1.20	1.14	1.11	1.09	1.08	1.07	1.06	1.03	1.02	1.00
$P=0.95$	12.7	4.30	3.18	2.78	2.57	2.45	2.36	2.31	2.26	2.09	2.05	1.96

表 2 概率 $P=0.95$ 时，t 因子和 $(t/\sqrt{n})$ 的值

测量次数 n	2	3	4	5	6	7	8	9	10	15	20	30
t 因子的值	12.71	4.30	3.18	2.78	2.57	2.45	2.36	2.31	2.26	2.14	2.09	2.05
$(t/\sqrt{n})$的值	8.99	2.48	1.59	1.24	1.05	0.93	0.84	0.77	0.72	0.55	0.47	0.37
$(t/\sqrt{n})$的近似值	9.0	2.5	1.6	$(t/\sqrt{n})\approx 1$				0.8	0.7	$(t/\sqrt{n})\approx 2/\sqrt{n}$		

(2) 不确定度 B 类分量 U_B

B 类不确定度的估计是测量不确定度估算中的难点。由于引起 B 类分量的误差成分与测量的系统误差相对应，而不确定系统误差可能存在于测量过程的各个环节中，因此**不确定度** B 类分量通常也是多项的。在 U_B 分量的估算中要不重复、不遗漏地详尽分析产生 B 类不确定度的来源，尤其是不遗漏那些对测量结果影响较大的或主要的不确定度来源，就有赖于实验者的学识和经验以及分析判断能力。

由于测量需要使用量具、仪表和仪器，仪器生产厂家给出的仪器误差限值或最大误差，实际上就是一种不确定的系统误差，因此仪器误差是引起不确定度的一个基本来源。在物理实验中，我们只要求掌握由仪器误差引起的 B 类不确定度 B 的估计方法。

物理实验教学中仪器误差限值 Δ_{ins} 一般取量具、仪表的示值误差限或基本误差限。它们可参照国家标准规定的计量量具、仪表的准确度等级或允许误差范围得出，或者由生产厂家的产品说明书给出，或者由实验室结合具体情况，给出 Δ_{ins} 的近似约定值。

例如，电表的误差可分为基本误差和附加误差。电表的附加误差在物理实验中考虑起来比较困难，故我们约定，在实验教学中一般只取基本误差限，因此按下式简化计算 Δ_{ins}：

$$\Delta_{ins}=\text{量程}\times K/100$$

式中：K 为国家标准规定的准确度等级。

仪器误差限 Δ_{ins} 是教学中的一种简化表示，在本课程中，作如下简化：由实验室给出或近似地取仪器误差限值，即：

$$U_B=\Delta_{ins} \tag{10}$$

常用仪器的 Δ_{ins} 值见表 3。

表 3 常用仪器的仪器误差限 Δ_{ins} 值

仪器名称	仪器误差限 Δ_{ins}	仪器名称	仪器误差限 Δ_{ins}
米尺	0.5 mm	普通温度计	1 ℃
游标卡尺(50 分度)	0.02 mm	电阻箱	$K\%R$(K 为准确度或级别，R 为示值)
螺旋测微器 1 级	0.004 mm	直流电桥	$K\%R$(K 为准确度或级别，R 为示值)
分光计	最小分度值	计时器	仪器最小读数(1 s，0.1 s，0.01 s)
读数显微镜	0.005 mm(分度值的一半)	各类数字仪表	仪器最小读数
物理天平	0.05 g		

(3) 扩展不确定度U的评定

对于受多个误差来源影响的某直接测量量，被测量x的不确定度可能不止一项，且各不确定度分量彼此独立，扩展不确定度U由不确定度A类分量U_A和不确定度B类分量U_B方和根方式合成。扩展不确定度U的计算可简化为：

$$U=\sqrt{U_A^2+U_B^2}=\sqrt{\left(\frac{t}{\sqrt{n}}S\right)^2+\Delta_{ins}^2} \tag{11}$$

2. 单次直接测量结果的不确定度评定

在物理实验中，常常由于实验条件、环境、仪器等因素限制，仪器精度较低，测量对象不稳定，或测量准确度要求不高等原因，对一个物理量只能或只需进行单次直接测量，这时不能用统计方法求标准偏差，而测量的随机分布特征是客观存在的，不随测量次数的不同而变化。通常单次**直接测量**的不确定度计算可简化为：

$$U=U_B=\Delta_{ins} \tag{12}$$

3. 直接测量不确定度评定步骤

(1) 根据式(3)计算出测量量的平均值$\bar{x}$；

(2) 根据贝塞尔公式计算测量列的标准偏差S(标准偏差在线计算器计算方案如图3所示)；

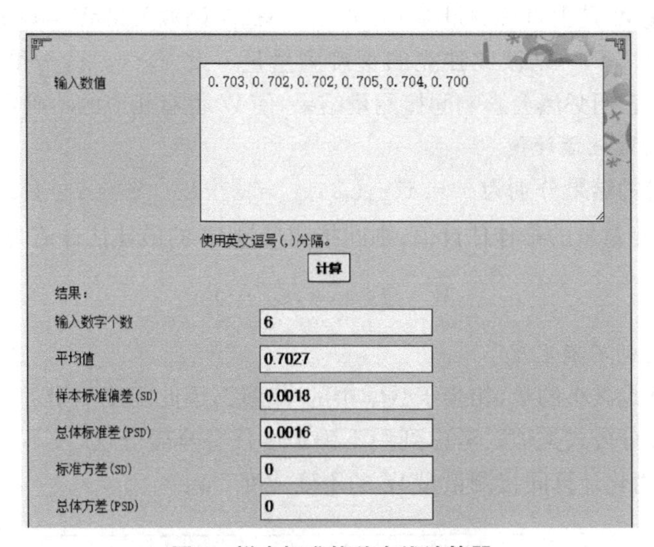

图3　样本标准偏差在线计算器

(3) 根据表2和式(9)计算A类标准不确定度U_A；

(4) 根据表3和式(10)得出B类标准不确定度U_B；

(5) 根据式(11)计算扩展不确定度U；

(6) 写出测量结果$x=\bar{x}\pm U$。

例1　用1级螺旋测微器测量钢丝直径D，测量数据如下：0.703 mm，0.702 mm，0.702 mm，0.705 mm，0.704 mm，0.700 mm，求钢丝直径D算术平均值和不确定度，写出测量结果。

解:先求出钢丝直径的测量结果：$\bar{D}=0.702\ 667\ \text{mm}$

测量列的标准偏差：$S=0.001\ 75\ \text{mm}$

A 类标准不确定度：$U_A=\frac{t}{\sqrt{n}}S=0.001\ 84\ \text{mm}$

B 类标准不确定度:查表 3 得 $U_B=\Delta_{ins}=0.004\ \text{mm}$

直径 D 的不确定度：$U=\sqrt{U_A^2+U_B^2}=\sqrt{\left(\frac{t}{\sqrt{n}}S\right)^2+\Delta_{ins}^2}=0.004\ 4\ \text{mm}$

在物理实验中,不确定度一般取 1 位有效数字,测量结果的位数与不确定度对齐。

所以测量列的不确定度:$U=0.004\ \text{mm}$

测量结果钢丝直径：$D=\bar{D}\pm U=(0.703\pm0.004)\text{mm}$

三、间接测量结果不确定度的估算

间接测量的测量结果和合成不确定度是由直接测量结果通过函数式计算出来的,既然直接测量有误差和不确定度,那么间接测量也有误差和不确定度,这就是误差或者不确定度的传递。由直接测量值及其误差来计算间接测量值的误差,这之间的关系式称为误差的传递公式。相应地由直接测量值的不确定度来计算间接测量值不确定度的关系式,称为不确定度的传递公式。

设间接测量量 W 是由直接测量量 x，y，z，…通过函数关系 $W=f(x,y,z,\cdots)$ 计算得到的,其中 x，y，z，…是彼此独立的直接测量量。设 x，y，z，…的不确定度分别为 U_x，U_y，U_z，…，它们必然会影响间接测量结果,使 W 也有相应的不确定度。

1. 间接测量的最佳估计值

设直接测量量的结果分别为 $x=\bar{x}\pm U_x$，$y=\bar{y}\pm U_y$，$z=\bar{z}\pm U_z$，…，其中 $\bar{x}$，$\bar{y}$，$\bar{z}$，…分别为直接测量量的最佳估计值,则间接测量量 W 的最佳估计值为：

$$\bar{W}=f(\bar{x},\bar{y},\bar{z},\cdots) \tag{13}$$

2. 间接测量量的不确定度

由于不确定度是微小的量,相当于数学中的“增量”,因此间接测量的不确定度的计算公式与数学中的全微分公式类似。考虑到用不确定度代替全微分,以及不确定度合成的统计性质,可用下式来简化计算间接测量量 W 的不确定度 U_W：

$$U_W=\sqrt{\left(\frac{\partial f}{\partial x}\right)^2U_x^2+\left(\frac{\partial f}{\partial y}\right)^2U_y^2+\left(\frac{\partial f}{\partial z}\right)^2U_z^2+\cdots} \tag{14}$$

上式称为不确定度合成或传递公式。即各直接测量量的不确定度 U_i 乘以函数对各变量(直接测量量)的偏导数,然后再求“方和根”,就得间接测量结果的不确定度。

当间接测量的函数式为积商形式时,为使运算简便起见,也可以先求间接测量的相对不确定度 U_{Wr},即有：

$$U_{Wr}=\frac{U_W}{\bar{W}}=\sqrt{\left(\frac{\partial \ln f}{\partial x}\right)^2U_x^2+\left(\frac{\partial \ln f}{\partial y}\right)^2U_y^2+\left(\frac{\partial \ln f}{\partial z}\right)^2U_z^2+\cdots} \tag{15}$$

由上式可以计算出相对不确定度，进而得出间接测量结果的不确定度：

$$U_W = \overline{W} \cdot U_{Wr} = \overline{W} \cdot \sqrt{\left(\frac{\partial \ln f}{\partial x}\right)^2 U_x^2 + \left(\frac{\partial \ln f}{\partial y}\right)^2 U_y^2 + \left(\frac{\partial \ln f}{\partial z}\right)^2 U_z^2 + \cdots} \tag{16}$$

3. 间接测量不确定度计算步骤

间接测量不确定度计算分为三步：

(1) 先写出各直接测量量的测量结果 $x = \bar{x} \pm U_x$，$y = \bar{y} \pm U_y$，$z = \bar{z} \pm U_z$，…

(2) 根据式(13)计算出间接测量结果的最佳估计值 $\overline{W}$；

(3) 应用式(14)或(16)计算 W 的不确定度 U_W。

例2 已知某空心圆柱体的外径为 $D = (40.19 \pm 0.03)$mm，内径为 $d = (20.00 \pm 0.03)$mm，高度为 $H = (46.69 \pm 0.03)$mm，内圆柱孔深 $h = (24.60 \pm 0.04)$mm，试求该空心圆柱体的体积及其不确定度，并写出测量结果表达式。

解：此问题属于间接测量问题。

(1) 由空心圆柱体的体积公式可求得 V 的近真值为：

$$\overline{V} = \frac{\pi}{4}(\overline{D}^2 \overline{H} - \overline{d}^2 \overline{h}) = \frac{\pi}{4}(40.19^2 \times 46.69 - 20.00^2 \times 24.60) = 51\ 503\ \text{mm}^3$$

(2)求不确定度 U_V。

方法一：直接求不确定度。根据间接测量不确定度的传递公式，先求 V 对各变量的偏导数，对某一变量求偏导数时，把其他变量看作常数，有：

$$\frac{\partial V}{\partial D} = \frac{\pi DH}{2}, \quad \frac{\partial V}{\partial H} = \frac{\pi D^2}{4}, \quad \frac{\partial V}{\partial d} = -\frac{\pi dh}{2}, \quad \frac{\partial V}{\partial h} = -\frac{\pi d^2}{4}$$

$$U_V = \sqrt{\left(\frac{\pi DH}{2} U_D\right)^2 + \left(\frac{\pi}{4} D^2 U_H\right)^2 + \left(-\frac{\pi dh}{2} U_d\right)^2 + \left(-\frac{\pi}{4} d^2 U_h\right)^2}$$

代入数据得：

$$U_V = 1 \times 10^2\ \text{mm}^3$$

方法二：先求相对不确定度 U_{Vr}，再求不确定度 U_V。即，对体积公式先求对数，再求偏导数，有 $\ln V = \ln \frac{\pi}{4} + \ln(D^2 H - d^2 h)$，

$$\frac{\partial \ln V}{\partial D} = \frac{2DH}{D^2 H - d^2 h}, \quad \frac{\partial \ln V}{\partial H} = \frac{D^2}{D^2 H - d^2 h}$$

$$\frac{\partial \ln V}{\partial d} = -\frac{2dh}{D^2 H - d^2 h}, \quad \frac{\partial \ln V}{\partial h} = -\frac{d^2}{D^2 H - d^2 h}$$

$$U_{Vr} = \frac{U_V}{\overline{V}} = \sqrt{\left(\frac{2DH}{D^2 H - d^2 h} U_D\right)^2 + \left(\frac{D^2}{D^2 H - d^2 h} U_H\right)^2 + \left(\frac{-2dh}{D^2 H - d^2 h} U_d\right)^2 + \left(\frac{-d^2}{D^2 H - d^2 h} U_h\right)^2}$$

代入数据得：

$$U_{Vr} = \frac{U_V}{\overline{V}} = 0.001\ 9$$

故有：

$$U_V=\overline{V}\times U_{Vr}\approx 1\times 10^2\ \text{mm}^3$$

(3) 体积 V 的测量结果为：

$$V=(515\pm 1)\times 10^2\ \text{mm}^3$$

计算结果表明，体积 V 的真值以 95%的置信概率落在[51 400, 51 600] mm^3 区间内。

由以上计算可见，两种方法求不确定度的结果是一致的，这一结论对任何形式的函数皆适用。

请注意：在写测量结果时，V 的近真值最后一位应与不确定度所在位对齐。

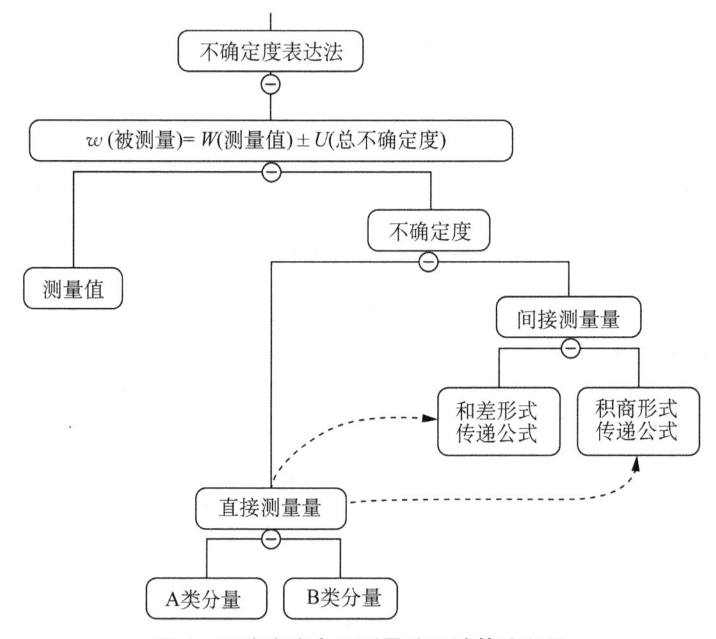

图 4　不确定度表示测量结果计算流程图

表 4　常用函数的不确定度合成公式

函数式	不确定度合成公式
$w=x\pm y$	$U_w=\sqrt{U_x^2+U_y^2}$
$w=x\cdot y$ 或 $w=x/y$	$U_{wr}=\dfrac{U_w}{w}=\sqrt{\left(\dfrac{U_x}{x}\right)^2+\left(\dfrac{U_y}{y}\right)^2}$
$w=kx$ (k 为常量)	$U_w=kU_x\quad U_{wr}=\dfrac{U_w}{w}=\dfrac{U_x}{x}=U_{xr}$
$w=x^n\ (n=1,\ 2,\ \cdots)$	$U_{wr}=\dfrac{U_w}{w}=n\dfrac{U_x}{x}$
$w=\sqrt[n]{x}$	$U_{wr}=\dfrac{U_w}{w}=\dfrac{1}{n}\dfrac{U_x}{x}$

(续表)

函数式	不确定度合成公式
$w=\frac{x^k y^m}{z^n}$	$U_{wr}=\frac{U_w}{w}=\sqrt{k^2\left(\frac{U_x}{x}\right)^2+m^2\left(\frac{U_y}{y}\right)^2+n^2\left(\frac{U_z}{z}\right)^2}$
$w=\sin x$	$U_w=\lvert\cos x\rvert\cdot U_x$
$w=\ln x$	$U_w=\frac{U_x}{x}$

第四节 有效数字及其运算

测量总存在误差,因此测量数据的处理,从某种意义上说便是近似数的运算。在物理测量中,必须按照“有效数字”的表示方法和运算规则来正确表达和计算测量结果。

一、测量结果的有效数字

1. 有效数字的定义及性质

实际测量中,由于受测量仪器精度的制约,在测量读数时只能读到它的最小分度值,大部分仪器在最小分度值以下还需要再估读一位数字。例如,用指针式电压表测量电压为3.724 V,电压表读出的最小分度值的部分3.72是准确数字,最小分度下估计读出的末位数字4是欠准确数字;用刻度尺测量某物体长度为15.6 mm,从刻度尺读出的最小分度值的整数部分15是准确数字,最小分度下估计读出的末位数字6是欠准数字。欠准数字具有不确定性,它是测量仪器误差限或相应不确定度所在的一位,其估读会因人而异,通常称为可疑数字。

测量结果的有效数字由所有准确数字和可疑数字组成,这些数字的总位数称为有效位数或有效数字。有效数字的位数越多,说明测量精度越高。例如,某个电压测量结果3.724 V,按有效数字定义,它的最后一位是可疑的误差位,即误差为千分之几毫米,相对误差约为千分之几。

在物理实验中,物理量的数值与数学上的数字具有不同的含义。例如,在数学上3.20=3.2,但在物理实验中,3.20是三位有效数字,“3.2”是准确数,最后一位“0”是欠准确数,而3.2是两位有效数字,“3”是准确数,最后一位“2”是欠准确数。这两个数字表示了两种不同精度的测量结果,所以在记录实验测量数据时,有效数字的位数不能随意增减。换算单位时,有效数字的位数应保持不变。如:

$$1.20\ \text{m}=1.20\times10^2\ \text{cm}=1.20\times10^3\ \text{mm}=1.20\times10^6\ \mu\text{m}$$

有效数字位数与测量仪器的精度和被测量量的大小有关。在实际测量中,测量仪器精度越高、被测量量越大,则测量结果的有效数字位数越多。

2. 有效数字与不确定度的关系

由上一节知,实验测量结果的表达式为$x=\bar{x}\pm U$,式中应该包括被测物理量x的数值、不确定度U和物理量的单位。通常约定:

(1) 不确定度 U 及相对不确定度 U_r 只取 1～2 位有效位数。本课程中，为了方便统一，不确定度只取一位，但在不确定度的第一位数较小时，如 1、2 等，建议取两位有效位数。尾数可采用“只进不舍”或“四舍六入五凑偶”的原则，见例 1。

(2) 表示测量结果的末位数字与不确定度的数字对齐。即：测量值 x 的末位数字与不确定度 U 的所在位数对齐，两者的数量级、单位要相同。

例 1 在测量圆柱体高度时，多次测量的平均值 $\bar{h}=24.367\ 4$ mm，计算出的不确定度为 $U_h=0.045\ 3$ mm，求圆柱体的高度。

解：不确定度只取一位有效数字，根据“只进不舍”的原则：$U_h=0.045\ 3\ \text{mm}=0.05\ \text{mm}$

测量值的末位数字与不确定度的所在位数对齐：$\bar{h}=24.367\ 4\ \text{mm}=24.37\ \text{mm}$

圆柱体的高度：$h=\bar{h}+U_h=(24.37\pm0.05)\text{mm}$

如果根据“四舍六入五凑偶”的原则，则不确定度为：$U_h=0.045\ 3\ \text{mm}=0.04\ \text{mm}$

圆柱体的高度：$h=\bar{h}+U_h=(24.37\pm0.04)\text{mm}$

二、有效数字的运算规则

间接测量量是由直接测量量经过一定函数关系计算出来的。而各直接测量量的大小和有效数字位数一般都不相同，实验结果一般都要通过有效数字的运算才能得到，有效数字四则运算根据下述原则，确定运算结果的有效数字位数。

(1) 可靠数字间的运算结果为可靠数字。

(2) 可疑数字与可靠数字或可疑数字的运算结果为可疑数字，但进位为可靠数字。运算结果只保留一位可疑数字，其后的数字按“四舍六入五凑偶”规则处理。如：3.245 mm 取三位有效数字时，因第三位“4”是偶数，所以写成 3.24 mm；3.235 mm 保留三位有效数字写成 3.24 mm。

1. 加减法

首先统一各数值的单位，然后列出纵式进行运算。运算规则是：运算结果的可疑位应与各运算数字中可疑位的最大一位数量级对齐。

如：$23.36+31.512=54.87$

$8.8-4.32=4.5$

2. 乘除法

乘除运算，最后结果的有效数字位数一般与各运算数字中有效数字位数最少的相同，若两数首位相乘有进位时则多取一位。

如：$211\times42=8.9\times10^3$

$255\times62=1.58\times10^4$

3. 乘方、开方运算

乘方、开方运算结果的有效数字位数与其底的有效数字位数相同。

如：$1.23^2=1.51$

4. 对数、三角函数和 n 次方运算

对数、三角函数和 n 次方运算的结果按照误差传递公式决定。

例2 若 $x=1\,234\pm2$，$y=\lg x$，求 y。

解：

$$y=\lg 1\,234=3.091\,315$$

$$U_y=\frac{1}{x\ln 10}U_x=0.000\,7$$

$$y=y\pm U_y=3.091\,3\pm0.000\,7$$

三、实验数据记录

1. 直接测量量的读数

直接测量量的读数应反映仪器的准确度，对于游标类器具，如游标卡尺、分光计度盘等一般读至游标最小分度的整数倍，即不需估读，如图5所示。

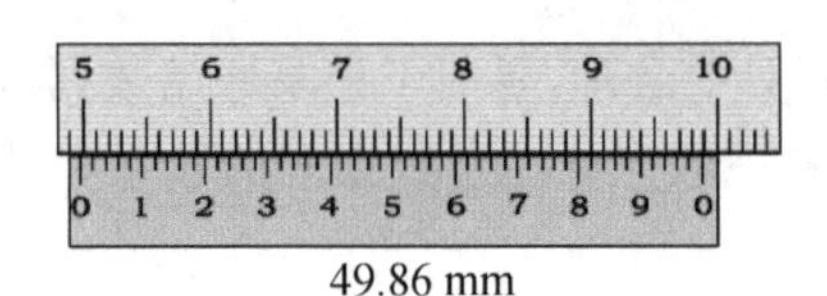

图5　50分度游标卡尺读数

对于数显仪表及有十进步式标度盘的仪表，一般应直接读取仪表的示值，如电阻箱、电桥、电位差计、数字电压表等。

对于指针式仪表及其他器具，读数时估读到仪器最小分度的1/2～1/10，或使估读间隔不大于仪器基本误差限的1/5～1/3。如图6螺旋测微器的读数所示。

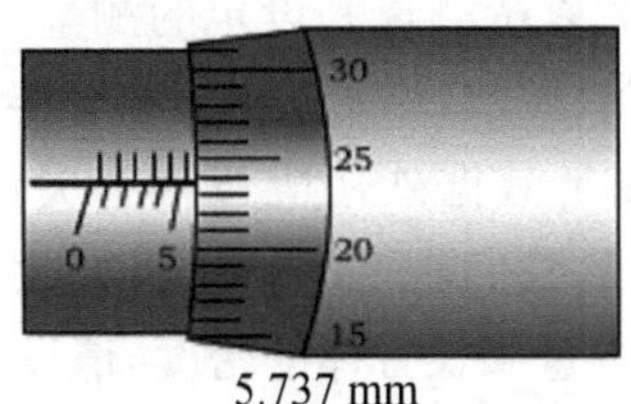

图6　螺旋测微器的读数

2. 中间运算结果的有效位数

用计算器或计算机进行计算时中间结果可不作修约或适当多取几位，不能任意减少。当直接测量量进行加减、乘除混合运算时，有效数字应遵循加减、乘除运算规则逐步取舍。

第五节　实验数据处理的常用方法

物理实验数据处理是在获得实验数据以后，通过一定的物理模型，运用合理的数据处理方法，通过对实验数据的整理、分析、归纳，找出各个物理量之间的内在关系，得出或验证某个物理规律，最终得出合理的实验结论。数据处理过程是通过科学的方法对数据进行加工处理得出结论的过程，它贯穿实验教学的整个过程。实验数据处理的常用方法有：列表法、图示图解法、逐差法、最小二乘法等。

一、列表法

对一个物理量进行多次测量，或者测量几个物理量之间的函数关系，往往借助于列表法记录和处理数据。列表法的优点是使大量数据表达条理清晰，易于核查，有助于反映物理量之间的相互关系和规律。所以，设计一个简明醒目、合理美观的数据表格，也是每一个科学工作者或实验者应该掌握的基本技能。

1. 数据表格设计要求

(1) 根据实验内容设计合适的数据表格形式。写明数据表格的名称，必要时还应提供有关参数。例如，所引用的物理常数、实验时的环境参数(温度、湿度、大气压等)、测量仪器的误差限、初读数等。

(2) 数据表格标题栏的设计要合理，要便于记录原始数据，便于揭示物理量之间的相互关系。数据表格标题栏目的顺序应充分注意数据间的联系和计算顺序，力求简明、齐全、有条理。

(3) 在标题栏中应标明各物理量的名称、符号、单位及量值的数量级。不要将物理量的单位及数量级重复地记在各个数据后。

(4) 对于函数关系的数据表格，应按自变量由小到大或由大到小的顺序排列，以便处理和分析实验数据。

2. 原始数据记录表格和实验数据表格

数据表格可分为原始数据记录表格和实验数据表格两种。原始数据记录表格用于实验进行的过程中，其表格的设计一般以待测量和设定的测量条件值为主。表格中记录的实验数据要正确地反映测量结果的有效位数，测量次数可多设定几次，以便在需要时使用。

实验数据表格中除了原始测量数据外还应包括有关计算结果(包括一些中间计算结果)，如平均值、不确定度等。下面，我们通过一个例题介绍实验数据表格的设计。

例1 使用游标卡尺和天平测量某长方体的密度，请设计原始数据记录表格和实验数据表格。

(1) 原始数据记录表格：

表5 长方体密度的测定

游标卡尺的分度值=________mm；
天平的分度值=________g

测量次数	长 L/mm	宽 D/mm	高 H/mm	质量 M/g
1				
2				
3				
4				
5				
6				

（2）实验数据表格：

表 6　长方体密度的测定

游标卡尺的分度值=________mm；游标卡尺的仪器误差限 Δ_{ins} =________mm；
天平的分度值=________g；天平的仪器误差限 Δ_{ins} =________g

测量次数	长 L/mm	宽 D/mm	高 H/mm	质量 M/g
1				
2				
3				
4				
5				
6				
平均值	$\bar{L}=$	$\bar{D}=$	$\bar{H}=$	$\bar{M}=$
标准偏差 S	$S_L=$	$S_D=$	$S_H=$	$S_M=$
A 类不确定度				
B 类不确定度				
不确定度 U	$U_L=$	$U_D=$	$U_H=$	$U_M=$
测量结果	$L=\bar{L}\pm U_L$	$D=\bar{D}\pm U_D$	$H=\bar{H}\pm U_H$	$M=\bar{M}\pm U_M$

长方体密度的平均值：$\bar{\rho}=\dfrac{\bar{M}}{\bar{L}\bar{D}\bar{h}}=$

长方体密度的不确定度：

$$\ln\rho=\ln\bar{M}-\ln\bar{L}-\ln\bar{D}-\ln\bar{H}$$

$$\frac{\partial\ln\rho}{\partial\bar{M}}=\frac{1}{\bar{M}},\ \frac{\partial\ln\rho}{\partial\bar{L}}=-\frac{1}{\bar{L}},$$

$$\frac{\partial\ln\rho}{\partial\bar{D}}=-\frac{1}{\bar{D}},\ \frac{\partial\ln\rho}{\partial\bar{H}}=-\frac{1}{\bar{H}}$$

相对不确定度：$U_{\rho r}=\sqrt{\left(\frac{1}{M}\right)^2U_M^2+\left(-\frac{1}{L}\right)^2U_L^2+\left(-\frac{1}{D}\right)^2U_D^2+\left(-\frac{1}{H}\right)^2U_H^2}=$

不确定度：$U_\rho=\bar{\rho}\cdot U_{\rho r}=$

长方体密度的测量结果：$\rho=\bar{\rho}\pm U_\rho=$

二、图示法和图解法

图示法与图解法是广泛用于实验数据处理的方法之一。用图示法表示两个物理量之间的关系，形象直观，一目了然地揭示物理量之间的内在关系。在实际的数据分析归纳中，应用图线来解决实际问题非常方便。特别是当两个物理量之间的关系很难用一个简单解析函数表示的时候，图示法和图解法就成为必不可少的工具。

在物理实验中常见的三种图线如下：

第一种是物理量的关系曲线、元件的特性曲线、仪器仪表的定标曲线等。这类曲线一般是光滑连续的曲线或直线。

第二种是仪器仪表的校准曲线。这类图线的特点是两物理量之间并无简明的函数关系，其图线是无规则的折线。

第三种是计算用图线。这类图线是根据较精密的测量数据经过整理后，精心细致地绘制在标准图纸上，以便计算和查对。

这三种图线虽有各自不同的特点和应用，但它们的基本图示原则是一致的。

1. 图示法

物理实验中的物理量之间的关系用各种图线来表示的方法，简称图示法。用图线表示物理量之间的关系，能直观形象地反映这些物理量之间的变化规律，通过图线可以找出物理量之间的变化规律，探索它们之间对应的函数关系，归纳或拟合出经验公式。通过作图还可以帮助我们发现测量中的失误、不足与“坏值”，指导进一步的实验和测量。定量的实验图线一般都是工程师和科学工作者最感兴趣的表达形式。

用图示法来表示物理量之间的关系时，坐标点和曲线必须画得正确，能正确反映不同量之间的关系，简洁明了、便于读数，如图 7 所示。具体作图规范如下：

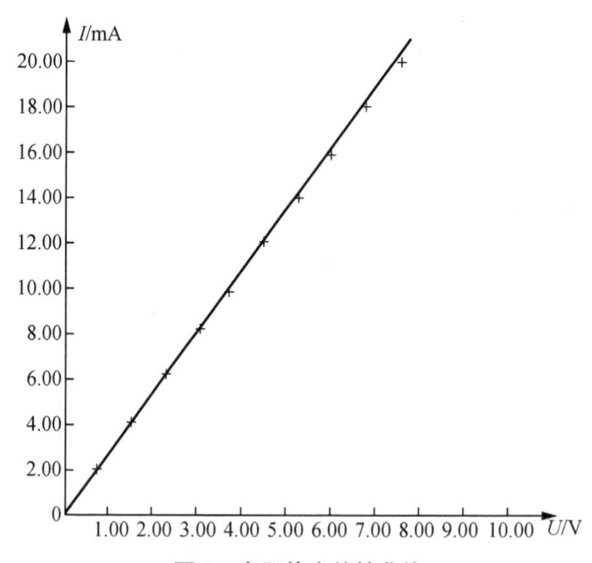

图 7　电阻伏安特性曲线

（1）选择合适的坐标纸

根据物理量变化的特点，选择合适类型的坐标纸，如直角坐标纸、单对数坐标纸、双对数坐标纸、极坐标纸等，本课程主要采用直角坐标纸（毫米方格纸）。再确定坐标纸的大小，坐标纸大小要根据实验数据的有效数字和对测量结果的需要来确定。原则上坐标纸中的最小格对应测量数据中可靠数字的最后一位，即(图上的最小格)坐标分度值的选取，与实验数据有效数字的最小准确数字位对应。

(2) 确定坐标轴并注明坐标分度

确定纵横坐标轴分别表示哪个物理量，通常以横坐标表示自变量，纵坐标表示因变量。在坐标纸上画出坐标轴，并用箭头表示出方向，注明坐标轴所代表的物理量的名称或符号及单位。**合理选轴、正确分度是作图效果的关键**。在注明坐标分度时应注意：

① 任一由实验所得的坐标点的坐标读数，其有效位数不能小于测量所得的有效位数。

② 坐标轴的分度、标度应合适，**以不用计算就能很容易地直接读出坐标轴上的每一点的坐标为原则**。为使每个实验点的坐标值都能正确、迅速、方便地找到，常用一大格(10 mm)代表 1、2、5、10 个单位。凡是难以直接读数的分度值都是不合理的，一般不用 3、6、7、9 个小格(1 mm)代表一个单位。

③ 在满足以上两点的要求下，尽量使作出的图线充满整个图纸而不是偏于一边或一角。例如，直线与横轴的夹角控制在 $45° \pm 10°$ 范围内为宜。纵横坐标轴的长度按 4∶5 或 5∶4 匹配较好；坐标轴的起点也不一定从零开始，一般用低于实验数据最小值的某一整数作为起点，用高于实验数据最大值的某一整数作为终点进行坐标分度。

(3) 正确标出测量标志点

用标志符号“+”或“×”标出各测量数据点的坐标位置。“+”或“×”号要用直尺和铅笔清楚地画出，并将其交点落在实验测量数据对应的坐标位置上。

若需要在一张图上同时画出几条曲线时，各条曲线应采用不同的标志符号表示，如“⊙”“×”“⊕”等，以示区别。一般不用“•”作为标志符号，因为它容易与图纸的缺陷点等混淆而发生差错。

(4) 连接实验图线

用直尺、曲线板、铅笔，根据实验点的分布趋势作细而光滑的连续曲线或直线(除校准曲线外，一般都不连成折线)。因为测量值有误差，所以图线不一定要通过所有的实验点，但要求连线两旁的实验点分布均匀，且离图线较近。如果有个别数据点偏离曲线较远，则应在认真分析后将其舍弃或重新测量核对之。

(5) 图注与说明

在图纸的明显位置上标明图线的名称、作图者信息(班级、姓名、学号等)、作图日期和必要的简短说明(如实验条件、数据来源、图注等)。图线的名称要正确完整，不要随意简化，以免意义不清。

2. 图解法

利用画好的实验图线，运用解析方法求解图线上的各种参数，得到各物理量之间的经验公式的方法，称为**图解法**。当图线类型为直线时，图解法求解参数极为方便。直线图解的步骤如下：

(1) 选取解析点

在直线上取两点 $A(x_1, y_1)$ 和 $B(x_2, y_2)$，所取的 A、B 两点称为解析点。用与实验数据点不同的记号将它们表示出来，并在旁边注明其坐标值(注意：正确书写实验数据的有效位数)。为了减小相对误差，所取两点应在实验范围内尽量彼此远离，但不能取原始实验数据，如图 8 所示。

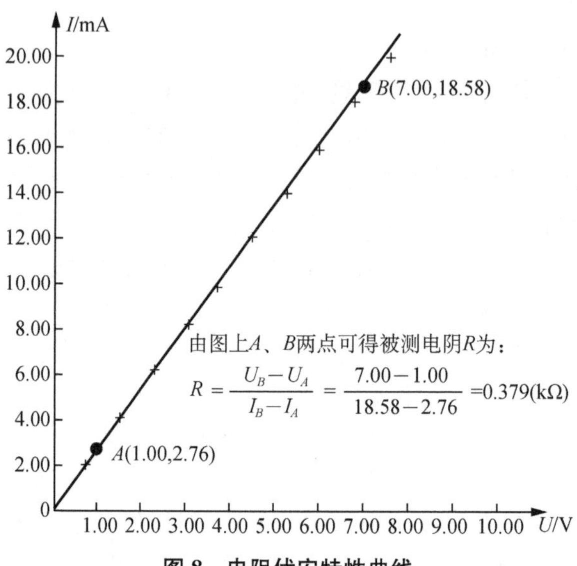

图 8 电阻伏安特性曲线

(2) 计算直线的斜率和截距

若直线方程为：

$$y=kx+b \tag{17}$$

所取解析点 A 与 B 的坐标值代入，解得直线斜率 k 和截距 b。

斜率：

$$k=\frac{y_2-y_1}{x_2-x_1} \tag{18}$$

截距：

$$b=\frac{x_1y_2-x_2y_1}{x_1-x_2} \tag{19}$$

如果横坐标的起点为零，直线的截距也可以从图中直接读出。

注意：图解所得斜率和截距都是有单位的物理量，不能用纵坐标和横坐标的几何长度比值来求斜率。

3. 曲线改直

在实际工作中，许多物理量之间的关系不一定是线性关系，但在许多情况下，为了探究实验规律，可以通过适当的数学变换使其图线用直线表示，这称为曲线的改直。曲线改直给实验数据的处理带来了很大的方便。下面介绍几种常用的变换方法。

(1) $xy=c$（c 为常数），则 $y=\frac{c}{x}$，则 $y-\frac{1}{x}$ 图线是直线，其斜率为 c。

(2) $x=c\sqrt{y}$（c 为常数），则 $y=\frac{x^2}{c^2}$，则 $y-x^2$ 图线是直线，其斜率为$\frac{1}{c^2}$。

(3) $y=ax^b$(a 和b 为常数)。等式两边取对数得,$\lg y=\lg a+b\lg x$。于是,$\lg y$ 与 $\lg x$ 图线是直线,b 为斜率,$\lg a$ 为截距。

(4) $y=ae^{bx}$(a 和b 为常数)。等式两边取自然对数得,$\ln y=\ln a+bx$。于是,$\ln y$ 与 x 图线是直线,b 为斜率,$\ln a$ 为截距。

(5) $x^2+y^2=c$(c 为常数),则 $y^2=-x^2+c$,于是,y^2 与 x^2 图线是直线,-1 为斜率。

例 2 测得某电阻在不同温度下的电阻值如下表所示。用作图法求铜丝的电阻与温度的关系。

温度 t/℃	15.5	24.0	26.5	31.1	35.0	40.3	45.0	49.7	54.9	60.0
电阻 R/Ω	2.806	2.897	2.919	2.969	3.003	3.059	3.107	3.155	3.207	3.261

解:以温度 t 为横坐标轴,电阻 R 为纵坐标轴,纵坐标轴选取 2 mm 代表 0.010 Ω,横坐标轴 2 mm 代表 1.0 ℃,绘制铜丝的电阻与温度曲线,如图 9 所示。由图中数据点分布可知,铜丝电阻与温度为线性关系,满足下面的线性方程,即:

$$R=kt+b$$

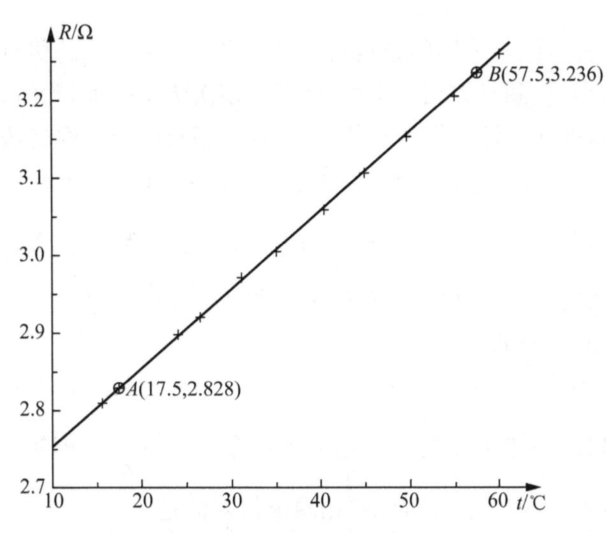

图 9 铜丝电阻与温度的曲线

在图线上取两个代表点 $A(t_1, R_1)$和 $B(t_2, R_2)$代入上式,得:

$$R_1=kt_1+b$$

$$R_2=kt_2+b$$

从而可计算出线性方程的斜率 k 和截距 b,即:

$$k=\frac{R_2-R_1}{t_2-t_1}$$

$$b=\frac{t_2R_1-t_1R_2}{t_2-t_1}$$

解析点的选取不能取原始数据点且它们之间的距离尽可能远些。这样不至于 (R_2-R_1) 和 (t_2-t_1) 两个运算结果的有效位数减少，而使结果准确度降低。为此，取 $t_1=17.5$ ℃，$R_1=2.828\ \Omega$ 和 $t_2=57.5$ ℃，$R_2=3.236\ \Omega$ 代入，得：

$$k=\frac{3.236-2.828}{57.5-17.5}=\frac{0.408}{40.0}=0.010\ 2\ \Omega/℃$$

$$b=\frac{57.5\times 2.828-17.5\times 3.236}{57.5-17.5}=2.65\ \Omega$$

所以，铜丝电阻与温度的关系为：

$$R=kt+b=0.010\ 2\ t+2.65\ \Omega$$

图示图解法的局限性是受图纸大小的限制，一般只能处理 3 到 4 位有效数字。在图纸上连线有相当大的主观随意性。由于图纸本身的均匀性和准确程度有限，以及线段的粗细等，使图示图解法不可避免地引入一些附加误差。

三、逐差法

逐差法是物理实验中经常采用的数据处理方法之一。逐差法的优点在于可以充分利用实验中测量采集的数据，达到对数据取平均(即保持多次测量的优越性，减少偶然误差)的效果，而且还可以最大限度地保证不损失有效数字、减少相对误差。**逐差法使用的条件为**自变量 x 为等间距变化，即 x 的每个改变量 Δx 都相等，函数具有 $y=kx+b$ 的线性关系，或自变量与因变量之间为多项式函数关系 $y=\sum_{i=0}^{n}a_ix^i$。在本课程中，逐差法处理实验数据的实验有，拉伸法测定金属丝杨氏弹性模量、声速测定和牛顿环等。

逐差法处理数据的方法如下：

把所测量的 $n+1$ 个数据 $x_0, x_1, \cdots, x_{i-1}, x_i, x_{i+1}, \cdots, x_n$ 分成前后两组。n 取奇数，测量次数 $n+1$ 为偶数，设第 i 项为后一组的第一项，$i=\frac{n+1}{2}$，即第一组是 $x_0, x_1, \cdots, x_{i-1}$；第二组是 $x_i, x_{i+1}, \cdots, x_n$。对应项相减求得差值是：

$$\Delta x_1=x_i-x_0$$
$$\Delta x_2=x_{i+1}-x_1$$
$$\cdots\cdots$$
$$\Delta x_i=x_n-x_{i-1}$$

平均值为：

$$\overline{\Delta x}=\frac{\Delta x_1+\Delta x_2+\cdots+\Delta x_i}{i}$$
$$=\frac{(x_i-x_0)+(x_{i+1}-x_1)+\cdots+(x_n-x_{i-1})}{i}$$

$\overline{\Delta x}$ 即为测量值间隔 i 项的隔项平均值。

利用逐差法在必要时也可求出线性方程的斜率和截距。例如,设实验测量中得到一组对应数据 $x_1, x_2, \cdots, x_n$ 和 $y_1, y_2, \cdots, y_n$。n 是测量次数(为偶数),y 与 x 之间呈线性变化关系 $y=kx+b$。令 $s=n/2$,将实验数据分成前后两组,将后一组中各数据与前一组中各对应数据相减:

$$\Delta y_1 = y_{s+1} - y_1 = k(x_{s+1} - x_1) = k\Delta x_1$$
$$\Delta y_2 = y_{s+2} - y_2 = k(x_{s+2} - x_2) = k\Delta x_2$$
$$\vdots$$
$$\Delta y_s = y_{2s} - y_s = k(x_{2s} - x_s) = k\Delta x_s$$

于是得到:

$$k = \frac{\overline{\Delta y}}{\overline{\Delta x}} = \frac{\sum_{i=1}^{s} \Delta y_i}{\sum_{i=1}^{s} \Delta x_i} = \frac{\sum_{i=1}^{s} (y_{s+i} - y_i)}{\sum_{i=1}^{s} (x_{s+i} - x_i)}$$

求截距 b 时,可将斜率 k 代入方程 $y_i = kx_i + b$ 得 n 个 b_i 后取平均值。

逐差法计算简便,一般可与"逐差表格"一起使用。在测量过程中,一般先将实验测量数据进行逐项相减,用来检验线性变化的优劣,以便及时发现问题。

例3 拉伸法测弹簧的劲度系数实验中,等间隔地在弹簧下加砝码(如每次加 m 克),共加 11 次,分别记下对应的弹簧下端点的位置 $L_0, L_1, L_2, \cdots, L_{11}$ 共 12 组实验数据,求弹簧的劲度系数。

解:自变量 L 为等间距变化,即 L 的每个改变量 ΔL 都相等则可用逐差法进行以下处理。为了保证多次测量的优点,只要在数据处理方法上进行组合,仍能达到多次测量减小误差的目的。所以我们采用分组逐差。将等间隔所测的值分成前后两组,

前一组为 $L_0, L_1, L_2, \cdots, L_5$;后一组为 $L_6, L_7, L_8, \cdots, L_{11}$。

前后两组对应项相减有:

$$\Delta L_1 = L_6 - L_0$$
$$\Delta L_2 = L_7 - L_1$$
$$\cdots\cdots$$
$$\Delta L_6 = L_{11} - L_5$$

再取 ΔL_i 的平均值 $\overline{\Delta L_i}$:

$$\begin{aligned}\overline{\Delta L} &= \frac{\Delta L_1 + \Delta L_2 + \cdots + \Delta L_6}{6} \\ &= \frac{L_{11} + L_{10} + \cdots + L_6 - L_5 - L_4 - \cdots - L_0}{6} \\ &= \frac{1}{6}\sum_{i=0}^{5}(L_{i+6} - L_i)\end{aligned}$$

由胡克定律 $F = k\Delta L$ 得弹簧劲度系数为:

$$\bar{k}=\frac{F_{i+6}-F_i}{\overline{\Delta L}}=\frac{6mg}{\frac{1}{6}\sum_{i=0}^{5}(L_{i+6}-L_i)}=\frac{36mg}{\sum_{i=0}^{5}(L_{i+6}-L_i)}$$

四、最小二乘法与直线拟合

图示图解法处理数据有直观、简明、方便、便于找出物理量之间的关系等优点，但图示图解法绘出的图线所确定的实验方程形式和系数会由于绘图引入附加误差，所以图示图解法是一种粗略的数据处理方法。不同的人用同一组数据作图，由于存在一定的主观随意性，所拟合出的直线或曲线以及实验方程形式和系数往往是不一样的。

为克服这些缺点，通常采用更严格的数学解析的方法。从实验数据中找出一条最佳的拟合曲线，称为方程回归，也叫线性拟合。最小二乘法是方程回归法中最常用的方法，最小二乘法线性拟合原理是：若能找到一条最佳的拟合直线，那么这条直线上各相应点的值与测量值之差的平方和在所有拟合直线中是最小的。

最小二乘法与直线拟合的具体步骤大致分为三步：第一步根据理论或实验中数据变化趋势推断出方程的形式；第二步根据最小二乘法确定有关系数，如斜率、截距等；第三步检验方程的合理性，并求方程中相关参数。

本课程只讨论用最小二乘法进行最基本的直线拟合，有关多元线性拟合与非线性拟合，可在需要时查阅有关资料。

假设实验中等精度地测得一组互相独立的实验数据（x_i，y_i，$i=1, 2, \cdots, k$），设这两物理量 x、y 满足线性关系，且假定实验误差主要出现在 y_i 上，设拟合直线公式为：

$$y=a_0+a_1x$$

对于每一个自变量 x_i，根据拟合直线公式都可以计算出一个计算值：

$$Y_i=a_0+a_1x_i$$

则每一个因变量的测量值 y_i 和直线上的对应点 Y_i 之间的偏差为：

$$V_i=y_i-Y_i=y_i-(a_0+a_1x_i)$$

按最小二乘法原理，应使下式最小：

$$S=\sum_{i=1}^{k}V_i^2=\sum_{i=1}^{k}[y_i-(a_0+a_1x_i)]^2$$

S 取极小值的必要条件是：$\frac{\partial S}{\partial a_0}=0$，$\frac{\partial S}{\partial a_1}=0$ 则：

$$-2\sum_{i=1}^{k}(y_i-a_0-a_1x_i)=0$$

$$-2\sum_{i=1}^{k}(y_i-a_0-a_1x_i)x_i=0$$

整理后得： $\bar{x}a_1+a_0=\bar{y}$，$\bar{x^2}a_1+\bar{x}a_0=\overline{xy}$

式中：

$$\bar{x}=\frac{1}{k}\sum_{i=1}^{k}x_i,\bar{y}=\frac{1}{k}\sum_{i=1}^{k}y_i$$

$$\overline{x^2}=\frac{1}{k}\sum_{i=1}^{k}x_i^2,\overline{xy}=\frac{1}{k}\sum_{i=1}^{k}x_iy_i$$

解得：

$$a_1=\frac{\bar{x}\,\bar{y}-\overline{xy}}{\bar{x}^2-\overline{x^2}},\quad a_0=\bar{y}-a_1\bar{x}$$

所得的 a_1 和 a_0 满足：$\frac{\partial^2 S}{\partial a_0^2}>0,\frac{\partial^2 S}{\partial a_1^2}>0$。

得到的 a_1 和 a_0 对应取 $\sum_{i=1}^{k}V_i^2$ 取极小值，这样就得到直线的回归方程：$y=a_0+a_1x$。

对于指数函数、对数函数的最小二乘法拟合，可以通过变量代换，使其转换成线性关系后再进行拟合，也可以利用计算机，通过特定的程序计算解出实验方程。

观 察 思 考

一、判断下列测量是直接测量还是间接测量？

1. 使用游标卡尺测量长方体的长度；
2. 使用物理天平测量物体的质量；
3. 使用游标卡尺和物理天平测量长方体密度；
4. 用单摆测量某地重力加速度。

二、有了误差，为什么还需要引入不确定度？试分析误差和不确定度的联系和区别？

三、判断下列测量值包含几位有效数字？并用两位有效数字表示其测量值。

1. $L=0.046\ 5$ cm；　　2. $d=0.400\ 0$ mm；
3. $g=9.794\ 9$ m/s^2；　　4. $V=57\ 653$ mm^3。

四、请改正下列测量结果。

1. $h=(42.654\ 2\pm0.036\ 24)$mm；
2. $d=(2.432$ cm$\pm0.423)$mm；
3. $V=(37\ 462\pm249)$mm^3；
4. $R=(4.328$ k$\Omega\pm20)\Omega$。

五、写出下列间接测量量的不确定度。

1. $x=a+2b+3ab$；
2. $y=\frac{ab+bc}{abc}$；
3. $n=\frac{\sin i}{\sin r}$；
4. $m=\ln a+4bc$。

六、运用有效数字计算法则计算下列算式。

1. 4.375 + 2.46 =

2. 4.842 − 3.652 3 =

3. 2.4 × 1.22 =

4. 8.27 ÷ 3.2 =

七、用量程为 500 g 的物理天平测量圆柱体质量，6 次测量数据如下：

测量次数	1	2	3	4	5	6
质量/g	40.35	40.40	41.00	40.50	40.75	40.25

请计算其标准偏差、不确定度，并正确表示测量结果。

八、使用 50 分度游标卡尺测量圆环体积，测量数据如下：

测量次数	1	2	3	4	5	6
外径 R/mm	200.04	200.08	200.02	200.04	200.12	199.96
内径 r/mm	150.56	150.50	150.62	150.52	150.46	150.54
高度 h/mm	30.02	30.00	29.86	30.10	30.04	30.00

(1) 计算圆环外径、内径、高度测量值的标准偏差和不确定度，写出测量结果 $R=\overline{R}\pm U_R$，$r=\overline{r}\pm U_r$，$h=\overline{h}\pm U_h$；

(2) 计算圆环体积和体积的相对不确定度、不确定度，正确表示测量结果。

九、用伏安法测量电阻阻值数据如下：

I/mA	0.00	2.00	4.02	6.04	8.02	10.10	11.98	13.94
U/V	0.00	1.00	2.00	3.00	4.00	5.00	6.00	7.00

(1) 分别运用逐差法和最小二乘法求函数关系式和电阻阻值；

(2) 运用图示图解法计算电阻阻值。

实验 1　长度测量与数据处理

知识介绍

现在说到长度测量，可选的工具有很多，直尺、游标卡尺、螺旋测微器，甚至还有很多现代化测量仪器。而在工艺落后的古代有什么工具来测量长度呢？

在中国古代，最初的度量衡单位都与身体的部位有关，人们用身体的有关部分测量长度，古代文献中就有“布指知寸，布手知尺，舒肘知寻”“一手之盛谓之溢，两手谓之匊”“身高为丈”“迈步定亩”的记载。不同的测量工具会有不同的长度单位。

自夏朝开始出现的长度单位有尺、寸、分、跬、步、里。《史记・夏本纪》中记载禹“身为度，称以出”，表明当时还有用名人为标准进行的单位统一。在安阳出土的商代遗址中有骨尺(如图 1)、牙尺等，刻画采用十进位，反映了当时的生产和技术水平。后来还出现了丈杆、测绳、步车和记里鼓车(如图 2 所示，车行一定距离，小人就会击鼓，通过击鼓次数计算路程)。随后又发明了水准仪和罗盘等。春秋战国时期，群雄并立，各国度量衡都不统一。秦始皇统一全国后，推行“一法度衡石丈尺，车同轨，书同文”，统一了全国的度量衡。度量衡的发展同时也促进了数学、物理、天文、建筑等科学的发展。

图 1　商代骨尺

图 2　记里鼓车

在公元前 2900 年左右的尼罗河畔，每年的 7 月到 10 月，尼罗河水都会上涨，会把河畔的田地冲毁。只要尼罗河的洪水冲毁了任何土地，国王都会派专人去调查，通过拉绳测量确定损失程度。由此发展出了最初的几何学，还推动了古埃及的天文学、历法学、水利学等科学的发展。

古代欧洲也用身体作为测量单位，亨利一世将其手臂向前平伸，以其鼻尖至指尖间的距离定为一码；公元 10 世纪，英王埃德加以其拇指关节之间的长度定为一英寸；查理曼大帝以其足长定为一英尺等。

1791 年法国将米定义为经过巴黎的地球子午线长的四千万分之一，并作为标准单位。1799 年，法国通过公制系统，开始正式使用米制。并根据测量结果用铂金制成了一根基准米尺，米尺两端面之间的距离即为 1 m，现在保存在法国档案局。这是最早米的定义。

1889 年，第一届国际计量大会正式承认并重新把“米”定义为：“在 0 ℃时，尺的中性面上两条刻线沿尺轴方向的长度为一米。”从此，“米”的定义由端面距离转为刻线间距离。

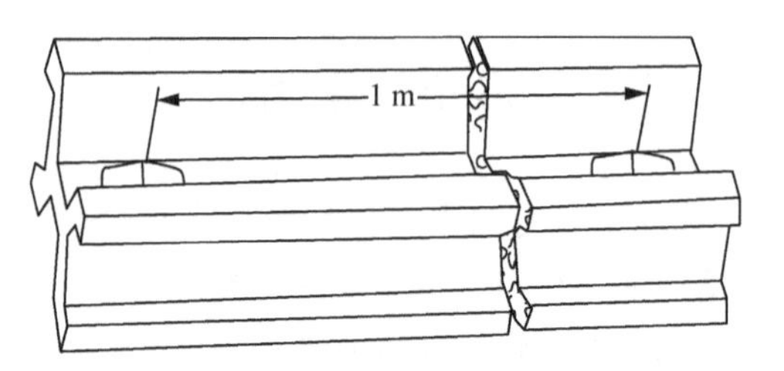

图 3　国际基准米尺

1960 年的第十一届国际计量大会又将“米”的定义改为：“1 米等于氪-86 原子在$^2P_{10}$和$^5D_5$ 能级之间跃迁时，其辐射光在真空中波长的 1 650 763.73 倍。”同时宣布废除 1889 年确定的米定义和国际基准米尺。这样，“米”在规定的物理条件下在任何地点都可以复现，所以也称之为自然基准。

2019 年，国际计量大会对“米”的定义再次进行了修订。2019 年 5 月 20 日起，“米”的定义更新为：“当真空中光速 c 以 m/s 为单位表达时选取固定数值 299 792 458 来定义米。其中秒是由铯的频率来定义。” 即 1 米等于光在真空中于 1/299 792 458 秒内行进的距离。

实验目的

1. 了解游标卡尺和螺旋测微装置的原理和使用方法；
2. 学会正确读数和记录数据；
3. 练习不确定度的计算，并正确表示测量结果。

实验仪器

物理实验中最常用的长度测量工具有**米尺**、**游标卡尺**、**螺旋测微器**和**读数显微镜**等。表征这些仪器的主要规格有**量程**和**分度值**。量程表示仪器的测量范围，分度值表示仪器所能准确读到的最小数值。分度值的大小反映仪器的精密程度，分度值越小，仪器越精密，仪器的误差相应也越小。

米尺在日常生活中较为常用，其分度值通常为 1 mm。用米尺测量长度只能准确读到毫米位，毫米以下的一位数称为估读位或欠准位。

游标卡尺和螺旋测微器较米尺的测量精度高，下面具体讲述游标卡尺和螺旋测微器的测量原理。

1. 游标卡尺

为了提高米尺的测量精度,在米尺上附加一个能够滑动的有刻度的**游标**,利用它可以把米尺估读的那位数值准确地读出来,这就组成了**游标卡尺**。如图4所示,主尺与量爪A、A′相连,游标与量爪B、B′以及深度尺C相连,游标可紧贴主尺滑动。量爪A、B可用来测量物体的高度和外径,量爪A′、B′用来测量内径或两点之间的距离,深度尺C用来测量孔或槽的深度,F为固定螺钉。游标卡尺的读数值由游标的0刻度线与主尺的0刻度线之间的距离表示出来。

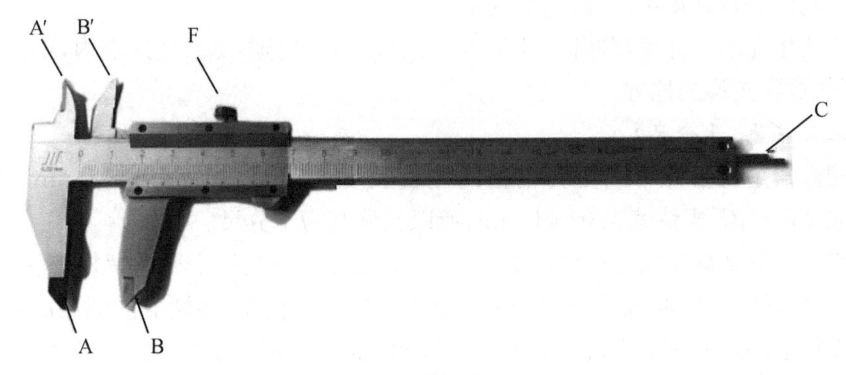

图4　游标卡尺

游标卡尺的游标原理如下:

游标上 n 个分格的总长与主尺上 $n-1$ 个分格的总长相等。设 y 代表主尺上一个分格的长度, x 代表游标上一个分格的长度。则有:

$$nx=(n-1)y \tag{1}$$

那么,主尺与游标上每个分格的差值是:

$$\Delta x=y-x=\frac{y}{n} \tag{2}$$

Δx 是游标卡尺所能准确读到的最小数值,即分度值。这是由主尺的刻度值和游标刻度值之差给出的,因此,Δx 不是估读值。

实验室里常用的游标卡尺外形如图5所示。其 $n=50$,游标上的50个分格与主尺上49 mm等长,其分度值为:

$$\Delta x=y-x=\frac{y}{50}=\frac{1\ \text{mm}}{50}=0.02\ \text{mm}$$

50分度游标卡尺的仪器误差限 $\Delta_{\text{ins}}=0.02$ mm。在使用游标卡尺测量一张薄片厚度时,其主尺和游标的位置如图5所示,游标上"0"刻度线在主尺的"0"刻度线和"1 mm"之间,从主尺上可读出的准确数是 $L_1=0$ mm,然后再在游标上找到其第12根刻线(不含零线,图5中箭头所指)与主尺上的某一刻度线重合,则尾数为

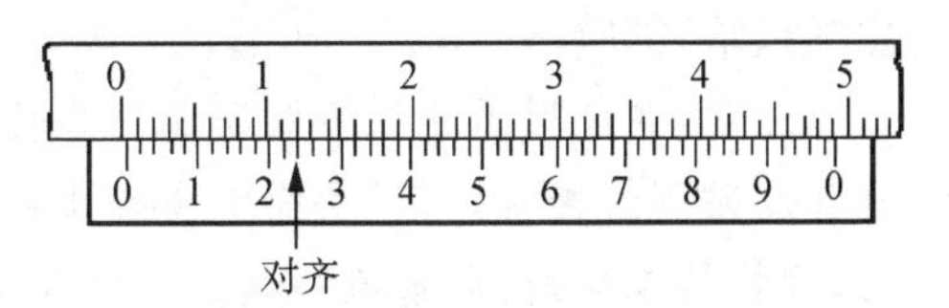

图5　50分度游标卡尺读数

$L_2 = 12 \times 0.02\ \text{mm} = 0.24\ \text{mm}$，所以图 5 所示的游标卡尺的读数为：

$$L = L_1 + L_2 = 0.24\ \text{mm}$$

游标卡尺使用前，应该先将游标卡尺的量爪合拢，检查游标尺的 0 线和主刻度尺的 0 线是否对齐，若不对齐说明量爪有零误差，应记下零点读数，用以修正测量值。

使用游标卡尺时，一般用左手拿物体，右手握尺，并用右手大拇指控制推把，使游标尺沿着主尺滑动。推动游标刻度尺时，不要用力过猛。游标卡尺不能用来测量表面粗糙的物体，更不能卡住物体后再移动物体，以免磨损量爪。

游标卡尺用完应松开紧固螺钉，使量爪 A、B 间留有缝隙，然后放入盒内，不能随便放在桌上，更不能放在潮湿的地方。

2. 螺旋测微器（千分尺）

螺旋测微器是比游标卡尺更为精密的测量长度的仪器，其量程为 25 mm，分度值为 0.01 mm，在测量时需要估读到 0.001 mm，所以又称其为千分尺。

实验室常用的螺旋测微器的外形如图 6 所示，主要部分是一个微动螺杆，当螺杆旋转一周时，螺杆沿轴线方向向前或后退 0.5 mm，螺杆与螺旋柄相连，在柄上沿圆周的刻度，共 50 分格。螺旋柄上圆周的刻度走过一分格时，螺杆沿轴线方向移动 0.01 mm。

使用螺旋测微器测量物体尺寸读数时，先观察固定标尺读数准线（即微分筒前沿）所在的位置，可以从固定标尺上读出整数格数，每格 0.5 mm；再以固定标尺的刻度线为读数准线，读出 0.5 mm 以下的数值，估计读数到最小分度的 1/10，然后两者相加得出读数。

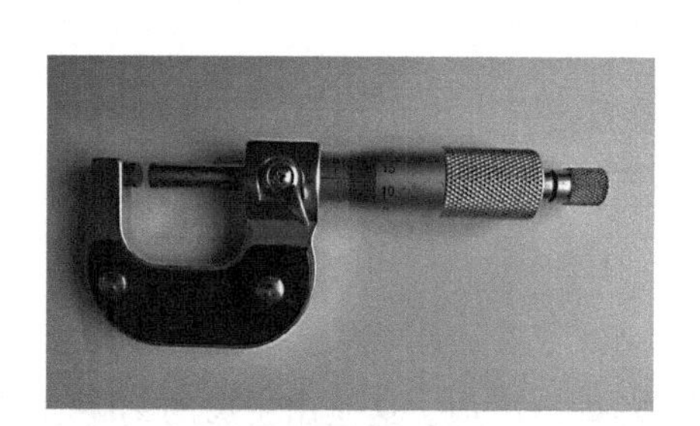

图 6　螺旋测微器

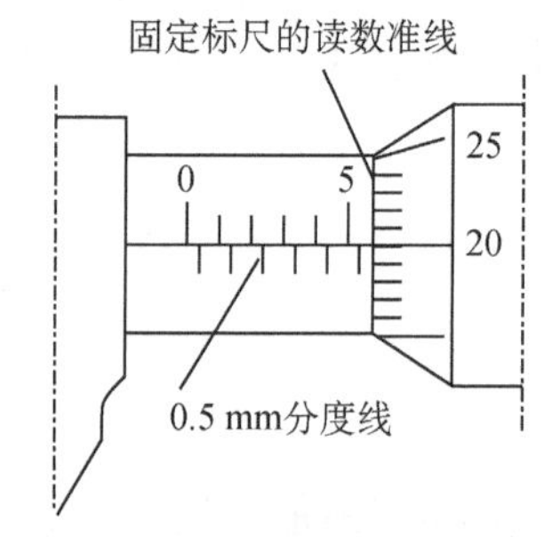

图 7　螺旋测微器读数

如图 7 所示，固定标尺的读数准线已超过了 0.5 mm 分度线，所以整数格部分是 5.5 mm，微分筒圆周刻度是 20 的刻线正好与读数准线对齐，即 0.200 mm。所以，其读数值为 5.5 + 0.200 = 5.700 mm。

使用螺旋测微器测量物体的长度时，将待测物体放在测砧和测微螺杆之间，先旋转微分筒，待测微螺杆接近物体时，轻轻转动测力装置，使测微螺杆前进，直到测力装置中的棘轮发出“喀、喀”的响声。

注意：在使用螺旋测微器测量物体长度前必须读取初读数。即转动测力装置，当测微螺杆和测砧刚好接触时，记录固定套管上的准线在微分筒上的示值，即为初读数，考虑初读数后，测量结果应是：测量值＝读数值－初读数。测量结束后，应将测微螺杆退回几转，使测微螺杆与测砧之间留有空隙，以免在受热膨胀时两者过分压紧而损坏测微螺杆。

实 验 内 容

1. 用游标卡尺测量空心圆柱体的体积

(1) 选用游标卡尺测量空心圆柱体外径 D、内径 d、高度 H 和孔深 h，测量不少于 6 次，计算其标准偏差、不确定度并正确表示测量结果，如高度测量结果为 $H=\bar{H}\pm U_H$。

注意：测量时，应该在圆柱体不同位置上测量高度，沿轴线的不同位置上测量外径和内径，每两次测量都应在互相垂直的位置上进行。

(2) 计算空心圆柱体的体积和测量不确定度。

空心圆柱体的体积：

$$\bar{V}=\frac{\pi}{4}(\bar{D}^2\bar{H}-\bar{d}^2\bar{h})=$$

空心圆柱体体积的不确定度：

$$\frac{\partial V}{\partial D}=\frac{\pi DH}{2},\quad \frac{\partial V}{\partial H}=\frac{\pi D^2}{4},\quad \frac{\partial V}{\partial d}=-\frac{\pi dh}{2},\quad \frac{\partial V}{\partial h}=-\frac{\pi d^2}{4}$$

$$U_V=\sqrt{\left(\frac{\pi DH}{2}U_D\right)^2+\left(\frac{\pi}{4}D^2U_H\right)^2+\left(-\frac{\pi dh}{2}U_d\right)^2+\left(-\frac{\pi}{4}d^2U_h\right)^2}$$

空心圆柱体体积测量结果：

$$V=\bar{V}\pm U_V=$$

2. 用螺旋测微器测量小钢珠的体积

用螺旋测微器测量小钢珠的直径 D(不少于 6 次)，计算小钢珠的体积和测量不确定度。

小球体积：

$$\bar{V}=\frac{1}{6}\pi\bar{D}^3$$

小钢珠体积的不确定度：

$$\ln\bar{V}=\ln\frac{1}{6}\pi+3\ln\bar{D}$$

$$U_V=\bar{V}U_{V\mathrm{r}}=\bar{V}\sqrt{\left(\frac{\ln\bar{V}}{\ln\bar{D}}\right)^2U_D^2}=3\frac{U_D}{D}\bar{V}$$

小钢珠体积测量结果：　$V=\bar{V}\pm U_V=$

数 据 表 格

1. 用游标卡尺测量空心圆柱体的体积

游标尺的分度值=________ mm；游标尺的仪器误差限 Δ_{ins}=________ mm；游标尺的初读数=______ mm

测量次数	1	2	3	4	5	6
外径 D/mm						
内径 d/mm						
高度 H/mm						
孔深 h/mm						

2. 用螺旋测微器测量小钢珠的体积(表格自拟)

观察思考

1. 观察实验中所使用游标卡尺上游标的总长度,说明它细分主尺最小分格的原理。

2. 试解释标准偏差、相对不确定度和不确定度的物理意义。

3. 图 8 中这些游标卡尺(仅画出了读数部分)的分度值各是多少?图中所示的读数各是多少?

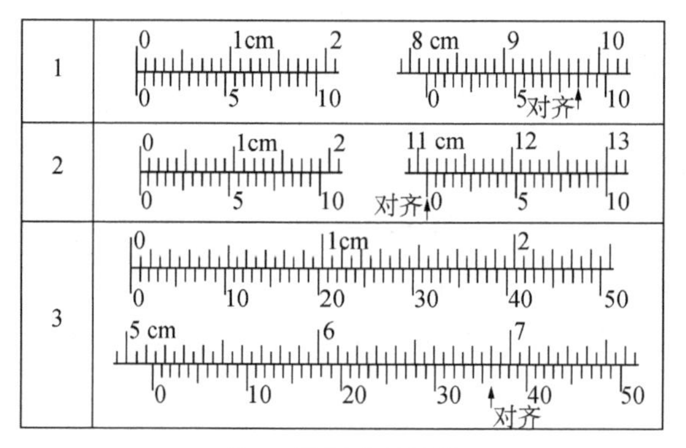

图 8 游标卡尺读数

拓展阅读

随着科技的发展,长度测量的技术在机械原理上有了更多的应用实例,也在其他方面(如激光测距、超声波测距)方面有了长足的发展。

一、机械原理应用实例

1. 更多的千分尺

千分尺(螺旋测微器)除了上述教材中介绍的外径千分尺外,还有因待测物体的不一样衍生出了很多不同用途的种类。

(1) 杠杆千分尺

杠杆千分尺又称指示千分尺,如图 9 所示,它是由外径千分尺的微分筒部分和杠杆卡规中指示机构组合而成的一种精密量具。杠杆千分尺既可以进行相对测量,也可以像千分尺那样用作绝对测量。

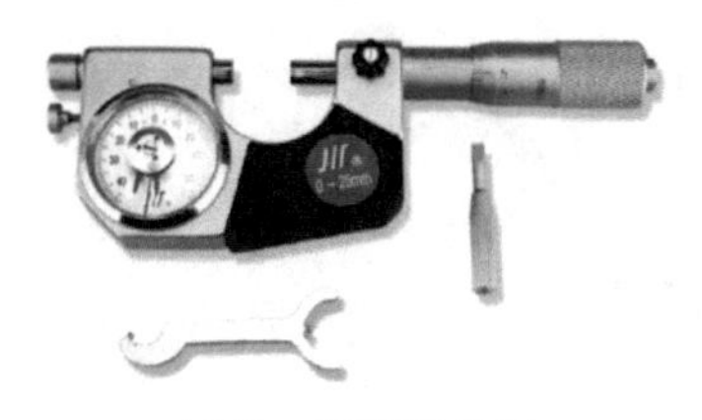

图9 杠杆千分尺

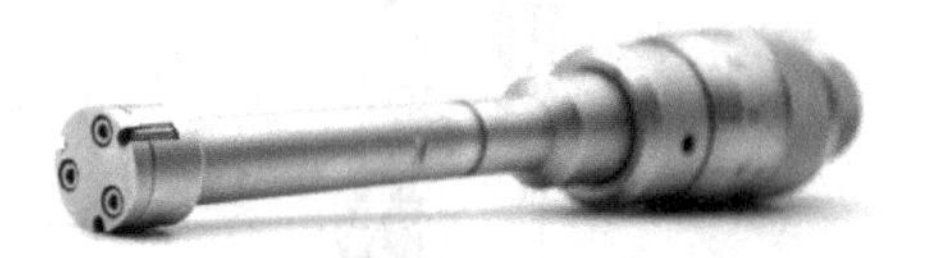

图10 三爪内径千分尺

(2) 三爪内径千分尺

三爪内径千分尺,如图10所示,它是利用螺旋副原理,通过旋转塔形阿基米德螺旋体或移动锥体使三个测量爪做径向位移,使其与被测内孔接触,对内孔尺寸进行读数的内径千分尺,测量面应为圆弧形。适用于测量中小直径的精密内孔,尤其适于测量深孔的直径,三爪内径千分尺的零位,必须在标准孔内进行校对。

(3) 公法线千分尺

公法线千分尺,如图11所示,主要用于测量外啮合圆柱齿轮的两个不同齿面公法线长度(如图12),也可以在检验切齿机床精度时,按被切齿轮的公法线检查其原始外形尺寸。

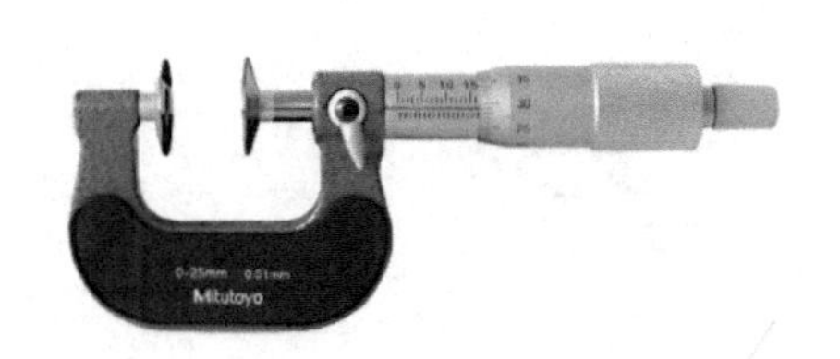

图11 公法线千分尺

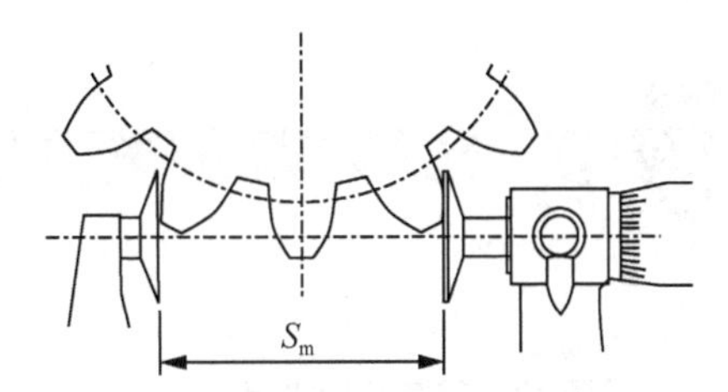

图12 公法线千分尺测量示意图

(4) 壁厚千分尺

壁厚千分尺如图13、图14所示,主要用于测量精密管形零件的壁厚。壁厚千分尺的测量面镶有硬质合金,以提高使用寿命。

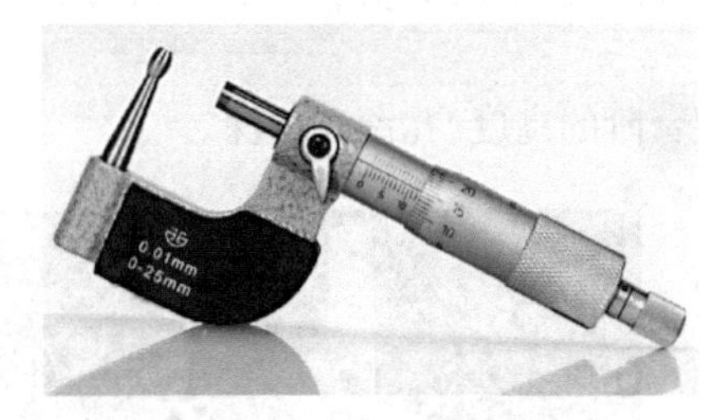

图13 壁厚千分尺

图14 壁厚千分尺使用示意图

(5) 尖头千分尺

尖头千分尺,如图15所示,主要用来测量零件的厚度、长度、直径及小沟槽,如钻头和偶数槽丝锥的沟槽直径等。

图 15 尖头千分尺

图 16 深度千分尺

(6) 深度千分尺，如图 16 所示，用以测量孔深、槽深和台阶高度等。它的结构，除用基座代替尺架和测砧外，与螺旋测微器没有什么区别。

2. 更多的游标卡尺

(1) 带表游标卡尺

带表卡尺，也叫附表卡尺，如图 17 所示。它是运用齿条传动齿轮带动指针显示数值，主尺上有大致的刻度，结合指示表读数，是游标卡尺的一种，但比普通游标卡尺读数更为快捷准确。

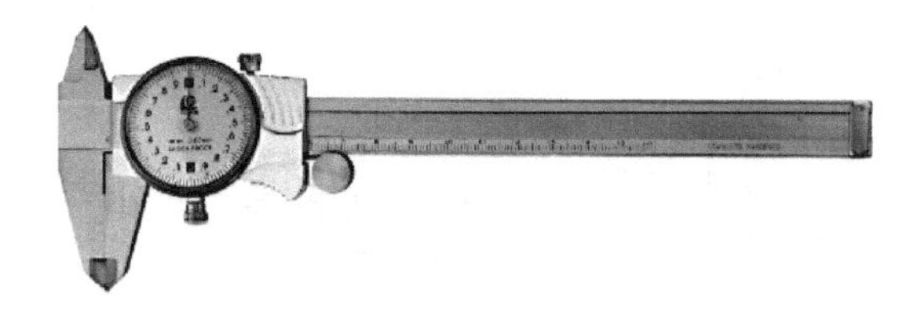

图 17 带表游标卡尺

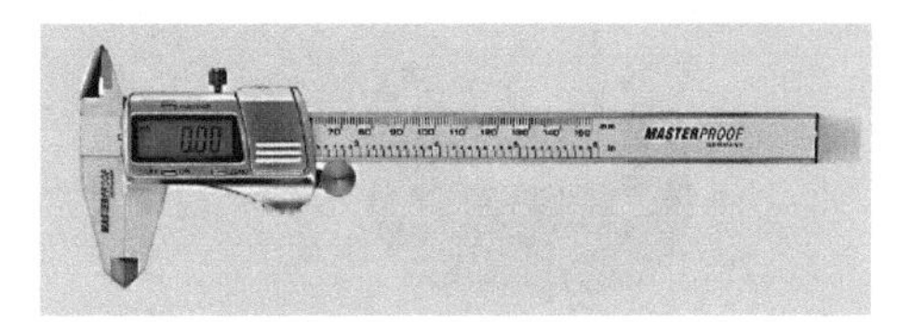

图 18 数显游标卡尺

(2) 数显游标卡尺

数显游标卡尺，如图 18 所示，是以数字显示测量示值的长度测量工具，是一种测量长度、内外径的仪器。数显游标卡尺采用光栅、容栅等测量系统，它主要通过交流电路含电阻电容的普通复数计算而得出机械位移与输出信号相位呈近似线性关系式作为误差分析的依据。

(3) 深度游标卡尺

深度游标卡尺，如图 19 所示，主要用于测量台阶的高度、孔深和槽深。

图 19 深度游标卡尺

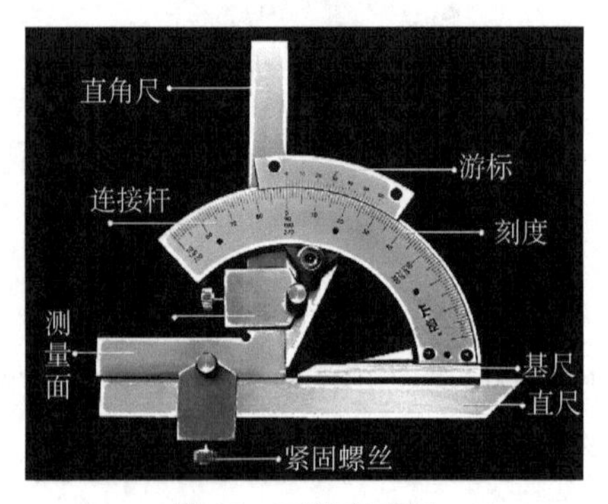

图 20 万能角度尺

(4) 万能角度尺

万能角度尺，如图 20 所示，又被称为角度规、游标角度尺和万能量角器，是利用游标读数原理来直接测量工件角或进行画线的一种角度量具。万能角度尺适用于机械加工中的内、外角度测量，可测 0°～320°外角及 40°～130°内角。本书中所介绍仪器分光计也应用了角游标原理，详见“实验 16 分光计的调节与三棱镜材料折射率的测量”。

二、新型测距仪

(1) 激光测距仪

激光测距仪如图 21 所示，其原理基本可以归结为测量光(红外线或激光)往返目标所需要时间，然后通过光速 $c=299\ 792\ 458$ m/s 和大气折射系数 n 计算出距离 D。由于直接测量时间比较困难，通常是测定连续波的相位，称为测相式测距仪，也有脉冲式测距仪。

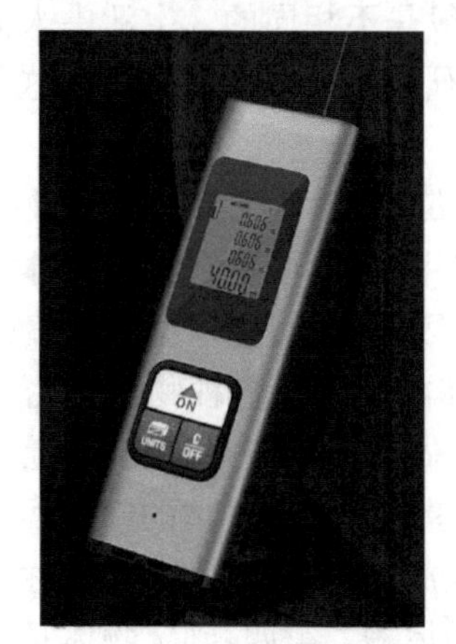

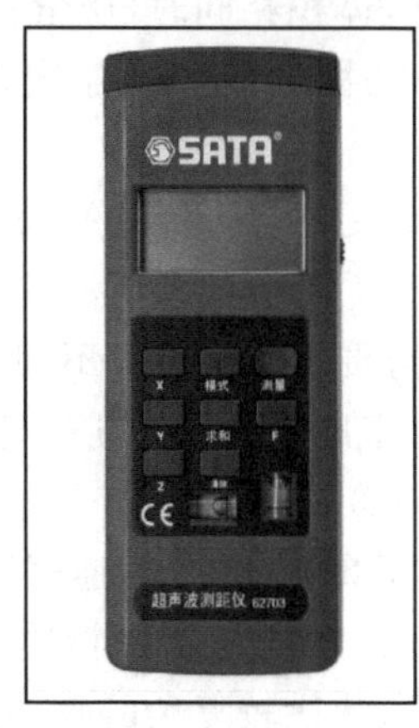

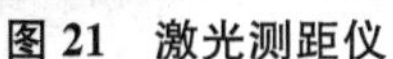

图 21　激光测距仪

图 22　超声测距仪

(2) 超声测距仪

超声测距仪，如图 22 所示，超声波发射器向某一方向发射超声波，在发射的同时开始计时，超声波在空气中传播，途中碰到障碍物就立即返回来，超声波接收器收到反射波就立即停止计时。超声波在空气中的传播速度为 v，根据计时器记录的时间 t，就可以计算出发射点距障碍物的距离，即 $s=\frac{1}{2}vt$。这就是所谓的时间差测距法。

泊车辅助系统、智能导盲系统、移动机器人等距离测量都是使用了超声测距仪。

实验2 密度的测定

知识介绍

人类能够感知到的物质都具有质量。同种物质组成的物体，在相同环境下，体积相同时，其质量也相同。不同物质组成的物体，体积相同时，质量一般是不相同的。生活中人们往往感觉到体积相同时有的物质“重”，有的物质“轻”，为了定量研究物质“轻”和“重”的这种特性，人们引入了密度这一物理量。

密度是物质的重要物理属性之一，是反映物质特性的物理量，在数值上等于某种物质的质量与体积的比值，在科学研究和生产生活中有着广泛的应用。第一，**鉴别组成物体的材料**。每种物质都有一定的密度，不同物质的密度一般不同。因此，我们可以利用密度来鉴别物质。其办法是是测定待测物质的密度，把测得的密度和密度表中各种物质的密度进行比较，就可以鉴别物体是什么物质做成的。在科学史上，氩就是英国化学家雷姆赛于1892年通过测量计算未知气体的密度发现的。第二，计算物体中所含各种物质的成分。第三，计算很难称量的物体的质量或形状比较复杂的物体的体积。第四，判定物体是实心还是空心。

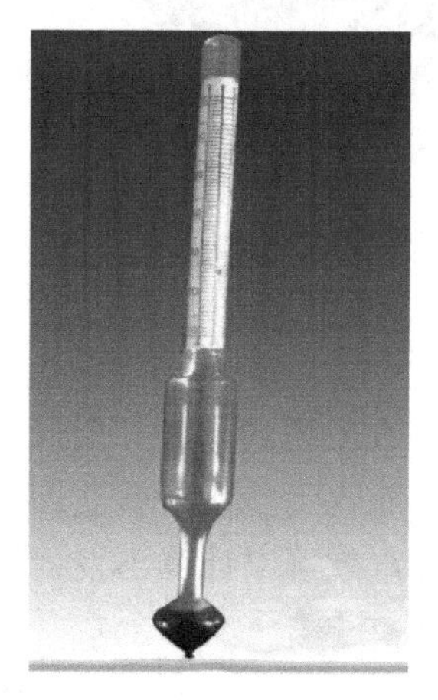

图1 密度计

在农业上，密度知识应用到播种前的选种上，把要选的种子放在水里，优质饱满的种子由于密度大而沉到水底，干瘪或变质的种子由于密度小而浮在水面上。密度还可以用来判断土壤的肥力，一般的土壤含有无机矿物质和有机腐殖质，含有腐殖质越多的土壤越肥沃，因为有机腐殖质的密度较小，所以密度较小的土壤肥力更足。

在工业上，密度广泛应用在电解液或溶液的产品检测中，如运用密度计(如图1所示)测量酱油的盐度、酒精的浓度等。

实验目的

1. 正确掌握电子密度天平、游标卡尺等基本物理量具的使用方法；
2. 掌握流体静力称衡法和比重瓶法测量密度的方法；
3. 学习计算和分析间接测量量的误差和不确定度；
4. 学习应用相对不确定度对测量结果进行分析。

实 验 原 理

物体中任一点的密度定义为：

$$\rho = \lim_{\Delta V \to 0} \frac{\Delta m}{\Delta V} \tag{1}$$

式中 ΔV 为所取微元的体积，Δm 为所取微元的质量，ρ 为待测物体的密度。由式(1)可得，只需测量待测物体的质量和体积，就可以计算出物体的密度。质量是指物体所含物质的多少，国际单位是千克，测量工具为天平。对于规则形状的物体可以通过测定它的几何尺寸来计算它的体积；然而，对于形状不规则的物体，可以通过排水法、比重瓶法或流体静力称衡法等转化测得，排水法运用量筒测量，其准确度较低，一般达不到测量的要求。在实际测量中，常运用转化法间接测量物体的体积。

如果取某种已知密度的液体(例如纯水，不同温度时的密度 ρ_0 可方便地从第 44 页附表 1 中查得)，根据式(1)可知，水的密度为：

$$\rho_0 = \frac{m_0}{V_0} \tag{2}$$

实验中，如果能保证它的体积与待测物体的体积相等(即 $V_0 = V$)，则由式(1)和式(2)就可测得该物质的密度为：

$$\rho = \frac{m}{m_0}\rho_0 \tag{3}$$

这样，就把对体积测量的问题转换为对质量的测量。把难以直接测准的物理量转化为容易直接测量的物理量，这种思想方法是物理量测量的重要方法之一。

实现上述方法的具体做法很多，下面我们介绍流体静力称衡法和比重瓶法。

1. *流体静力称衡法*

测量大块不溶于水的固体密度时，常采用流体静力称衡法。根据阿基米德原理，质量为 m、体积为 V 的物体全部浸没在密度为 ρ_0 的液体中，则它所受到的浮力等于它所排开的液体的重力，则有：

$$F = \rho_0 g V_0 = mg - m_1 g \tag{4}$$

式中，g 为当地的重力加速度，V_0 是物体排开液体的体积(等于物体的体积 V)。m 是待测物体的质量，用天平测量，m_1 为该物体全部浸没在液体中用天平称衡时，相应的表观质量。因此，待测物体的密度为：

$$\rho = \frac{m}{V} = \frac{m}{m - m_1}\rho_0 \tag{5}$$

实验中使用的液体是纯水，ρ_0 即水的密度。不同温度下水的密度见第 44 页附表 1。

流体静力称衡法的优点是：将体积的测量转化为对质量的测量，这个方法不受物体形状的限制，但应注意的是：只有当物体浸入液体后，其性质不发生变化时，才能用流体静力称衡

图 2 比重瓶

法测定它的密度。

2. 比重瓶法

测定液体或不溶于水的固体小颗粒的密度时，常采用比重瓶法。比重瓶结构如图 2 所示，比重瓶一般用玻璃制成。它的磨口瓶塞与瓶口之间严密吻合，不会渗漏液体。瓶塞中间有一条毛细管，使用时用移液管将液体注满到瓶口，把带有毛细管的玻璃塞子塞紧，多余的液体就会通过毛细管排出，用吸水纸把瓶外擦干，并擦去瓶口与塞子间缝隙中的液体，从而保证了瓶内液体有固定的体积。

(1) 比重瓶法测定液体的密度

由于比重瓶是一个容积确定不变的容器，因此可以用等容法测量待测液体的体积。若比重瓶本身的质量为 m_0，比重瓶内装满纯水后的总质量为 m_2，装满待测液体后的总质量为 m_3。这样，比重瓶内纯水的质量为 m_2-m_0，待测液体的质量为 m_3-m_0。由于二者体积相等，则有：

$$\frac{m_3-m_0}{\rho}=\frac{m_2-m_0}{\rho_0} \tag{6}$$

所以待测液体的密度为：

$$\rho=\frac{m_3-m_0}{m_2-m_0}\rho_0 \tag{7}$$

用比重瓶法不仅可以测定液体的密度，也可以测定气体的密度。

(2) 比重瓶法测定固体小颗粒的密度

测定固体小颗粒的密度也常用比重瓶法，如在工程技术中，测量粗砂或细砂的密度等，其测量原理如下：

设待测固体小颗粒的质量为 m，装满纯水的比重瓶总质量为 m_2，将浸湿后的小颗粒固体投入装满纯水的比重瓶内，称得此时总质量为 m_4，则固体小颗粒的体积为：

$$V=\frac{m+m_2-m_4}{\rho_0} \tag{8}$$

固体小颗粒的密度为：

$$\rho=\frac{m}{V}=\frac{m}{m+m_2-m_4}\rho_0 \tag{9}$$

实验仪器

电子密度天平、比重瓶、烧杯、温度计、待测样品等。

(一) 电子密度天平

1. 电子密度天平的结构

电子密度天平也叫静水力学天平，是基于电子天平改装而成的，如图 3 所示，其平面示意图如图4所示。其主要部件为位于底座部分的电子天平。利用立杆，将秤盘位置提高，秤盘下方装置挂钩，吊篮通过定位铜丝悬挂于挂钩之下，并悬空于容器底之上，容器放置于平台支架上，平台支架放置于天平外壳上。整个结构，除了可以利用上侧秤盘进行质量称量之外，还可以通过下侧的挂钩进行悬挂式质量称量，符合流体静力称衡法对下挂物体的浮力测量方案。

除这种结构之外，还可以将挂钩装置于天平底座之下，进行下悬吊式设计。一般情况下，下悬吊式设计适用于大质量物体密度的测量，上悬吊式(图4)设计适用于质量较小的物体密度的测定。

图3 静水力学天平实物图

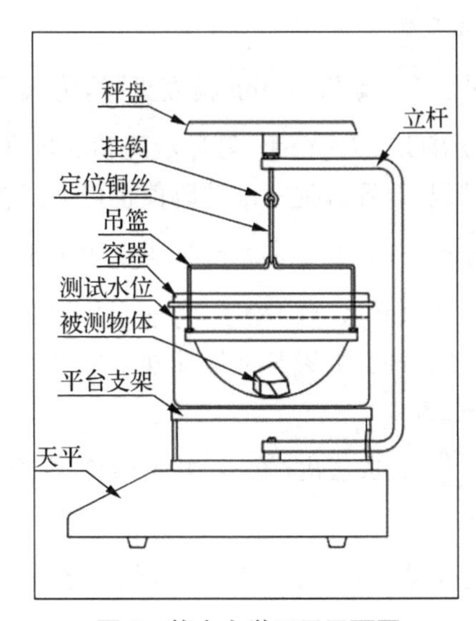

图4 静水力学天平平面图

2. 天平的规格和技术参量

本实验所使用的电子密度天平执行GB/T 26497－2011(电子天平)标准，其组成部分包括稳定性较高的传感器和高精度模数转换集成电路(AD)及单片机。

天平的规格除了精度等级外，主要技术参量有：

最大量程：天平允许称衡的最大质量；

分度值：显示屏最后一位跳变的数字；

仪器误差限：天平本身不够精密造成的测定值与实际值之间的偏差(参考“绪论”)。

3. 显示面板及按键说明

显示面板及按键位于底座斜面，平面图可表示为图5所示。

图5 面板平面图

面板中各按键功能如下：

⏻ 电源开关机键。

校准/去皮 校准、去皮键：短按为去皮置零，长按为校准。

计数/单位 计数、单位键：短按是计数，长按是单位转换。

图标部分的含义 ：

→T← 去皮标志 →0← 置零标志

MIN — — — — — — — — — MAX 重量滚动条指示

4. 校准天平

(1) 对于 1 mg 和 10 mg 精度天平，将天平电源打开，预热 5～10 分钟后，轻触 校准/去皮 不动，直至显示『CAL』时松手，等显示闪动的校准值，放置相应的砝码即可完成校准。(如果没有对应的砝码，放置其他标准砝码值也可完成校准。)

(2) 对于 0.1 g 或 1 g 等其他精度的天平，开机时轻触 校准/去皮 不松手(必须在显示回到 0 前按住)，直至显示『CAL』松手，等显示闪动的校准值，放置相应的砝码即可完成校准。(如果没有对应的砝码，放置其他标准砝码也可完成校准。)

5. 去皮/置零

轻触 校准/去皮 完成去皮/置零，去皮/置零标志点亮。

6. 计数

(1) 先取样(10、20、50、100 个，任一数量均可，越多越准确)，数好后全部放到秤盘上再按 计数/单位，计数标志点亮，显示屏上会有 10、20、50、100 循环跳动，直到与所取样的数量相同的时候再按 计数/单位，即可显示取样的实际数量，此时显示指示在计数处，即计数设置已完成数量设定。若再次放置相同物品就可很快得出所要数量。

(2) 再次轻触 计数/单位 退出计数功能。

7. 单位转换

每次按住 计数/单位 不放(约 5 s)，会循环显示 g、ct、oz、lb。

(二) 待测样品及比重瓶

1. 如图 6 所示，待测样品从左至右分别为金属六棱柱、金属空心圆柱体、有机玻璃空心圆柱体、非规则瓶体，实验中根据老师要求测量对应样品密度。

图 6 待测样品

2. 称比重瓶的质量 m_0 时，比重瓶内外都必须干燥。当比重瓶装过待测液体再装纯水时，必须先用纯水将比重瓶清洗干净，以免由于残留的待测液体改变纯水的密度。

3. 比重瓶装满液体时，液柱应达到毛细管顶端，且瓶内不能留有气泡。注意擦干瓶口与塞子间的缝隙中的液体。

4. 手握比重瓶时不能用手“一把抓握”，以免改变液体的温度从而使液体的密度发生变化。

5. 比重瓶是玻璃制品，注意轻拿轻放。特别是不能只拿比重瓶的瓶塞，以免掉地损坏。

实验内容

1. 数据记录和天平准备

查阅配套说明书及设备铭牌，了解并记录天平型号、规格、量程、分度值等信息，保证实验的顺利进行及仪器的安全。

测量并记录实验室的室温和水温，由附表 1 查出该温度下水的密度 ρ_0。检查以下几项内容后再开始实验：

(1) 轻推天平，检查底座是否稳定放置；

(2) 轻摇立杆，检查立杆是否松动；

(3) 轻转秤盘，检查秤盘是否松动；

(4) 环顾金属底盘，检查平台支架三个脚是否在盘内且稳定；

(5) 按照天平校准要求对天平进行校准；

(6) 在容器中注入适量的测量用水，检查容器是否放置稳定；

(7) 调节定位铜丝，检查吊篮位置是否正确(★保证“不碰底、不碰壁、不露头”)。

检查完以上几项，按“校准/去皮”按钮开始进行质量测量。

2. 流体静力称衡法测定待测样品($\rho > \rho_0$)的密度

将待测样品放置于秤盘上，称出其质量 m。再将待测样品轻放于容器内吊篮中，使样品全部浸没在水中，检查吊篮及样品位置(★保证“不碰底、不碰壁、不露头”)。用玻璃棒驱除附在样品上的气泡，等电子天平数据稳定后，测定其在水中的表观质量 m_1。根据式(5)计算待测样品的密度并计算其不确定度。测量过程中，应注意：必要时，容器内可以适当加些水。

3. 用比重瓶法测定液体的密度(选做)

称出干燥比重瓶的质量 m_0；然后称出比重瓶盛满待测液体(酒精)时的质量 m_3，称量过后酒精倒回回收酒精的瓶子；用纯水将比重瓶涮洗干净后，再称出装满纯水的比重瓶的质量 m_2。根据式(7)求出待测液体(酒精)的密度。

4. 用比重瓶法测定固体小颗粒(铝铆钉)的密度

用天平测量一定量的待测固体小颗粒的质量 m，装满纯水的比重瓶总质量 m_2，把固体小颗粒放在水中浸湿后，再将固体小颗粒放入装满纯水的比重瓶内，称得此时总质量为 m_4。根据式(9)计算待测固体小颗粒的密度。分别取不同质量的样品(如 4 g、7 g、10 g、13 g、17 g、20 g 等)进行测量，对测量结果进行误差分析，并绘制相对不确定度与样品质量($U_{\rho r}$ —

m)关系曲线。

注意：在实验过程中，应保证比重瓶外侧及秤盘处干燥。

数 据 表 格

室温 t_0=________ ℃；水温 t=________ ℃；查附表 1 得 ρ_0=________ kg/m^3；

天平的型号________；最大称量________；分度值________；

仪器误差限 Δ_{ins}=________；测量质量的不确定度 U_m=________ g。

1. 用流体静力称衡法测定固体材料($\rho>\rho_0$)的密度

样品	空气中质量/g	水中表观质量/g	样品密度/(kg·m^{-3})	不确定度/(kg·m^{-3})	测量结果 $\rho=\bar{\rho}\pm U_\rho$/(kg·m^{-3})
金属六棱柱					
金属空心圆柱体					
有机玻璃空心圆柱体					
非规则瓶体					

2. 液体密度的测量(选做)

	质量/g	待测液体密度/(kg·m^{-3})	不确定度/(kg·m^{-3})	测量结果 $\rho=\rho\pm U_\rho$/(kg·m^{-3})
比重瓶				
比重瓶+待测液体				
比重瓶+水				

3. 固体小颗粒(铝铆钉)密度的测量

采样铝铆钉质量 m/g						
盛满纯水的比重瓶的总质量 m_2/g						
样品投入装满纯水的比重瓶后称得的总质量 m_4/g						
铝铆钉的密度 ρ/(kg·m^{-3})						
相对不确定度 $U_{\rho r}$(%)						
不确定度 $U_\rho=\bar{\rho}U_{\rho r}$ /(kg·m^{-3})						
测量结果 $\rho=\bar{\rho}\pm U_\rho$ /(kg·m^{-3})						

附表1　不同温度下纯水的密度 ρ_0　　　　(单位:10^3 kg·m^{-3})

t/℃	密度	t/℃	密度	t/℃	密度
0	0.999 86	12	0.999 52	24	0.997 32
1	0.999 93	13	0.999 40	25	0.997 07
2	0.999 97	14	0.999 27	26	0.996 81
3	0.999 99	15	0.999 13	27	0.996 54
4	1.000 00	16	0.998 97	28	0.996 26
5	0.999 99	17	0.998 80	29	0.995 97
6	0.999 97	18	0.998 62	30	0.995 67
7	0.999 93	19	0.998 43	31	0.995 37
8	0.999 88	20	0.998 23	32	0.995 05
9	0.999 81	21	0.998 02	33	0.994 73
10	0.999 73	22	0.997 80	34	0.994 40
11	0.999 63	23	0.997 56	35	0.994 06

观察思考

1. 运用流体静力称衡法测量固体密度时,如何测量固体体积?如果固体上附有气泡,则测量的密度偏大还是偏小?为什么?

2. 运用比重瓶法测量固体小颗粒密度时,如何测量固体小颗粒的体积?如果固体小颗粒上附有气泡,则测量的密度偏大还是偏小?为什么?

3. 如何运用比重瓶法测量白砂糖的密度?

4. 如何运用流体静力称衡法测量密度小于水的固体密度?

拓展阅读

测量铝铆钉密度的实验中,如果选用的铝铆钉数量不一样(即 m 值各异),对密度测定误差大小的影响是不一样的。为了进一步分析 m 值的大小对本实验中密度测定的误差大小的影响,可分别取不同质量的铝铆钉(如 4 g、7 g、10 g、13 g、17 g、20 g 等),测量铝铆钉的密度并计算相应的测量不确定度和相对不确定度。根据式(9)可以导出,铝铆钉密度测量的相对不确定度 $U_{\rho r}$的表达式如下:

$$U_{\rho r}=\left[\left(\frac{1}{m}-\frac{1}{m+m_2-m_4}\right)^2+2\left(\frac{1}{m+m_2-m_4}\right)^2\right]^{\frac{1}{2}}\cdot U_m \tag{10}$$

然后,将有关数据在坐标纸上绘制 $U_{\rho r}$与 m 的曲线,分析实验点的分布规律,大致可以判定选择多大的 m 值进行测量,可使实验的相对不确定度小于 1%。

实验 3　用静态拉伸法测材料的弹性模量

知识介绍

在外力作用下，任何固体材料都会发生形变。按照能不能恢复原状，可把形变分成弹性形变和范性形变。弹性形变是指当作用在物体上的外力撤除后，物体能够完全恢复原状的形变。范性形变又称塑性形变，是指撤除外力后物体不能完全恢复原状的形变。范性形变一般是由于施加在固体材料上的外力超过了弹性阈值，以致外力撤除后固体材料不能完全恢复原状而留下的形变。

图 1　英国物理学家托马斯・杨

弹性模量包含杨氏模量、体积模量和剪切模量。杨氏模量，它是沿纵向的弹性模量，也是材料力学中的名词。1807 年英国物理学家托马斯・杨（Thomas Young，1773—1829）提出弹性模量的定义，为此，后人称弹性模量为杨氏模量。根据胡克定律，在物体的弹性限度内，应力与应变成正比，比值被称为材料的杨氏模量，它是表征材料性质的一个物理量，仅取决于材料本身的物理性质。杨氏模量的大小标志了材料的刚性，杨氏模量越大，越不容易发生形变。在拉紧的固体材料中，杨氏模量与纵波波速和材料密度关系为：

$$E=\rho u^2$$

体积模量：若物体在 p_0 的压强下体积为 V_0。当压强增加 $\mathrm{d}p$ 到 $p_0+\mathrm{d}p$，则物体体积减小 $\mathrm{d}V$。则有 $K=-\dfrac{\mathrm{d}p}{\mathrm{d}V/V_0}$，$K$ 被称为该物体的体积模量。体积模量是一个比较稳定的材料常数。因为在各向均压下材料的体积总是变小的，故 K 值永为正值，单位帕斯卡（Pa）。1829 年法国力学家泊松发现在弹性介质中可以传播纵波和横波，并且从理论上推演出各向同性弹性杆在受到纵向拉伸时，横向收缩应变与纵向伸长应变之比是一常数。这一常数称为泊松比，用字母 μ 表示。

体积模量的倒数称为体积柔量。体积模量 K 和拉伸模量（或称弹性模量）E、泊松比 μ 之间有关系：

$$E=3K(1-2\mu)$$

图 2　法国力学家泊松

剪切模量是剪切应力与应变的比值。它是材料在剪切应力作用下，在弹性变形比例极限范围内，表征材料抵抗切应变的能力。剪切模量大,则表示材料的刚性强。剪切模量 G 与弹性模量 E 及泊松比 μ 的关系为:$G=\dfrac{E}{2(1+\mu)}$。

剪切模量的倒数称为剪切柔量,是单位剪切力作用下发生切应变的量度,可表示材料剪切变形的难易程度。

在拉紧的固体材料中,剪切模量与横波波速和材料密度的关系为:$G=\rho u^2$。

在弹性限度内,材料的胁强与胁变(即相对形变)之比为一常数,叫弹性模量。弹性模量是描述固体材料抵抗形变能力的重要物理量,是选定机械构件的依据之一,是工程技术中常用的参数。

测量材料弹性模量的方法很多,有拉伸法、梁的弯曲法、振动法、内耗法等,本实验采用静态拉伸法。用这种方法测量,拉伸实验荷载大,加载速度慢,存在弛豫过程,对于脆性材料和不同温度条件下的测量难以实现。但从教学角度出发,该方法在实验方法、仪器配置与调整、数据处理、误差分析等方面内容丰富。例如:在实验方法上,通过本实验可以看到,以对称测量法消除系统误差的思路在其他类似的测量中极具启发性。在实验装置上所使用的光杠杆镜放大法,性能稳定、精度高,且为线性放大,在设计各类测试仪器中有广泛的应用价值。此外,在数据处理上,本实验采用的逐差法,也是各类实验中经常使用的方法。

实验目的

1. 了解弹性模量的物理意义,学习用静态拉伸法测量材料的弹性模量;
2. 掌握光杠杆镜尺组的光路调节,学习非接触法测量微小长度变化的原理和方法;
3. 学会用逐差法处理实验数据。

实验原理

棒状物体沿长度方向受外力后会伸长或缩短,即发生形变。如图 3 所示,设金属丝截面积为 S,长为 L。沿长度方向施以外力 F 使棒伸长 ΔL,则比值 F/S 是单位截面上的作用力,称为应力(胁强);比值 $\Delta L/L$ 是物体的相对伸长量,称为应变(胁变),它表示物体形变的大小。根据胡克定律,在物体的弹性限度内,应力与应变成正比,即

$$\frac{F}{S}=E\frac{\Delta L}{L} \tag{1}$$

式中比例系数 E 为材料的弹性模量(或称为杨氏模量),其大小只取决于材料本身的性质,与外力 F、物体原长 L 及截面积 S 的大小无关,若将上式改写为

$$E=\frac{F}{S}\cdot\frac{L}{\Delta L} \tag{2}$$

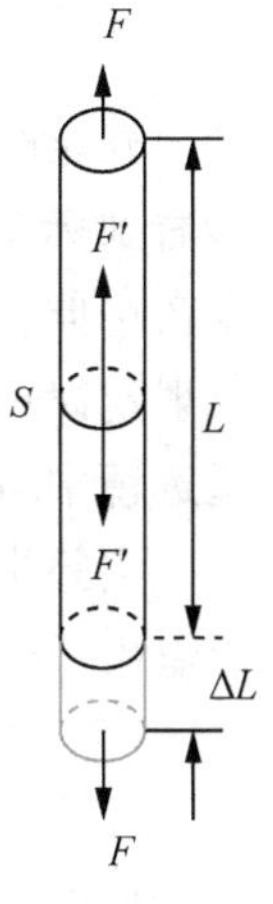

图 3

可见,弹性模量 E 在数值上等于引起材料一个单位长度相对变化时的应力 F/S。根据该式,测出等号右边各量后,便可算出弹性模量。其中,L 可用一般量具测得,F 可由实验中数

字拉力计上显示的质量m求出，即$F=mg$，g为重力加速度，金属丝截面积可通过测其直径d来获得。将$S=\frac{1}{4}\pi d^2$代入，则式(2)可写为：

$$E=\frac{4FL}{\pi d^2\Delta L} \tag{3}$$

式中微小伸长量ΔL可利用光杠杆镜尺组进行测量，这是一种非接触式的长度放大测量法。

光杠杆镜主要是利用平面反射镜转动，将微小角位移放大成较大的线位移后进行测量。

仪器利用光杠杆组件实现放大测量功能。光杠杆镜组件包括：反射镜、与反射镜联动的动足、标尺等组成。其放大原理如图 4 所示。

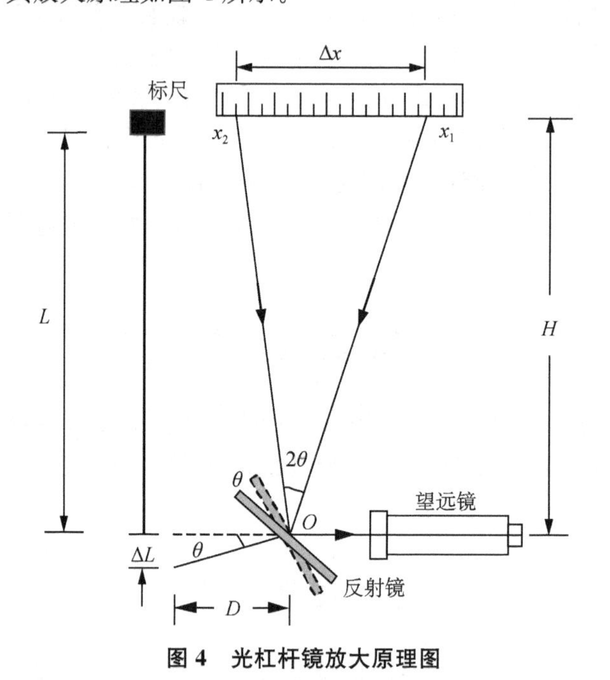

图 4 光杠杆镜放大原理图

开始时，望远镜对齐反射镜中心位置，反射镜法线与水平方向成θ夹角，在望远镜中恰能看到标尺刻度x_1的像。动足尖放置在夹紧金属丝的夹头的表面上，当金属丝受力后，产生微小伸长ΔL，与反射镜联动的动足尖下降，从而带动反射镜转动相应的角度θ，根据光的反射定律可知，在出射光线(即进入望远镜的光线)不变的情况下，入射光线转动了2θ，此时望远镜中看到标尺刻度为x_2。

实验中光杠杆常数D远大于ΔL，所以θ甚至2θ会很小。从图 4 的几何关系中我们可以看出，2θ很小时有：

$$\Delta L \approx D \cdot \theta,\ \Delta x = H \cdot 2\theta$$

故有：

$$\Delta x=\frac{2H}{D}\cdot \Delta L \tag{4}$$

其中$2H/D$称作光杠杆的放大倍数，H是反射镜中心与标尺的垂直距离。仪器中$H \gg D$，这样一来，便能把一微小位移ΔL放大成较大的容易测量的位移Δx。将式(4)代入式(3)

得到：

$$E=\frac{8mgLH}{\pi d^2 D\Delta x} \tag{5}$$

如此，可以通过测量式(5)右边的各参量得到被测金属丝的弹性模量，式(5)中各物理量的单位取国际单位。

实验仪器

弹性模量仪如图 5 所示，包含实验架、光杠杆、望远镜、钢卷尺、游标卡尺、千分尺等。

实验架是待测金属丝弹性模量测量的主要平台。金属丝一端穿过横梁被上夹头夹紧，另一端被下夹头夹紧，并与拉力传感器相连，拉力传感器再经螺栓穿过下台板与施力螺母相连。施力螺母采用旋转加力方式，加力简单、直观、稳定。拉力传感器输出拉力信号通过数字拉力计显示金属丝受到的拉力值。实验架含有最大加力限制功能，实验中最大实际加力不应超过 13.00 kg。

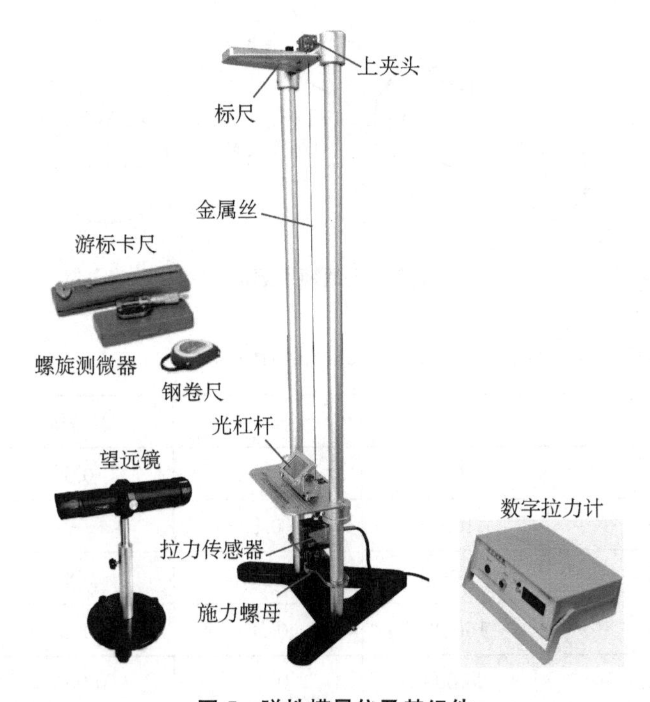

图 5　弹性模量仪及其组件

光杠杆组件包括光杠杆、标尺、望远镜，光杠杆上有反射镜和与反射镜联动的动足等结构。光杠杆结构示意图，如图 6 所示。

图中，a、b、c 分别为三个尖状足，a、b 为前足，c 为后足(或称动足)，实验中 a、b 不动，c 随着金属丝伸长或缩短而向下或向上移动，锁紧螺钉用于固定反射镜的角度。三个足构成一个三角形，两前足连线的高 D 称为光杠杆常数(与图 4 中的 D 相同)，可根据需要改变 D 的大小。

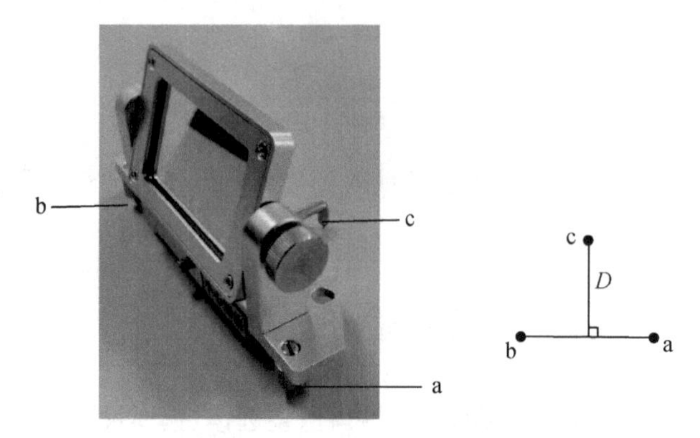

图 6　光杠杆结构示意图

望远镜组件包括望远镜、升降支架。望远镜放大倍数 12 倍，含有目镜十字分划线（纵线和横线），镜身可 360°转动。通过升降支架可调升降、水平转动及俯仰倾角。望远镜结构如图 7 所示。

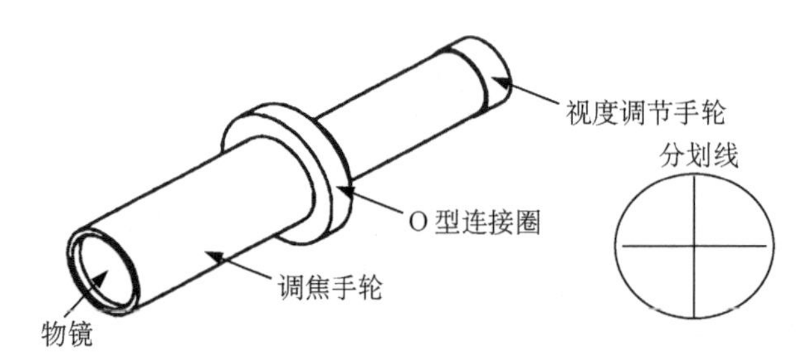

图 7　望远镜示意图

实验过程中需用到的测量工具及其相关参数、用途：

量具名称	量程	分辨率	误差限	用于测量
标尺/mm	80.0	1	0.5	Δx
测微尺/mm	10.0	0.1	—	ΔL
钢卷尺/mm	3 000.0	1	0.8	L
游标卡尺/mm	150.00	0.02	0.02	D
螺旋测微器/mm	25.000	0.01	0.004	d
数字拉力计/kg	20.00	0.01	0.005	m

实验步骤

1. 将拉力传感器信号线和背光源接线接入数字拉力计信号接口和标尺背光源电源插孔，打开数字拉力计电源开关，预热 10 min。

2. 旋松光杠杆动足上的锁紧螺钉，调节光杠杆动足至适当长度(以动足尖能贴近但不靠到金属丝，同时两前足能置于台板上的同一凹槽中为宜)，用三足尖在平板纸上压三个浅浅的痕迹，通过画细线的方式画出两前足连线的高(即光杠杆长度)，然后用游标卡尺测量光杠杆长度 D。将光杠杆置于台板上，并使动足尖贴近金属丝，且动足尖应在金属丝正前方。

3. 旋转施力螺母，给金属丝施加一定的预拉力(3.00 kg)，将金属丝原本存在弯折的地方拉直。用钢卷尺测量金属丝的原长 L 和反射镜中心到标尺的垂直距离 H，用螺旋测微器测量金属丝直径 d。

4. 将望远镜正对实验架台板，调节望远镜使其正对反射镜中心，然后仔细调节反射镜的角度，直到从望远镜中能看到标尺背光源发出的明亮的光。

5. 调节目镜视度调节手轮，使得十字分划线清晰可见。调节调焦手轮，使得视野中标尺的像清晰可见。转动望远镜镜身，使分划线横线与标尺刻度线平行后再次调节调焦手轮，使得视野中标尺的像清晰可见。

6. 再次仔细调节反射镜的角度，使十字分划线横线对齐≤2.0 cm 的刻度线(避免实验测量到最后超出标尺量程)。水平移动支架，使十字分划线纵线对齐标尺中心。注意：下面步骤中不能再调整望远镜，并尽量保证实验桌不要有震动，以保证望远镜稳定。

7. 点击数字拉力计上的“清零”按钮，记录此时对齐十字分划线横线的刻度值。缓慢旋转施力螺母，逐渐增加金属丝的拉力，每隔 1.00 kg 记录一次标尺的刻度，加力至设置的最大值(10.00 kg)，数据记录后再加 0.5 kg 左右。然后反向旋转施力螺母至设置的最大值并记录数据，同样地，逐渐减小金属丝的拉力，每隔 1.00 kg 记录一次标尺的刻度，直到拉力为 0.00 kg。注意加力和减力过程，施力螺母不能回旋，且每次加力和减力后，静待 2 min 左右再读数。

8. 实验完成后，旋松施力螺母，使金属丝自由伸长，并关闭数字拉力计并整理好实验台。

数 据 表 格

1. 一次性测量数据

L/mm	H/mm	D/mm

2. 金属丝直径测量数据

螺旋测微器初读数 d_0=________mm

序号 i	1	2	3	4	5	6	平均值
直径 d/mm							

3. 加减力时刻度与对应拉力数据

序号 i	拉力示数 /kg	加力时读数 $x_i^+/10^{-2}$ m	减力时读数 $x_i^-/10^{-2}$ m	两次读数的平均值$\overline{x}_i/10^{-2}$ m	每间隔 5 kg 千克力镜内标尺读数变化 $\Delta\overline{x}/10^{-2}$ m
1	0.00				$\overline{x_6}-\overline{x_1}=$
2	1.00				
3	2.00				$\overline{x_7}-\overline{x_2}=$
4	3.00				
5	4.00				$\overline{x_8}-\overline{x_3}=$
6	5.00				
7	6.00				$\overline{x_9}-\overline{x_4}=$
8	7.00				
9	8.00				$\overline{x_{10}}-\overline{x_5}=$
10	9.00				
					$\overline{x_{i+5}-x_i}=$

4. 计算金属的杨氏弹性模量 E 和不确定度(有关计算应列出计算公式,代入实验数据,再写出计算结果)。

$$E=\overline{E}\pm U_E=\_\_\_\_\_\_\_\_$$

观察思考

1. 在本实验中,共使用了哪些长度测量仪器?选择它们的依据是什么?它们的仪器误差各为多少?

2. 在本实验中,为什么钢丝长度只测量一次,且只需选用精度较低的测量仪器?而钢丝直径必须用精度较高的仪器多次测量?

3. 本实验应用的光杠杆镜放大法与力学中杠杆原理有哪些异同点?请根据实验测得的数据计算所用光杠杆的放大倍数。

4. 在本实验中,加挂初始砝码的作用是什么?测量时是如何消除视差的?

5. 可否用作图法求弹性模量。若可以,不妨试一试。请问:所作的直线是否应该过原点?

附表 1 20 ℃时部分金属的拉伸弹性模量

金　属	弹性模量 /(10^{11} N・m^{-2})	金　属	弹性模量 /(10^{11} N・m^{-2})
铝	0.69～0.70	金	0.77
钨	4.07	银	0.69～0.80
铁	1.86～2.06	锌	0.78
铜	1.03～1.27	镍	2.03

（续表）

金　属	弹性模量 /(10^{11} N·m^{-2})	金　属	弹性模量 /(10^{11} N·m^{-2})
铬	2.35～2.45	康铜	1.60～1.66
合金钢	2.06～2.16	铸钢	1.72
碳钢	1.96～2.06	硬铝合金	0.71

拓展阅读

弹性模量测量的关键在于微小形变量 ΔL 的放大测量，微小量测量的方法有很多，下面介绍显微镜法对微小形变量的测量方法。

显微镜测量基本分2种：目镜分化测量和软件测量。只需要在光杠杆镜放大法弹性模量测量仪上加装数码显微组件，就可以组成显微镜法弹性模量测量仪，如图8所示。

数码显微组件包括测微尺、数码显微镜及其支架。支架可在水平方向作一维移动，并有升降功能。数码显微镜安装在支架上，数码显微镜与测微尺之间的距离可调。测微尺上含有刻度，量程10 mm，分辨率为1 div=0.1 mm，表示1小格长度是0.1 mm。测微尺刻度如图9所示。

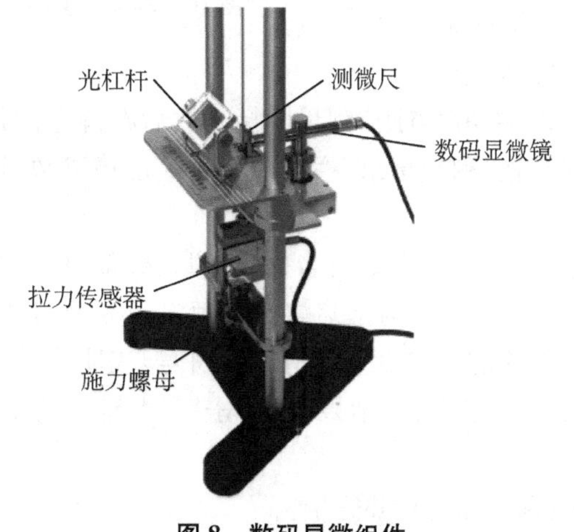

图8　数码显微组件

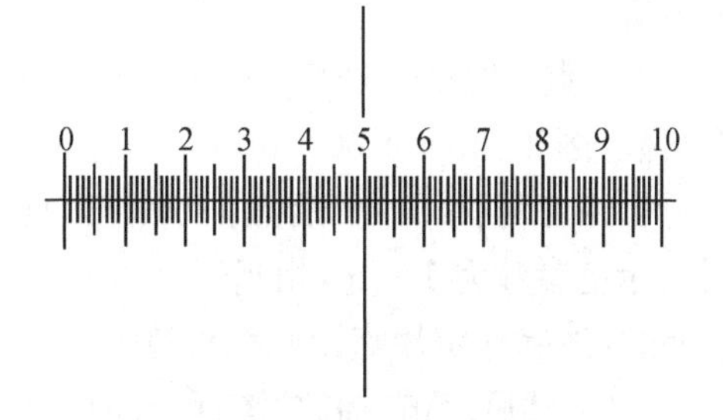

图9　测微尺刻度示意图

显微镜法实验步骤：

1. 仪器调节

(1) 将拉力传感器信号线和背光源接线接入数字拉力计信号接口和标尺背光源电源插孔，打开数字拉力计电源开关，预热10 min。

(2) 旋松光杠杆动足上的锁紧螺钉，调节光杠杆动足至适当长度(以动足尖能贴近但不靠到金属丝，同时两前足能置于台板上的同一凹槽中为宜)，用三足尖在平板纸上压三个浅浅的痕迹，通过画细线的方式画出两前足连线的高(即光杠杆长度)，然后用游标卡尺测量光杠杆长度 D。将光杠杆置于台板上，并使动足尖贴近金属丝，且动足尖应在金属丝正前方。

(3) 旋转施力螺母,给金属丝施加一定的预拉力(3.00 kg),将金属丝原本存在弯折的地方拉直。用钢卷尺测量金属丝的原长 L 和反射镜中心到标尺的垂直距离 H,用螺旋测微器测量金属丝直径 d。

(4) 数码显微镜的数据线连接至计算机,并通过数据线上的亮度调节旋钮适当调节数码显微镜前端 LED 灯的光照强度。打开软件,显示窗口出现数码显微镜摄取到的目标(实验过程中请不要拔下数据线)。

(5) 将数码显微镜装上支架,调节数码显微镜的高度,使其正对测微尺中心,然后将数码显微镜前端与测微尺的距离调至适当距离(推荐 8~10 mm)。

(6) 调节数码显微镜尾部的焦距调节旋钮,直到图像中出现测微尺的刻度线并大致调清晰(若始终未能找到测微尺的刻度线,需检查步骤(5)中数码显微镜中心是否正对测微尺中心)。此时所成像并不一定正立,需要再仔细缓慢地转动数码显微镜,使图像正立(即标尺刻度线在显示窗口中需横平竖直)。然后再重新调节焦距使成像最清晰。

(7) 调节数码显微镜的水平位置及高度,使测微尺的中心处于图像中部偏上位置。图像效果大致如图 10 所示。

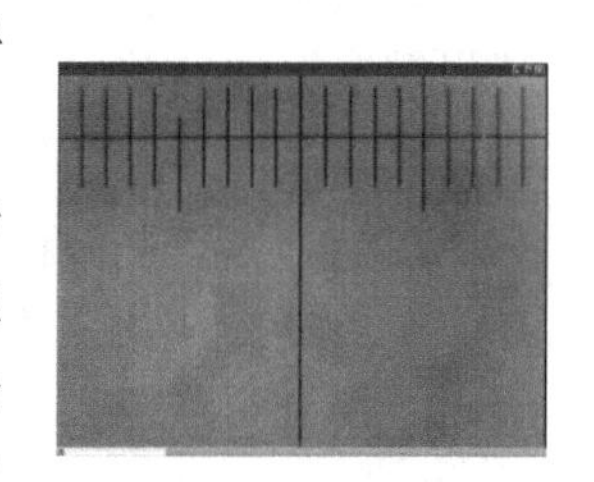

图 10 刻度线图像

注意:数码显微镜前端与测微尺的距离越近,数码显微镜放大倍率越大,得到的位置分辨率越高。但距离太近,超出调焦范围,图像会调不清晰,太远又会降低位置分辨率。最好的办法是根据待测金属丝的最大伸长来大致确定二者间的距离。比如预估最大伸长量为 1 mm,若在某距离处,图像中金属丝伸长方向(即竖直方向)上有 1.5~2 倍即 1.5~2 mm 的显示空间,则该距离较为合适。

(8) 完成以上步骤,点击软件上的"暂停"图标,单击"点距"测量图标。然后在静态图像中依次点击测微尺上距离为 1 mm 的两条刻度线,在"测量结果"栏会显示对应的像素数,记下该值。

(9) 点击"标定"图标,选择添加或编辑,在弹出的窗口中编辑名称(自拟)、数值、单位和像素数,例如:hjz 1.00 mm 512。(注意:通过键盘输入的上述字符必须采用半角格式,否则软件可能报错。)然后点击"确定",此时在所采用的标定设置前有打钩符号,表明当前采用的标定参数为 1 mm,相当于 512 pix。标定完后,在"测量结果"栏单击"1 点距"后选择"删除",清除标定用点距画线痕迹。

(10) 然后点击"播放"图标,实时显示动态图像。标定步骤完毕。

注意:标定是显微镜测量的第一步,标定完成后不能再动数码显微镜,否则若放大倍率发生改变就必须进行重新标定。下面步骤中应尽量保证实验桌不要有震动、加力和减力过程,施力螺母不能回旋。

2. 测量步骤

(1) 点击数字拉力计上的"清零"按钮。点击软件上的"暂停"图标,单击"点距"测量图标。将测微尺上横纵长线相交处作为参考点,在参考点上双击鼠标,出现小十字标记,该标记中心即为起始零位(此后该图标在静态图像中一直存在直到人为删除),同时"测量结果"栏显示点距 0 mm 0 pix。然后点击"播放"图标,实时显示动态图像。

(2) 缓慢旋转施力螺母,逐渐增加金属丝的拉力至 1.00 kg。点击软件上的"暂停"图标,单击“点距”测量图标。以起始零位为起点做水平横线的垂线,该垂线段的长度显示在“测量结果”栏中,记下该长度的像素数。

(3) 单击“2点距”后选择“删除”,静态图像中的线段及长度显示消失(该步骤是为了后面测量时不影响起始零位的确定而设置)。然后点击“播放”图标,实时显示动态图像。

(4) 缓慢旋转施力螺母加力,逐渐增加金属丝的拉力,每隔1.00 kg重复前两个步骤,直到加力至设置的最大值。

(5) 加力至设置的最大值,数据记录后再加0.5 kg左右(不超过1.0 kg,且不记录数据)。然后,反向旋转施力螺母至设置的最大值,测量同上。缓慢旋转施力螺母减力,逐渐减小金属丝的拉力,每隔1.00 kg记录一次数据,直到减力至0.00 kg。

注意:规定水平横线在起始零位下方时刻度(即像素数)为正值,在起始零位上方时刻度为负值。

(6) 实验完成后,旋松施力螺母,使金属丝自由伸长,并关闭数字拉力计。关闭软件及计算机,拔下数码显微镜的数据连接线。

实验4　转动惯量的测量——三线摆法

知识介绍

转动惯量(Moment of Inertia)是刚体绕轴转动时转动惯性的量度，在转动力学中扮演的角色相当于平动动力学中的质量，可形式地理解为物体在旋转运动过程中的惯性。

刚体的转动惯量除了与物体的质量有关外，还与转轴的位置和质量的分布(即形状、大小和密度分布)有关。比如：让同样大小、转速一致的塑料转盘和金属转盘停下，显然前者比后者容易得多，这就是质量在起作用；冰上运动中，运动员收缩肢体，转得更快，这就是质量分布在起作用；两扇质量分布均匀、大小相等的门，轴线位置一个在边缘，另一个在中线(比如宾馆大厅的旋转门)，旋转难易程度不同，这就是转轴位置在起作用。转动惯量在描述转动的物理量和物理定律中起重要作用，是科学实验、工程技术、航天、电力、机械、仪表等工业领域中的一个重要参量。在磁电式仪表的指示系统中，根据线圈的转动惯量不同，可分别用于测量微小电流(检流计)或电量(冲击电流计)。在发动机叶片、飞轮、陀螺以及人造卫星的外形设计上，也都需要精确地测定转动惯量。可见，转动惯量的测量有其非常重要的工程需要。测定刚体转动惯量的实验方法除本实验所用的三线摆法以外，还有很多其他测量方法，如复摆法、双线摆法(适用于棒状物体)、扭摆法、塔轮法等，本实验室安排了三线摆及扭摆法测转动惯量实验，复摆法及双线摆法测转动惯量可由同学们自行设计实验并进行测量。

1. 复摆法测转动惯量

如图1所示，设细杆的转动惯量为 J，质心离转轴距离为 h，则有：

$$J\frac{d^2\theta}{dt^2}=-mgh\sin\theta \tag{1}$$

当系统处于小角度摆动(摆角<5°)时，$\sin\theta\approx\theta$，得到振动方程：

$$J\frac{d^2\theta}{dt^2}+mgh\theta=0 \tag{2}$$

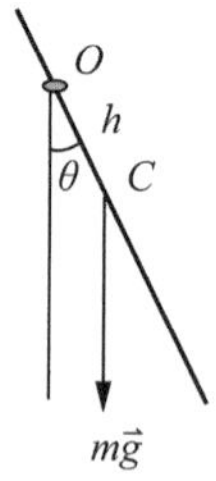

图1　复摆法测量匀质细杆的转动惯量

所以：

$$\theta=\theta_{max}\cos\left(\sqrt{\frac{mgh}{J}}t+\varphi\right) \tag{3}$$

其中圆频率 $\omega=\sqrt{\frac{mgh}{J}}$，周期为 $T=2\pi\sqrt{\frac{J}{mgh}}$，从而可得复摆的转动惯量公式为：

$$J = \frac{mgh}{4\pi^2} T^2 \tag{4}$$

通过测量周期即可获得实验测定的转动惯量 J。实验中，若复摆为长 L 的匀质细杆，则可以将实验结果与转动惯量的理论值 $J = \frac{1}{12} mL^2 + mh^2$ 进行比较。

2. 双线摆法测转动惯量

如图 2 所示，两悬线长为 L，相距 d，均匀细杆长为 l，质量为 m 组成图示双线摆。

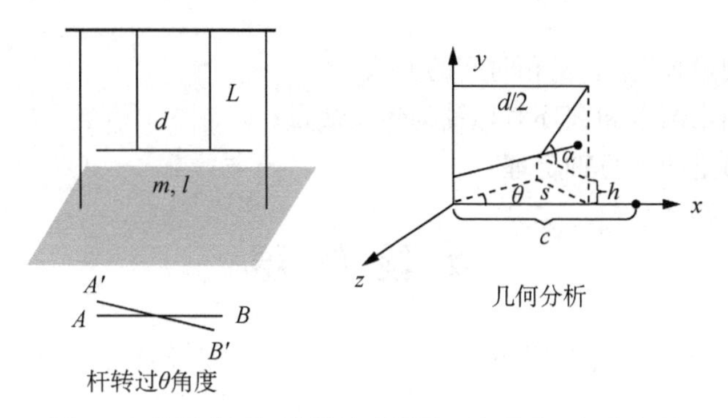

图 2　双线摆法测细棒的转动惯量示意图及几何分析图

设悬线转过的角度为 γ，悬线的张力为 F。

在竖直方向上有：

$$2F\cos\gamma = mg \tag{5}$$

在实验中，保证 γ 足够的小，则有：

$$F = \frac{mg}{2} \tag{6}$$

在水平方向有：

$$\begin{cases} -2F\sin\gamma \dfrac{d}{2} = J \dfrac{\mathrm{d}^2\theta}{\mathrm{d}t^2} \\ \dfrac{d}{2}\theta = L\gamma \end{cases} \tag{7}$$

所以：

$$\frac{\mathrm{d}^2\theta}{\mathrm{d}t^2} + \frac{mgd^2}{4LJ}\theta = 0 \tag{8}$$

其中圆频率 $\omega = \sqrt{\frac{mgd^2}{4LJ}}$，周期 $T = 2\pi\sqrt{\frac{4LJ}{mgd^2}}$，从而可得双线摆转动惯量实验计算公式为：

$$J = \frac{mgd^2}{16\pi^2 L} T^2 \tag{9}$$

实验中测出周期，计算出转动惯量 J，然后与匀质细杆的转动惯量理论值 $J = \frac{1}{12} ml^2$ 进行比较。

3. 三线摆测转动惯量

本实验介绍三线摆测物体的转动惯量，三线摆的特点是仪器结构简单，原理清晰，适用性广。为了便于与理论计算值比较，实验中被测物体采用形状简单规则的刚体。对于形状较复杂的刚体，如枪炮、弹丸、电动机转子、机器零件等，也都可以测量出其转动惯量。

实验目的

1. 学会正确测量长度、质量和时间的方法；
2. 用三线摆测定圆盘和圆环对称轴的转动惯量；
3. 验证转动惯量的平行轴定理。

实验仪器

三线摆实验仪、多功能计时器、卷尺、游标卡尺、水准仪、待测圆环 1 只、待测圆柱 2 只。

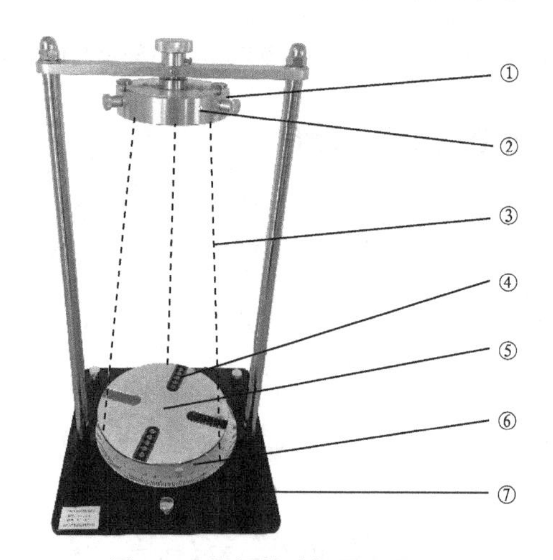

图 3　三线摆转动惯量测量仪

标号	名称	使用说明
①	上圆盘	转动从而带动下悬盘摆动
②	限位器	限制上圆盘转动角度
③	悬线	悬挂下悬盘，通过上圆盘旋钮可调节下悬盘水平状态
④	悬盘标尺及定位孔	4 把标尺对待测圆环进行转轴定位，孔心可对待测圆柱体进行定位
⑤	下悬盘	作为基准圆盘，用于待测物体的摆放
⑥	挡光棒	配合光电门完成计时及计数
⑦	扭角观测盘	观测下悬盘转动时实际角度的大小

实验原理

1. 圆环绕中心轴的转动惯量

若想测得圆环绕中心轴的转动惯量,可通过转动惯量的线性叠加原理来实现。根据转动惯量的叠加原理,由几部分组成的刚体对某轴的转动惯量,等于各部分对同轴的转动惯量之和,故此,可分别测量悬盘的转动惯量 J_0 和待测圆环同轴放置时的总转动惯量 J_1,再利用叠加公式

$$J = J_1 - J_0 \tag{10}$$

计算出待测圆环的转动惯量 J。在圆环放置于悬盘上时,应使两者中心重合(即物体的质心恰好在仪器的转轴上,组成一个系统)。

根据上述原理,需要先利用三线摆进行悬盘转动惯量 J_0 的测定。

2. 悬盘绕中心轴的转动惯量 J_0 的测定

三线摆实验仪如图3所示,在立柱和底座支撑着的横梁上固定着水平且可转动的上圆盘,其上通过悬孔及三根对称分布的长悬线悬挂着水平的下悬盘。上圆盘可以绕固定轴转动,拧动上圆盘可使下悬盘绕垂直的中心轴 OO' 作扭摆运动,如图4。下悬盘来回摆动的周期与其转动惯量大小有关,悬挂物不同,转动惯量就不同,相应的摆动周期也将发生变化。

当悬盘离开平衡位置向某一方向转过一个很小的角度 θ 时,整个悬盘的位置也将升高一高度 h,即悬盘既有绕中心轴的转动,又有上下方向的升降运动。若在任意时刻其转动动能为 $\frac{1}{2}J_0\left(\frac{\mathrm{d}\theta}{\mathrm{d}t}\right)^2$,上下运动的平动动能为 $\frac{1}{2}mv^2\left(v=\frac{\mathrm{d}h}{\mathrm{d}t}\right)$,重力势能为 mgh,如果忽略摩擦力,则在重力场中机械能守恒,即:

$$mgh + \frac{1}{2}J_0\left(\frac{\mathrm{d}\theta}{\mathrm{d}t}\right)^2 + \frac{1}{2}m\left(\frac{\mathrm{d}h}{\mathrm{d}t}\right)^2 = \text{恒量} \tag{11}$$

上式中 m 为悬盘的质量,J_0 为其转动惯量。取悬盘在平衡位置时重力势能为零,在悬线足够长,且悬盘作小角度转动时,$\frac{1}{2}m\left(\frac{\mathrm{d}h}{\mathrm{d}t}\right)^2$ 远小于 $\frac{1}{2}J_0\left(\frac{\mathrm{d}\theta}{\mathrm{d}t}\right)^2$。略去式(11)中平动动能项,并对时间求导,则有:

$$J_0 \cdot \frac{\mathrm{d}\theta}{\mathrm{d}t} \cdot \frac{\mathrm{d}^2\theta}{\mathrm{d}t^2} + mg\frac{\mathrm{d}h}{\mathrm{d}t} = 0 \tag{12}$$

若令上下盘之间的距离为 H,悬线长为 l,r 和 R 分别表示上下盘上系线点到圆心的距离,则根据图4,应用几何关系可以得到悬盘上升的高度:

$$h = O'O'' = a_1c_1 - a_1c_1' = \frac{(a_1c_1)^2 - (a_1c_1')^2}{a_1c_1 + a_1c_1'}$$

由于

$$(a_1c_1)^2 = (a_1b_1)^2 - (b_1c_1)^2 = l^2 - (R-r)^2$$

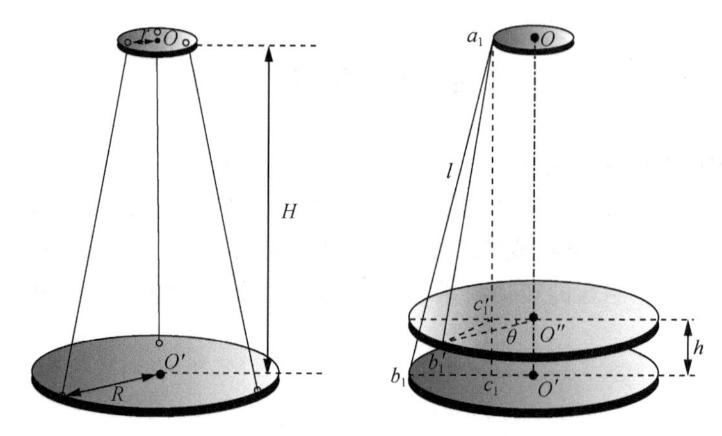

图 4　三线摆几何关系示意图

而

$$(a_1c_1')^2=(a_1b_1')^2-(b_1'c_1')^2=l^2-(R^2+r^2-2Rr\cos\theta)$$

得

$$h=\frac{2Rr(1-\cos\theta)}{a_1c_1+a_1c_1'}=\frac{4Rr\sin^2\dfrac{\theta}{2}}{a_1c_1+a_1c_1'}$$

当偏转角 θ 很小时，$\sin\frac{\theta}{2}\approx\frac{\theta}{2}$，$a_1c_1\approx a_1c_1'\approx H$ ，即：

$H=\sqrt{l^2-(R-r)^2}$，所以 $h=\frac{Rr\theta^2}{2H}$，对 t 求导得：

$$\frac{\mathrm{d}h}{\mathrm{d}t}=\frac{Rr\theta}{H}\left(\frac{\mathrm{d}\theta}{\mathrm{d}t}\right)\tag{13}$$

将式(13)代入式(12)后可得：

$$\frac{\mathrm{d}^2\theta}{\mathrm{d}t^2}+\left(\frac{mgRr}{HJ_0}\right)\theta=0\tag{14}$$

显然上式是一个简谐运动的动力学方程，其解为 $\theta=\theta_0\cos(\omega_0t+\varphi)$。这说明三线摆的小角度摆动是简谐运动。式中，$\omega_0=\sqrt{\frac{mgRr}{HJ_0}}$，为悬盘转动的角频率，$\theta_0$ 为角振幅。因为简谐运动的周期 $T=2\pi/\omega_0$，于是求得悬盘绕中心轴的转动惯量为：

$$J_0=\frac{mgRr}{4\pi^2H}T^2\tag{15}$$

这就是测定悬盘绕中心轴转动的转动惯量的实验计算公式。

根据上述实验计算公式，亦可测量圆环与悬盘同轴放置时的总转动惯量值，利用光电门计时系统，测得系统绕中心轴转动的周期为 T_1，则它们总的转动惯量为：

$$J_1=\frac{(m+M)gRr}{4\pi^2H}T_1^2\tag{16}$$

再根据公式(10)，计算出圆环绕中心轴的转动惯量。

注：圆环绕中心轴转动惯量的理论计算公式为 $J=\frac{M}{2}(R_{内}^2+R_{外}^2)$，式中 $R_{外}$ 为圆环外半径，$R_{内}$ 为圆环内半径。

3. 测定圆柱体转动惯量 J_x 并验证平行轴定理

平行轴定理(parallel axis theorem)为刚体转动惯量的计算提供了一个简易的计算方案，它能够从刚体对于一支通过质心轴的转动惯量，计算出刚体对平行于质心轴的另外一支直轴的转动惯量。

将质量均为 m'，形状和质量分布完全相同的两个圆柱体对称地放置于悬盘对称孔上(设置对称放置可保证系统轴心稳定)。若测出小圆柱中心与悬盘中心之间的距离 x 及小圆柱体的半径 R_x，则由平行轴定理可求得其中一只圆柱的转动惯量为：

$$J'_x=m'x^2+\frac{1}{2}m'R_x^2 \tag{17}$$

而实验的方法同样可以求得单个圆柱体转动惯量的大小，测出两小圆柱体和悬盘绕中心轴 OO' 的转动周期 T_x，则可求出单个圆柱体对中心转轴 OO' 的转动惯量：

$$J_x=\frac{1}{2}\left[\frac{(m+2m')gRr}{4\pi^2H}T_x^2-J_0\right] \tag{18}$$

比较 J_x 与 J'_x 的大小，即可验证平行轴定理。

实验内容

1. 底座水平调节：利用水准仪调整三线摆底脚的调平螺钉使三线摆底座水平，立柱竖直。

2. 下悬盘水平调节：将水准仪置于悬盘上任意两悬线之间，调节悬线长度使悬盘处于水平，将三个调整旋钮固定。

3. 驱动仪器工作：轻轻扭动上圆盘，至上圆盘小角度限位器发出咔嗒声响(最大转角控制在 5°左右)，使下悬盘摆动。

4. 周期测定：将光电门调节至挡光棒往复运动的大致中心位置(挡光棒来回运动均能实现挡光)，按下计时器的顺时针箭头，测出悬盘摆动 30 个周期(挡光计数为 60 次)的时间 t，重复三次求平均值，求出悬盘的摆动周期 $T_0(T_0=t/30)$。

5. 测圆环转动惯量：将待测圆环置于悬盘上，使两者中心轴线重合(利用下悬盘的四把限位尺，见图 5)，按以上方法求出圆环与悬盘系统的摆动周期 T_1，算出 J_1，从而计算出待测圆环的转动惯量 $J=J_1-J_0$。

6. 测圆柱体转动惯量：取下圆环，把质量和形状都相同的两个圆柱体对称地置于悬盘上，再按同样方法求出摆动周期 T_x。

7. 如图 6 所示，分别测出小圆盘和悬盘三悬点之间的距离 a 和 b，各取其平均值，算出悬点到中心的距离 r 和 R。

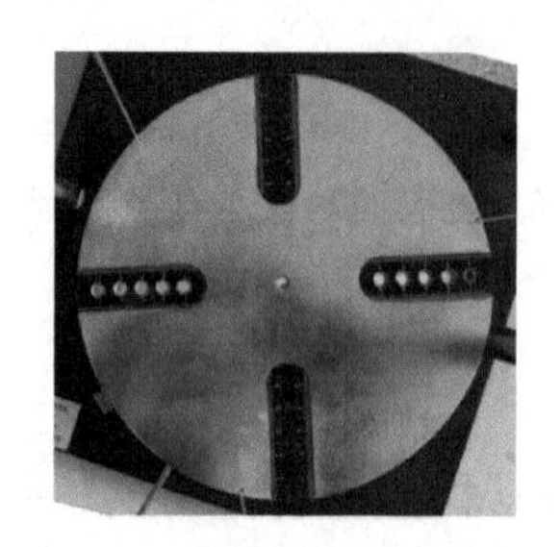

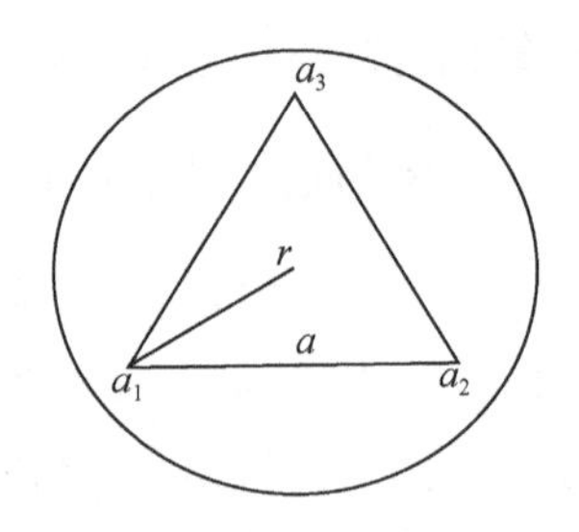

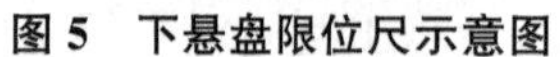
图 5 下悬盘限位尺示意图

图 6 悬点到中心计算示意图

8. 测出两圆盘之间的垂直距离 H、圆环的内直径 $2R_{内}$、外直径 $2R_{外}$、圆柱体直径 $2R_x$ 和圆柱体中心至悬盘中心的距离 x。

9. 分别记录悬盘、圆环和圆柱体的质量 m、M、m'(上述质量均已标明在物体上)。

10. 将各实验结果与理论计算相比较,分析误差原因。

数 据 表 格

表 1 转动周期的测定

	下悬盘		悬盘加圆环		悬盘加两圆柱体	
摆动 30 个周期所需时间 t/s	1		1		1	
	2		2		2	
	3		3		3	
	平均		平均		平均	
周期/s	$T_0=$		$T_1=$		$T_x=$	

表 2 各长度量和质量的测定

悬盘质量 m=_______kg;待测圆环质量 M=_______kg;圆柱体质量 m'=_______kg

	上下圆盘之间的垂直距离 $H/10^{-3}$ m	上圆盘悬孔间距 $a/10^{-3}$ m	下悬盘悬孔间距 $b/10^{-3}$ m	待测圆环 外直径 $D_{外}$ $/10^{-3}$ m	待测圆环 内直径 $D_{内}$ $/10^{-3}$ m	小圆柱体直径 D_x $/10^{-3}$ m	放置小圆柱体两小孔间距 $2x/10^{-3}$ m
1							
2							
3							
平均	$\overline{H}/10^{-3}$ m	$\overline{a}/10^{-3}$ m	$\overline{b}/10^{-3}$ m	$\overline{D}_{外}/10^{-3}$ m	$\overline{D}_{内}/10^{-3}$ m	$\overline{D}_x/10^{-3}$ m	$2\overline{x}/10^{-3}$ m
		$\overline{r}=\frac{\sqrt{3}}{3}\overline{a}$ $/10^{-3}$ m	$\overline{R}=\frac{\sqrt{3}}{3}\overline{b}$ $/10^{-3}$ m	$\overline{R}_{外}$ $/10^{-3}$ m	$\overline{R}_{内}$ $/10^{-3}$ m	$\overline{R}_x$ $/10^{-3}$ m	$\overline{x}$ $/10^{-3}$ m

(注:灰色区域为课堂待测量,保证填写完整无漏测。)

各转动惯量的数据计算(有关计算应列出计算公式、代入实验数据、再写出计算结果,注意单位的统一性)

(1) 悬盘绕中心轴的转动惯量:$J_0=$________

(2) 圆环绕中心轴的转动惯量:

实验值:$J=$________;理论值:$J'=$________;百分误差:$E_J=$________

(3) 圆柱体绕中心轴的转动惯量:

实验值:$J_x=$________;理论值:$J_x'=$________;百分误差:$E_{Jx}=$________

并由此说明平行轴定理是否成立?如果不成立,请说明原因。

注意事项

1. 注意转动三线摆的上圆盘时,不可使下悬盘发生左右颤摆,因为我们没有考虑左右摆动的能量。

2. 启动三线摆时,先使已调水平的下悬盘保持静止,然后轻轻转动上圆盘,通过限位器限制扭角约 5°左右(一般不超过 5°)。

3. 测量周期时,先确定下悬盘挡光棒往复运动过程中均能挡光,再开启计时功能,测量过程中应持续观测挡光情况及计时器指示灯闪烁情况,以防止出现漏测的现象。

观察思考

1. 用三线摆测刚体转动惯量时,为什么必须保持下悬盘水平,且摆角要小?
2. 在测量过程中,如下悬盘出现晃动,对周期测量有影响吗?如有影响,应如何避免之?
3. 三线摆放上待测物后,其摆动周期是否一定比空盘的转动周期大?为什么?
4. 测量圆环的转动惯量时,若圆环的转轴与下悬盘转轴不重合,对实验结果有何影响?
5. 如何利用三线摆测定任意形状的物体绕某轴的转动惯量?

拓展阅读

1. 三线摆多角度控制系统

原始的三线摆上圆盘设计如图 7 所示,利用一根限位棒与两根限位杆实现对上圆盘转动角度的控制,从而控制下悬盘扭转角度处于小角度状态,本实验室的该仪器,是利用圆盘体、卡位球以及固定于支架上的圆盘体实现限位功能的,安装件如图 8 所示。圆盘体在一端面的中心位置设有中心通孔,并且圆盘体从外表面沿径向开设有限位通孔;卡位球以可沿限位通孔的轴线方向移动的方式弹性固定于限位通孔中;圆盘体安装件带有与中心通孔相匹配的圆柱结构;圆柱结构的外表面沿轴向开设有若干个卡位槽;圆盘体通过中心通孔与圆柱结构的配合安装于圆盘体安装件上,并且在圆盘体安装时,限位通孔正好对准一个卡位槽,同时卡位球卡于卡位槽中。这样不仅能够实现对上圆盘的小角度控制,而且能够在多角度及大角度的情况下进行转动惯量测量研究。同学们可以通过该仪器,在允许的情况下进行多角度误

差探索与研究。(参见专利:一种多角度测量转动惯量的三线摆,专利号:ZL201620921206.2)

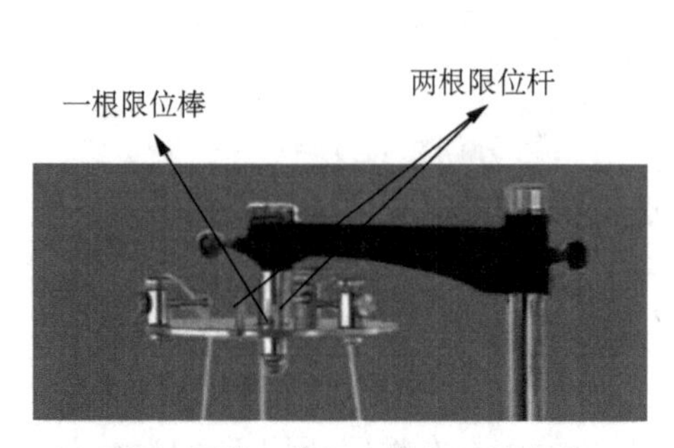

图 7　原始三线摆上圆盘限位方式

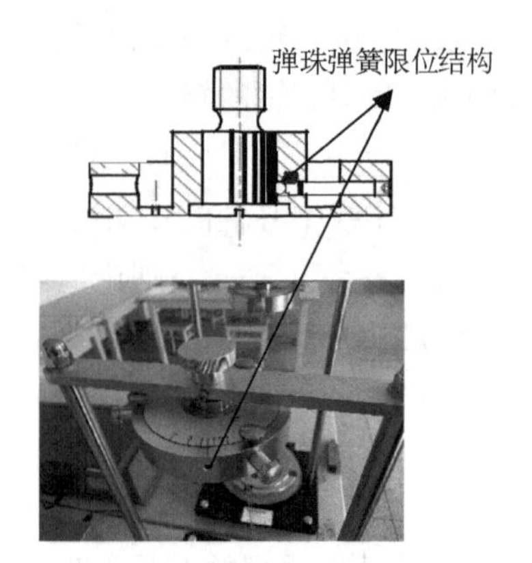

图 8　改进后三线摆上圆盘限位方式

2. 多角度研究

实验中多次提到,需要将扭转角度控制在小角度(<5°)范围内,只有在较小角度的情况下,才能满足振动系统的线性要求。那大角度的情况到底如何?我们可以对实验进行多个角度情况下的研究,从而加深对该实验相关操作要求和误差分析的理解和掌握。图 9 是本实验室所完成的多角度情况研究,设备在两种起始角度(20°和 5°)情况下 60 s 时间内角速率减小情况的数据图。同学们可以尝试从图中获得一些思考。同时,我们也可以对大角度情况下的实验误差及修正进行研究,如图 10 所示。

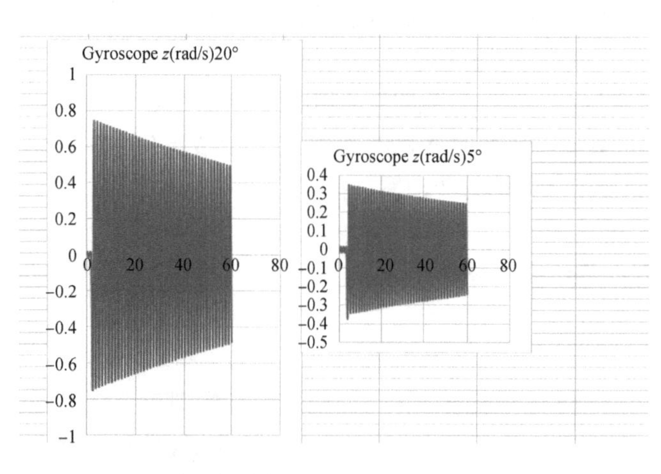

图 9　不同起始角度情况下角加速度变化情况

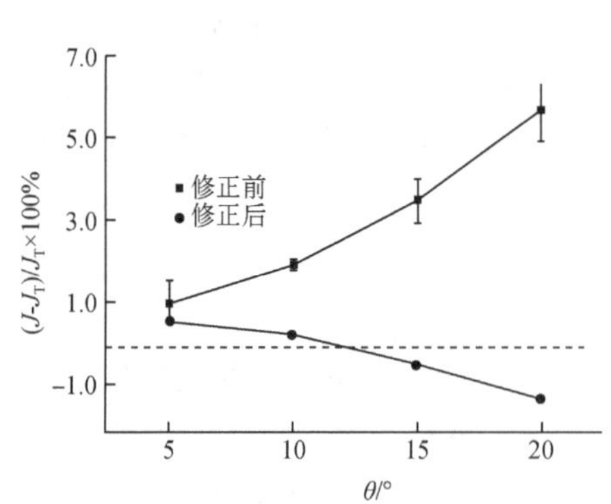

图 10　大角度情况下误差修正情况

实验 5　转动惯量的测量——扭摆法

知 识 介 绍

转动惯量的测量方法有很多种，在本教材中已较为详细地介绍了复摆法、双线摆法的原理，具体阐述了三线摆法的原理及实验方案，详见“实验 4 转动惯量的测量——三线摆法”，除上述实验方法外，还有塔轮法、扭摆法及利用各种特制的设备进行转动惯量测量的方法。

1. 塔轮转动惯量测试仪结构

转动惯量测试仪构造如图 1 所示，相应序号对应的配件见表 1。3 是固定在轴承上具有不同半径 r 的塔轮，上面装有载物盘，用于放置转动惯量待测件，它们一起组成一个可以绕固定轴转动的刚体系统。塔轮上绕有一根细线，并绕过定滑轮 5 与砝码相连。当砝码下落时，通过细线对刚体系施加(外)力矩。滑轮的支架可以随固定螺丝升降，以保证当细线绕塔轮的不同半径转动时都可以保持细线与转动轴相垂直。转动惯量测试仪与电脑毫秒计用信号线连接，在转动过程中，挡光细棒遮挡光电门，电脑毫秒计会自动记录每转过半圈(π 弧度)用的时间，而且还能计算出角加速度的值，若更换载物盘为细棒和待测圆柱，即可验证平行轴定理。

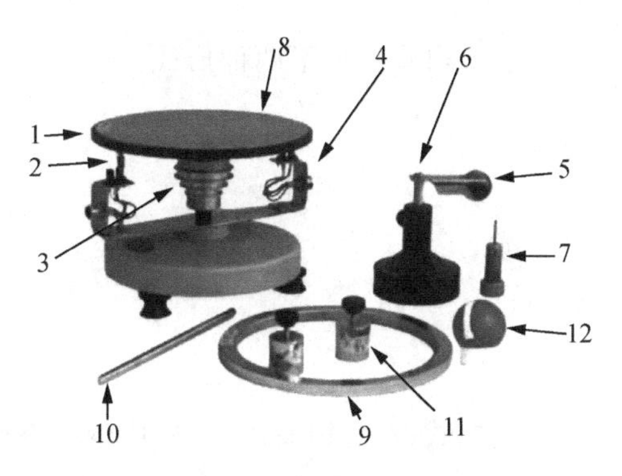

图 1　塔轮转动惯量测试仪及配件

表 1　塔轮转动惯量测试仪配件名称

序号	名称	序号	名称
1	载物盘	7	砝码
2	挡光细棒	8	待测圆盘
3	塔轮	9	待测圆环
4	光电门	10	细棒
5	滑轮	11	待测圆柱
6	滑轮架	12	待测圆球

2. 塔轮法测量原理

当刚体绕固定轴转动时，根据转动定律有：

$$M = J\beta \tag{1}$$

式中 M 为刚体所受合外力矩，J 为刚体对中心转轴的转动惯量，β 为角加速度。该装置工作过程中，刚体所受合外力矩为：

$$M = F_{\mathrm{T}} r - M_{\mathrm{f}} \tag{2}$$

式中 F_{T} 为细线张力，方向与中心转轴方向垂直；M_{f} 为刚体转动时受到的滑轮轴上的摩擦力矩，r 为塔轮半径。此实验中若忽略细线质量，在不计细线长度伸缩情况下，砝码 m 以匀加速度 a 下落时，根据牛顿第二定律，有：

$$ma = mg - F_{\mathrm{T}} \tag{3}$$

式中，g 取当地重力加速度，由实验室给定。砝码下落时，有：

$$a = r\beta \tag{4}$$

本实验中，角加速度 β 及塔轮半径 r 均较小，固有 $a \ll g$，在忽略 a 的情况下，有：

$$F_{\mathrm{T}} \approx mg \tag{5}$$

由式(1)、式(2)、式(5)得：

$$mgr - M_{\mathrm{f}} = J\beta \tag{6}$$

上式可写成如下两种形式：

$$\beta = \frac{mg}{J} \cdot r - \frac{M_{\mathrm{f}}}{J} \tag{7}$$

或

$$\beta = \frac{gr}{J} \cdot m - \frac{M_{\mathrm{f}}}{J} \tag{8}$$

根据式(7)可以看出，实验中保持砝码质量不变，改变塔轮半径，β 与 r 成线性关系，作图可得斜率$\frac{mg}{J}$的值，从而可以求得总转动惯量 J 的大小；根据式(8)可以看出，实验中保持塔轮半径不变，改变砝码质量，β 与 m 成线性关系，作图可得斜率$\frac{gr}{J}$的值，从而可以求得总转动惯量 J 的大小。

通过上述方法亦可求载物盘空载时的基准转动惯量 J_0，根据转动惯量的可叠加性即可求得使待测样品的转动惯量大小为 $J_{待测} = J - J_0$，该叠加性原理在本实验的计算过程中同样适用。

3. 单线扭摆原理

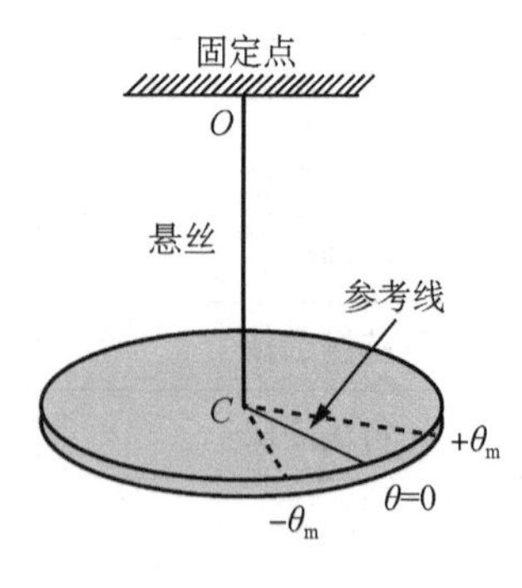

图 2　单线扭摆

用一根金属丝(或纤维)把一物体挂起来(直线 OC 通过物体的质心)，可组成了一个扭摆，如图 2 所示。当物体从平衡位置转过一个角度 θ 时，金属丝被扭转，从而对物体产生一个绕 OC 轴的力矩，这个力矩反抗角位移 θ，称为弹性恢复力矩，根据胡克定律，其大小正比于 θ，即：

$$M = -k\theta \tag{9}$$

式中，负号表示力矩的方向与角位移的方向相反，k 称为扭转系数。如果物体绕 OC 轴的转动惯量为 J，根据转动定律公式(1)，有：

$$\beta = \frac{M}{J} = -\frac{k}{J}\theta \tag{10}$$

令 $\omega^2 = \frac{k}{J}$，则上式可改写为：

$$\beta = \frac{\mathrm{d}^2\theta}{\mathrm{d}t^2} = -\omega^2\theta \tag{11}$$

可见，扭摆的运动是简谐振动，具有角简谐振动的特性，角加速度与角位移成正比，方向相反，方程的解为：

$$\theta = A\cos(\omega t + \varphi) \tag{12}$$

式中 A 为简谐振动的角振幅，φ 为初相位，ω 为角速度，其振动周期为

$$T = 2\pi\sqrt{\frac{J}{k}} \tag{13}$$

这个结论是非常有用的，利用它可以由实验测定一个物体的转动惯量。

这是单线扭摆的原理，在本实验中，我们将采用台式扭摆来进行实验，但原理部分是完全相同的。

实验目的

1. 了解扭摆法测转动惯量的原理；
2. 测量扭摆转动惯量测试仪的扭转系数；
3. 测量待测圆柱绕中心轴的转动惯量；
4. 利用对称圆柱体验证平行轴定理。

实验仪器

转动惯量测量仪(含扭摆装置、计时器)、待测件、电子天平及游标卡尺等。

1. 扭摆装置

该装置由一个一端固定在支架上的涡卷弹簧构成，如图 3 中配件 2，在垂直轴上装有该薄片状的涡卷弹簧，其作用是产生恢复力矩。在轴的上方可以装上载物盘放置各种待测物体，也可以直接安装横杆。垂直轴与支座间通过轴承固定，以降低摩擦力矩。支座上装有水准仪，可通过图 2 中配件 1 调整仪器转轴垂直状态。装置各部件名称见表 2 中序号 1～6。

2. 计时器

扭摆的扭转周期由计时器来进行计时，它由主机和光电门两部分组成，测时精度为 0.01 s。

光电门用于检测挡光棒是否挡光，根据挡光次数自动判断是否已达到所设定的周期数。周期数可设定为 5 次或 10 次。

光电门采用红外线发射管和红外线接收管，人眼无法直接观察仪器工作是否正常。但可用纸片遮挡光电探头间隙部位，若已挡光，图 3 中配件 8 指示灯熄灭，否则常亮。为防止过强光线对光电探头的影响，光电探头不宜放置在强光下工作。实验时采用窗帘遮光，确保计时的准确。装置各部件名称见表 2 中序号 7～12。

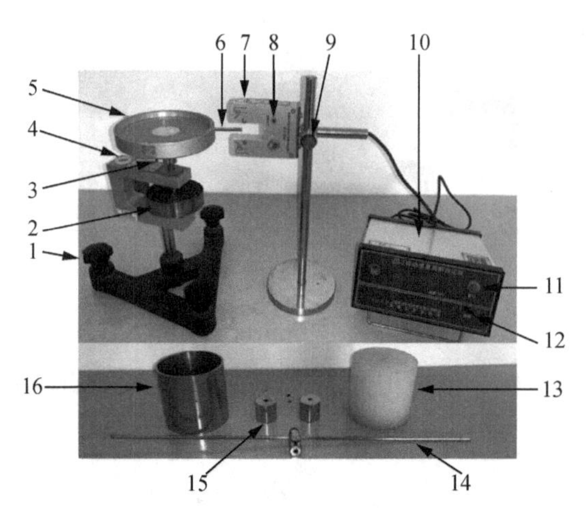

图 3　扭摆法转动惯量测试仪及配件

3. 待测件

待测件包括基准圆柱、待测圆筒、长直细杆及固定件、空心圆柱体滑块 2 只，装置各部件名称见表 2 中序号 13～16。

表 2　扭摆法转动惯量测试仪配件名称

序号	名称	序号	名称	序号	名称	序号	名称
1	水平螺丝	5	载物盘	9	高度调节螺丝	13	基准圆柱
2	涡卷弹簧	6	挡光棒	10	计时器	14	长直细杆
3	固定螺丝	7	光电门	11	复位键	15	空心圆柱体滑块
4	水准仪	8	指示灯	12	周期选择键	16	待测圆筒

图 4　电子天平及标准砝码

4. 电子天平

电子天平如图 4 所示，它是利用单片微机和高稳定性压力传感器组成的智能化装置。本实验所用的电子天平，称量为 2 000 g，分度值为 10 mg，使用前应检查零读数是否为“0”。物体放在载物盘上即可从显示窗直接读出该物体的质量，最后一位出现 ±1 的跳动属正常现象。该天平使用电源为 220 V、50 Hz，最大功耗为 3 W，准确度级别为Ⅲ级。

(1) 操作准备

电子天平按要求放置于稳定、平整工作台上，使用时尽量避免震动、阳光直接照射及强磁干扰。

(2) 开机

打开天平电源开关，天平将依次显示“8.8.8.8.8.8.”→“最大称量值”→ “- -” →“0.00”，至此，天平启动完毕。

(3) 天平校准

正常情况下，实验室在实验前已将天平校准好，若在使用过程中出现异常情况，可通过如下操作进行单点校准或双点校准。

单点校准：在秤盘上不加任何物体的情况下，长按“CAL 校准”3 s，显示屏显示“- - CAL - -”即可，稍候，显示屏闪烁“标准砝码值”，将对应质量的标准砝码(如图 4 中右侧所示)轻置于秤盘上，显示“- - - -”等待状态，稍候显示“标准砝码值”，拿去砝码，显示变为“- - - -”等待状态，稍候显示“0.00”，至此，校准结束。

双点校准：若单点校准效果不理想，可进行双点校准提高测量准确度。在单点校准后，长按“CAL 校准”3 s，显示屏显示“- - CAL - - ”即可，稍候，显示屏闪烁“标准砝码值”，再按“- - COU - - ”，约 2 s 后显示另一“标准砝码值”，将第二只标准砝码放于秤盘上，显示“- - - -”等待状态，稍候显示“标准砝码值”，拿去砝码，显示变为“- - - -”等待状态，稍候显示“0.00”，至此，校准结束。

实验原理

本实验的扭摆装置通过涡卷弹簧产生恢复力矩，结构简图如图 5 所示。当物体在水平面内转过一角度 θ，在弹簧的恢复力矩作用下，物体绕垂直轴作往复的扭转运动。由于垂直轴与支座之间的轴承装置极大地减小了摩擦力矩，忽略摩擦阻力，可认为物体做简谐振动。根据式(13)，可得物体的转动惯量为

$$J=\frac{k}{4\pi^2}T^2 \tag{14}$$

从上式可见，测定了弹簧的扭转系数 k 以及扭摆的摆动周期，即可计算出物体的转动惯量。

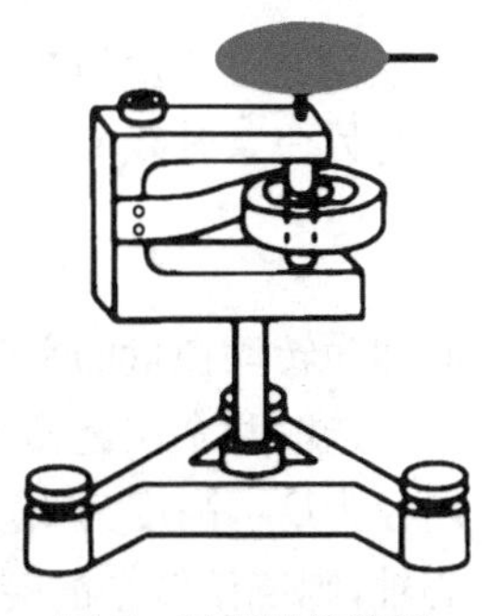

图 5　扭摆结构简图

1. 弹簧扭转系数 k 的测量原理

若载物盘的转动惯量为 J_0，载物盘的摆动周期为 T_0，那么载物盘转动惯量实验值为：

$$J_0=\frac{k}{4\pi^2}T_0^2 \tag{15}$$

选取一个几何形状规则且质量分布均匀的物体(图 3 中的配件 13：基准圆柱)，将其置于载物盘上，使其几何轴线与扭摆转轴重合，测量得摆动周期为 T_1，则载物盘与规则圆柱体的总转动惯量为：

$$J=\frac{k}{4\pi^2}T_1^2 \tag{16}$$

根据转动惯量的叠加性原理，可得该圆柱体绕中心轴的转动惯量 J_1 的实验值为：

$$J_1=J-J_0=\frac{k}{4\pi^2}(T_1^2-T_0^2) \tag{17}$$

若圆柱体质量为 m_1、直径为 D_1，根据理论计算公式，它绕中心轴的转动惯量为：

$$J_{1理}=\frac{1}{8}m_1D_1^2 \tag{18}$$

将测量数据代入公式(18)，求得圆柱体的理论值，即可求得扭转系数 k，求解公式如下：

$$k=4\pi^2\frac{J_{1理}}{T_1^2-T_0^2} \tag{19}$$

2. 待测物体转动惯量的测定

弹簧扭转系数 k 测得后，若要测定其他形状物体的转动惯量，只需将待测物体安放在本仪器顶部的载物盘中或特制夹具上，测定其摆动周期，由公式

$$J=\frac{k}{4\pi^2}\bar{T}^2-J_0 \tag{20}$$

即可算出相应物体绕转动轴的转动惯量，需要注意的是物体转动惯量的大小均要扣除载物盘的转动惯量，即上式中 $-J_0$ 所表示的含义。同时，应注意所测物体转动惯量大小与理论值的比较。

3. 平行轴定理的验证

设通过质量为 m 的刚体质心的轴线为 z 轴，刚体相对于这个轴线的转动惯量为 J_z，如果有另一条轴线 z' 与 z 轴线平行，且相距 x，那么，刚体相对于 z' 轴的转动惯量为：

$$J'_z=J_z+mx^2 \tag{21}$$

此即为转动惯量的平行轴定理，我们可通过如下实验来验证此公式是否成立。

选取两个质量相等的空心圆柱体滑块(图 3 中配件 15)，根据理论计算可知，外径为 D_A，内径为 D_B，高度为 L_H，质量为 m_H 的空心圆柱体，若其转轴通过质心且垂直于它的几何中心轴，则绕该转轴的转动惯量为：

$$J_{理}=\frac{1}{16}m_H(D_A^2-D_B^2)+\frac{1}{12}m_HL_H^2 \tag{22}$$

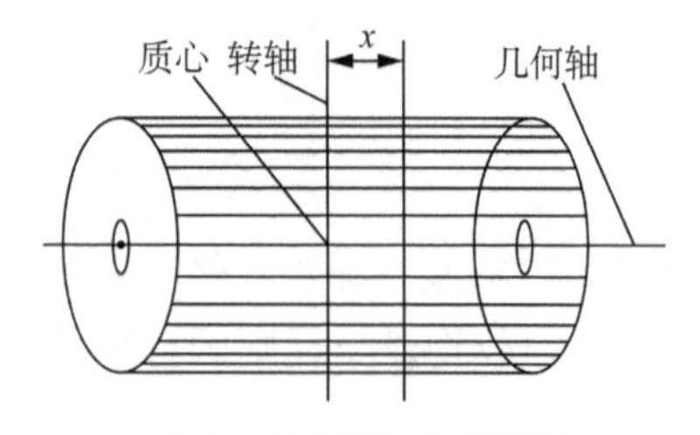

图 6 空心圆柱体示意图

若将转轴移至离质心 x 处，仍垂直于它的几何轴，如图 6 所示。根据平行轴定理，绕该转轴的转动惯量为：

$$J_{x理}=J_{理}+m_Hx^2 \tag{23}$$

式中 $J_{理}$、$J_{x理}$ 表示空心圆柱体在转轴平移 x 距离前、后的转动惯量理论值。

在计算实验值时，为保证实验设备的对称转动，实验

设置两滑块对称地放置在细杆两边，细杆的质量为 $m_{杆}$，长度为 $L_{杆}$，质心离转轴的距离都为 x 时，其转动惯量应为：

$$J_{总}=2J_{x实}+J_{杆实} \tag{24}$$

式中 $J_{x实}$ 表示空心圆柱体在转轴平移 x 距离后的转动惯量实验值，$J_{杆实}$ 为细杆绕通过杆中心并与细杆垂直的转轴的转动惯量(理论值可通过 $J_{杆理}=\frac{1}{12}m_{杆}L_{杆}^2$ 进行计算)。$J_{总}$ 及 $J_{杆实}$ 可以通过测量组合系统的扭转周期，利用公式(14)计算求得，由公式(24)可得

$$J_{x实}=\frac{1}{2}(J_{总}-J_{杆实}) \tag{25}$$

通过多次改变 x 的数值，比较 $J_{x实}$ 与 $J_{x理}$ 的数值大小关系，即可完成对转动惯量平行轴定理的验证。

实验内容

1. 熟悉扭摆的构造和使用方法，掌握计时器的正确使用方法。

2. 调整扭摆基座底脚螺丝，使水准仪中的气泡居中。在扭摆上装上金属载物盘，调整光电门的位置，使载物盘上的挡光棒处于其缺口中央且能遮挡发射红外线的小孔(光电门指示灯灭则表示已完全挡光)。

3. 测定其摆动周期 T_0 并填入表3。

4. 利用图7所示摆放方案，将基准圆柱放置于载物盘上，使圆柱体的转轴与扭摆的扭转轴重合，测定摆动周期 T_1。

5. 测定基准圆柱体的质量和它的几何尺寸(各测量3次)，计算出它的转动惯量理论值，并计算出扭摆的扭转系数 k。

6. 测量金属圆筒、金属细长杆的质量和几何尺寸(各测量3次)。测定它们的摆动周期，分别填入表中，并与理论计算值比较，求其相对误差。

7. 验证转动惯量平行轴定理

分别测量两滑块的质量填入表7，然后将滑块对称地放置在细杆两边的凹槽内如图8所示。分别测定滑块质心离转轴的距离为5.00 cm，10.00 cm，15.00 cm，20.00 cm，25.00 cm时，

图7　基准圆柱放置方案

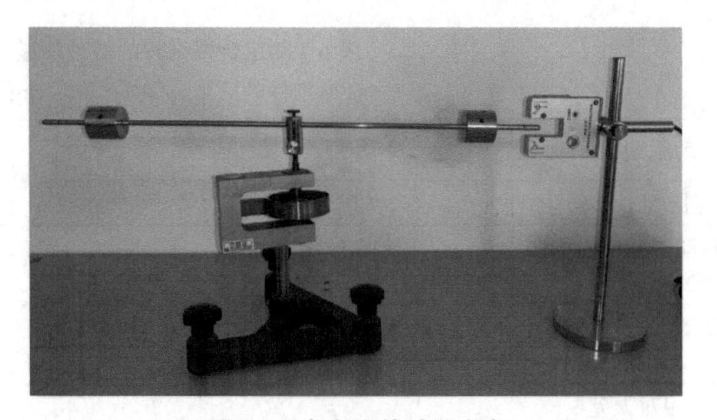

图8　细杆与滑块放置方案

细杆的摆动周期，填入表8。计算出转动惯量实验值，并与理论计算值比较，求其相对误差。计算转动惯量时，应扣除支架的转动惯量。

数 据 表 格

1. 测定扭摆弹簧的扭转系数 k 值

表3 测定金属载物盘的摆动周期 T_0

序号	1	2	3	平均值/s
摆动周期 $10T_0$/s				
摆动周期 $10T_1$/s				

表4 测定基准圆柱体的几何尺寸

基准圆柱体质量 m_1=________kg

直径 $D/10^{-2}$ m				平均值 $\overline{D}/10^{-2}$ m	
转动惯量理论值 $/(10^{-4}\ \mathrm{kg \cdot m^2})$					

扭摆的扭转系数 $k=4\pi^2 \dfrac{J_{1理}}{T_1^2-T_0^2}=$

2. 测定待测物体的转动惯量

表5 测定金属圆筒的转动惯量

金属圆筒质量 m=________kg

外径 $D_外/10^{-2}$ m				平均值 $\overline{D}_外/10^{-2}$ m	
内径 $D_内/10^{-2}$ m				平均值 $\overline{D}_内/10^{-2}$ m	
摆动周期 $10T$/s				平均值 $\overline{T}$/s	
转动惯量实验值 $/(10^{-4}\ \mathrm{kg \cdot m^2})$					
转动惯量理论值 $/(10^{-4}\ \mathrm{kg \cdot m^2})$					
相对误差					

表6 测定金属细杆的转动惯量

金属细杆的质量 m=________kg

摆动周期 $10T$/s				平均值 $\overline{T}$/s	
细杆长度 $L/10^{-2}$ m					
转动惯量实验值 $/(10^{-4}\ \mathrm{kg \cdot m^2})$					
转动惯量理论值 $/(10^{-4}\ \mathrm{kg \cdot m^2})$					
相对误差					

表7 空心圆柱滑块几何参数

				平均值	
外径 $D_A/10^{-2}$ m				平均值$D_A/10^{-2}$ m	
内径 $D_B/10^{-2}$ m				平均值$D_B/10^{-2}$ m	
高 $L_H/10^{-2}$ m				平均值 $L_H/10^{-2}$ m	
滑块质量 m_{H1}/kg				滑块综合平均质量 $m_H=\frac{m_{H1}+m_{H2}}{2}$kg	
滑块质量 m_{H1}/kg					

表8 验证转动惯量平行轴定理

滑块质心离转轴的距离 $x/10^{-2}$ m	5.00	10.00	15.00	20.00	25.00
五个摆动周期 $5T$/s（测量3次）					
摆动周期$\overline{T}$/s					
转动惯量实验值 $J_{x实}(10^{-2}\ \text{kg}\cdot\text{m}^2)$					
转动惯量理论值 $J_{理}/(10^{-2}\ \text{kg}\cdot\text{m}^2)$					
相对误差					

（注：表中灰色区域为实验待测参数，请保证测量完整性。）

注 意 事 项

1. 由于弹簧的扭转系数 k 值不是固定常数，它会受到摆动角度的影响，摆角在 90°至 40°间，k 值基本相同，实验时应保证每次扭转角度尽量一致。同时，为了降低实验时由于摆动角度变化过大带来的系统误差，在测定各种物体的摆动周期时，摆角不宜过小，变化不能过大。

2. 在测量金属细杆的质量时，必须将支架取下，否则会带来很大的误差。由于支架的质量占有相当大的比率，而它的转动惯量对测量的影响却较小。这一点可用实验来检验。

3. 在测量过程中应特别注意物理量的单位，否则会对结果造成极大的影响。

4. 在计算过程中应注意物理量的对应，本次实验测量数据较多，避免混淆。

观 察 思 考

1. 刚体的转动惯量与哪些因素有关？“一个确定的刚体有确定的转动惯量”，这句话对吗？为什么？

2. 在测定摆动周期时，光电门应放置在挡光棒平衡位置处最佳，为什么？

3. 在实验中，对于结构相当复杂的、由三部分组成的刚体，若已知各部分相对转轴的摆

动周期为 T_1、T_2、T_3，则其组成的刚体相对转轴的摆动周期 T 是多少？

4. 在实验中，为什么称量球和细杆的质量时，必须将安装夹具取下？为什么它们的转动惯量在计算中可以不予考虑？

拓展阅读

1. 有趣、有用的转动现象

(1) 陀螺仪

绕一个支点高速转动的刚体称为陀螺。通常所说的陀螺特指对称陀螺，它是一个质量均匀分布的、具有轴对称形状的刚体，其几何对称轴就是它的自转轴。在一定的初始条件和一定的外力矩作用下，陀螺会在不停自转的同时，还绕着另一个固定的转轴不停地旋转，这就是陀螺的旋进，又称为回转效应。陀螺旋进是日常生活中常见的现象，许多人小时候都玩过的陀螺就是一例。人们利用陀螺的力学性质所制成的各种功能的陀螺装置称为陀螺仪(Gyroscope)，是一种用来传感与维持方向的装置，基于角动量守恒的理论设计出来的。

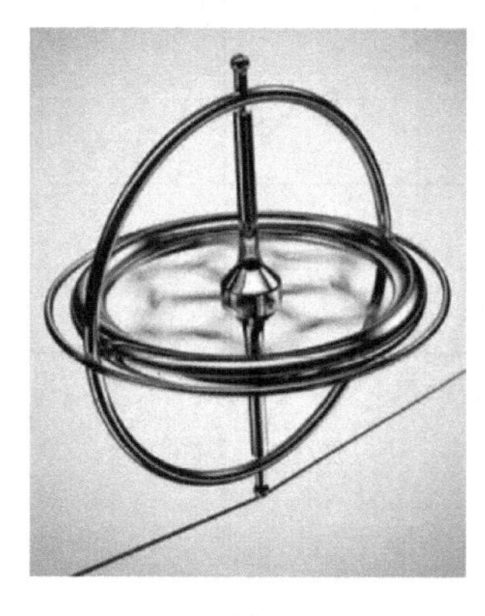

图 9　旋转的陀螺仪

陀螺仪(如图 9 所示)主要是由一个位于轴心且可旋转的轮子构成。陀螺仪一旦开始旋转，由于轮子的角动量，陀螺仪有抗拒方向改变的趋向。陀螺仪有单轴陀螺仪和三轴陀螺仪，单轴的只能测量一个方向的量，也就是一个系统需要三个陀螺仪。而三轴陀螺仪可同时测定 6 个方向的位置、移动轨迹、加速度。三轴陀螺仪多用于航海、航天等导航、定位系统，能够精确地确定运动物体的方位，如今也多用于智能手机当中。目前手机中采用的三轴陀螺仪用途主要体现在游戏的操控上，有了三轴陀螺仪，我们在玩现代战争等第一人称射击游戏以及狂野飙车等竞技类游戏时，可以完全摒弃以前通过方向按键来控制游戏的操控方式，我们只需要通过移动手机相应的位置，就可以达到改变方向的目的，使游戏体验更加真实、操作更加灵活。

在中国古代有一种有趣的取暖器具叫被中香炉(如图 10 所示)，这个香炉的神奇之处是将取暖的炭火放入中心，无论外面的球如何转动，在重力作用下中间的炭火盆会始终保持水平不倒，万向支架的作用就是为了保证里面物体的平衡状态不被干扰，这跟陀螺仪的结构是一样的。

图 10　被中香炉被拆开之后的样子

(2) 傅科摆

为了证明地球在自转，法国物理学家傅科(1819—1868 年)于 1851 年做了一次成功的摆动实验，傅科摆由此而得名。实验在法国巴黎先贤祠最高的圆顶下方进行，摆长 67 m，摆锤重 28 kg，悬挂点经过特殊设计使摩擦减少到最低，如图 11 所示。这种摆惯性和动量大，在摆动平面方向上并没有受到外力作用，并且摆动时间很长。

摆锤的下方是巨大的沙盘。每当摆锤经过沙盘上方的时候，摆锤上的指针就会在沙盘上面留下运动的轨迹。按照日常生活的经验，这个硕大无比的摆应该在沙盘上面画出唯一一条轨迹。

但实验开始后，人们惊奇地发现，傅科设置的摆每经过一个周期的震荡，在沙盘上画出的轨迹都会偏离原来的轨迹(准确地说，在这个直径 6 m 的沙盘边缘，两个轨迹之间相差大约 3 mm)。如图 12 所示，该实验被评为“物理最美实验”之一。

图 11　悬挂好的傅科摆

图 12　傅科摆在沙盘上画出的美丽图案

在傅科摆试验中，摆动过程中摆动平面沿顺时针方向缓缓转动，摆动方向不断变化。分析这种现象，摆在摆动平面方向上并没有受到外力作用，按照惯性定律，摆动的空间方向不会改变，因而可知，这种摆动方向的变化，是由于观察者所在的地球沿着逆时针方向转动的结果，地球上的观察者看到相对运动现象，从而有力地证明了地球是在自转。

2. 更多的转动惯量测试仪

转动惯量是研究、设计、控制转动物体运动规律的重要工程技术参数，基于计算及计算机模拟并不能完全解决问题的情况下，衍生出了更多的转动惯量测试仪，即我们在知识介绍部分提到的各种特制转动惯量测试仪。

(1) 军事特制转动惯量测试仪

炮弹或导弹的种类繁多，其转动惯量，尤其是极、赤道的转动惯量差异很大，图 13(a)，图 13(b)的专用转动惯量测试仪可以对转动惯量的测量起到很好的帮助，它可以对炮弹的极、赤道进行很好的固定，同时还配备了一套坐标转换系统，可以在待测物体的质心不通过转轴的情况下进行有效的测量。

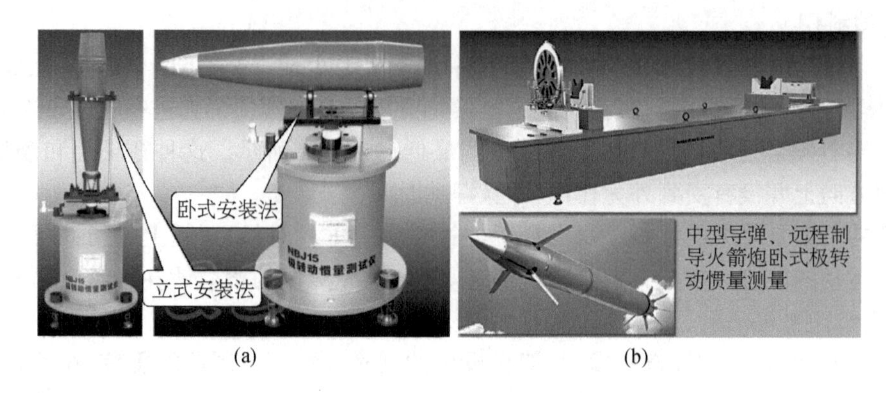

图 13 军用特制转动惯量测试仪

(2) 汽车专用转动惯量测试仪

汽车的发动机、变速箱等从外形到质量上差异很大,而这些部件的转动惯量与汽车的安全性息息相关,对汽车部件的转动惯量测量也显得尤为重要。如图 14 所示,为汽车专用转动惯量测试仪,它能够使用在从 100 kg 电动车到将近 2 t 的重型卡车发动机等配件的转动惯量测量。

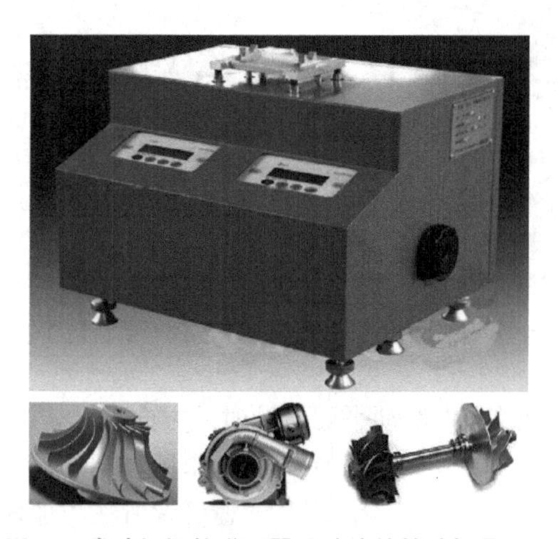

图 14 发动机涡轮增压器及叶片的转动惯量测量

实验 6　受迫振动的研究

知识介绍

振动是自然界中物质常见的运动形式之一，物体在一定位置附近做来回往复、周期性的运动，就称该物体作机械振动，如微风中树叶的摆动、人体脉搏的跳动、声带和耳鼓膜的振动等。从广义上说，如果某一个物理量(例如，交流电路中的电流、电压，谐振电路产生的电磁波等)在一个确定的数值附近随时间做周期性的变化，也称该物理量作振动。

在各种振动现象中，简谐振动是最基本的振动形式，许多复杂的振动都可以看成是若干个简谐振动的合成。所以，研究简谐振动是进一步研究其他复杂振动的基础。一个作一维运动的物体，若它的位置随时间按照余弦或正弦规律变化，我们就称该物体作简谐振动，其运动学表达式为：

$$x = A\cos(\omega t + \varphi) \tag{1}$$

式中 A 为振幅，ω 为角频率，φ 为初相位。

将式(1)对时间求导，得振动物体的速度和加速度

$$v = \frac{\mathrm{d}x}{\mathrm{d}t} = -A\omega\sin(\omega t + \varphi) \tag{2}$$

$$a = \frac{\mathrm{d}v}{\mathrm{d}t} = -\omega^2 A\cos(\omega t + \varphi) \tag{3}$$

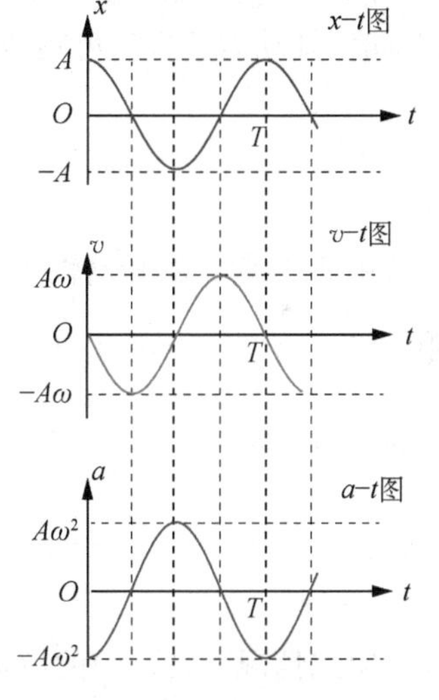

图 1　简谐振动的位移、速度和加速度随时间变化曲线

简谐振动的位移、速度和加速度随时间变化曲线如图 1 所示。

在实际问题中，振动系统总受到摩擦力、黏滞力等阻尼的作用，而使振动最终要停止下来。这种有阻尼存在的振动称为阻尼振动。阻尼振动有三种情况，如果振动系统受到的阻尼比较大，振子将做非周期性的运动，即振子开始运动后没有振动，逐渐返回平衡位置，称为过阻尼振动；如果受到的阻尼比较小，则振子振动的振幅随时间衰减，这种振动称为欠阻尼振动；如果受到的阻尼恰当，正好能使振子不做周期性振动而又能最快地回到平衡位置的振动，称为临界阻尼振动。三种阻尼振动图像如图 2 所示。

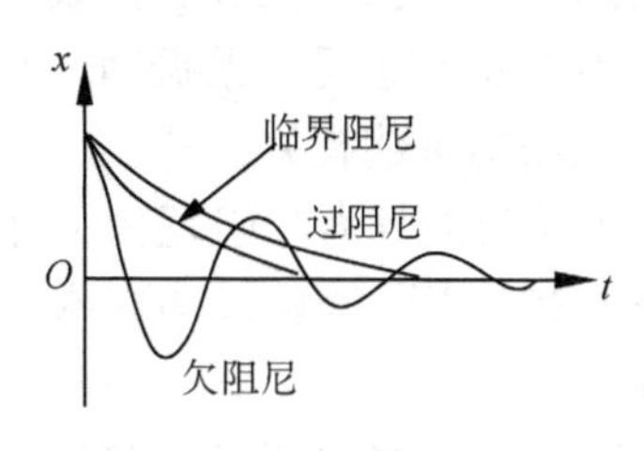

图 2　三种阻尼振动

若要使受阻尼振动的物体始终能振动，则振动系统要在周期性外力作用下才能实现，这种振动形式称为受迫振动，此

周期性外力称驱动力。当驱动力的振动频率越接近系统固有频率时，系统振动的幅度会越来越大。当驱动力的频率达到或略小于系统的固有频率时，振动的幅度变得特别大，即产生共振现象。共振现象在日常生活和机械制造、建筑工程等科技领域中，既有应用的一面，如混凝土搅拌、收音机的调台、核磁共振、微波炉加热食物等；又有需要避免的一面，如桥梁、建筑等的减震和防震。

实验目的

1. 观察自由振动、阻尼振动、受迫振动和共振现象，研究不同阻尼力矩对受迫振动的影响；

2. 测量并描绘波尔共振仪摆轮受迫振动的幅频特性和相频特性；

3. 学习用频闪法测定运动物体的某些量，如相位差等。

实验原理

1. 阻尼振动

波尔共振仪如图 5 所示，摆轮和涡卷弹簧组成一个振动系统，当摆轮在阻尼力矩作用下摆动时，其动力学方程可写成：

$$J\frac{\mathrm{d}^2\theta}{\mathrm{d}t^2}+b\frac{\mathrm{d}\theta}{\mathrm{d}t}+k\theta=0 \tag{4}$$

上式中 J 为摆轮的转动惯量，θ 为摆轮摆动的角度，摆轮的角速度$\frac{\mathrm{d}\theta}{\mathrm{d}t}$与阻尼力矩系数 b 的乘积为阻尼力矩的大小，k 为弹簧的劲度系数。令振动系统在无阻尼自由振动时的固有频率为 ω_0，其值为：$\omega_0=\sqrt{\frac{k}{J}}$，阻尼系数 $\beta=\frac{b}{2J}$，则式(4)可写成：

$$\frac{\mathrm{d}^2\theta}{\mathrm{d}t^2}+2\beta\frac{\mathrm{d}\theta}{\mathrm{d}t}+\omega_0^2\theta=0 \tag{5}$$

在小阻尼情况下，式(5)的解为：

$$\theta(t)=\theta_i\cos(\sqrt{\omega_0^2-\beta^2}\,t+\psi_i)\exp(-\beta t) \tag{6}$$

2. 周期性外力矩作用下的受迫振动

受迫振动是物体在周期性外力持续作用下发生的振动，周期性的外力称为驱动力（或强迫力）。如果驱动力是按简谐振动规律变化，那么稳定状态时的受迫振动也是简谐振动。此时振幅的大小与驱动力的频率和原振动系统的固有振动频率以及阻尼系数有关。

在受迫振动状态下，系统除了受到驱动力的作用外，同时还受到恢复力和阻尼力的作用。所以在稳定状态时物体的位移、速度变化与驱动力变化存在相位差。当驱动力频率与系统的固有频率相近时将产生共振，此时振幅最大，相位差为 $\pi/2$。

本实验中采用的波尔共振仪的外形结构如图 5 所示。铜质圆形摆轮系统 A 作受迫振动时受到三种力矩作用：涡卷弹簧B提供的弹性力矩 $-k\theta$，轴承、空气和电磁阻尼力矩 $-b\dfrac{d\theta}{dt}$，以及电动机偏心系统经涡卷弹簧的外端夹持提供的**周期性驱动外力矩** $M=M_0\cos\omega t$。

根据转动定律，其运动学方程为：

$$J\frac{d^2\theta}{dt^2}=M_0\cos\omega t-k\theta-b\frac{d\theta}{dt} \tag{7}$$

上式中，J 为摆轮的转动惯量，M_0 为**驱动外力矩**的幅值，ω 为**驱动外力矩**的角频率。令 $\omega_0^2=\dfrac{k}{J}$，$2\beta=\dfrac{b}{J}$，$m=\dfrac{M_0}{J}$，则式(7)变为：

$$\frac{d^2\theta}{dt^2}+2\beta\frac{d\theta}{dt}+\omega_0^2\theta=m\cos\omega t \tag{8}$$

式中 β 为阻尼系数，ω_0 为摆轮系统的固有角频率。令 $\omega_f=\sqrt{\omega_0^2-\beta^2}$，在**小阻尼情况**下，方程(8)的通解为：

$$\theta=\theta_1 e^{-\beta t}\cos(\omega_f t+\alpha)+\theta_2\cos(\omega t+\varphi_0) \tag{9}$$

由式(9)可见，受迫振动可分成两部分：第一部分，$\theta_1 e^{-\beta t}\cos(\omega_f t+\alpha)$ 表示阻尼振动，经过一定时间后衰减消失，它反映了受迫振动的暂态行为，与驱动力无关。第二部分，$\theta_2\cos(\omega t+\varphi_0)$ 说明驱动力矩对摆轮做功，向振动体传送能量，最后达到一个稳定的振动状态。振幅为：

$$\theta_2=\frac{m}{\sqrt{(\omega_0^2-\omega^2)^2+4\beta^2\omega^2}} \tag{10}$$

它与驱动力矩之间的相位差 φ_0 为

$$\varphi_0=\arctan\frac{-2\beta\omega}{\omega_0^2-\omega^2}=\arctan\frac{\beta T_0^2 T}{\pi(T^2-T_0^2)} \tag{11}$$

由式(10)和式(11)可看出，振幅 θ_2 与相位差 φ_0 的数值取决于强迫力矩 m、频率 ω、系统的固有频率 ω_0 和阻尼系数 β 四个因素，而与振动起始状态无关。

由极值条件 $\dfrac{\partial\theta}{\partial\omega}=0$ 可得：

$$\frac{\partial}{\partial\omega}\left[(\omega_0^2-\omega^2)^2+4\beta^2\omega^2\right]=0 \tag{12}$$

可得出，当驱动力的角频率 $\omega=\sqrt{\omega_0^2-2\beta^2}$ 时，受迫振动的振幅 θ_2 达到极大值，产生共振。若共振时角频率和振幅分别用 ω_r、θ_r 表示，则：

$$\omega_r=\sqrt{\omega_0^2-2\beta^2} \tag{13}$$

$$\theta_r=\frac{m}{2\beta\sqrt{\omega_0^2-\beta^2}} \tag{14}$$

式(13)、式(14)表明,阻尼系数 β 越小,共振时角频率越接近于系统的固有频率,振幅 θ_r 也越大。图 3 和图 4 给出了在不同阻尼系数 β 条件下受迫振动系统的振幅—频率响应(幅频特性)曲线和相位差—频率响应(相频特性)曲线。

由图 3 可见,β 越小,θ_r 越大,θ_2 随 ω 偏离 ω_0 而衰减得越快,幅频特性曲线越陡峭。在峰值附近,$\omega \approx \omega_0$,$\omega_0^2 - \omega^2 \approx 2\omega_0(\omega_0 - \omega)$,而式(10)可近似表达为:

$$\theta_2 \approx \frac{m}{2\omega_0\sqrt{(\omega_0 - \omega)^2 + \beta^2}} \tag{15}$$

在小阻尼条件下,由式(14)和式(15)可得,当 $|\omega_0 - \omega| = \beta$ 时,振幅降为峰值的 $\frac{1}{\sqrt{2}}$,根据幅频特性曲线的相应点可确定 β 的值。

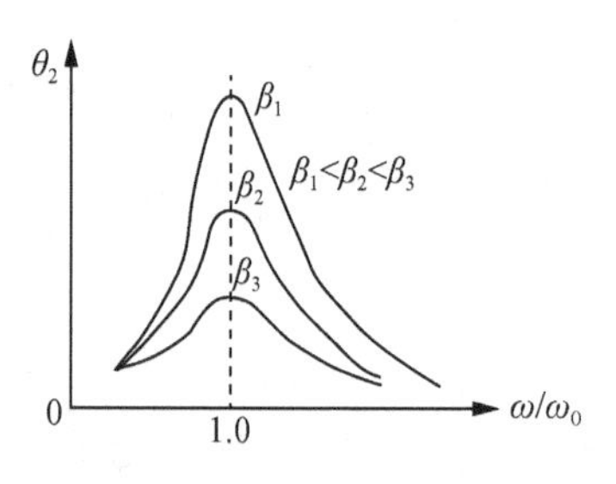

图 3 受迫振动的幅频特性

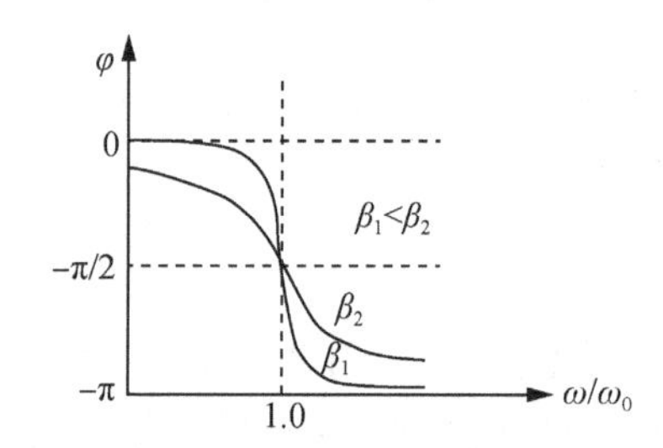

图 4 受迫振动的相频特性

实 验 仪 器

波尔共振仪由振动仪与电器控制箱两部分组成。

振动仪部分如图 5 所示,铜质圆形摆轮 A 安装在机架转轴上,可绕转轴转动。涡卷弹簧 B 的一端与摆轮相连,另一端与摇杆 M 相连。自由振动时,摇杆不动,涡卷弹簧对摆轮施加

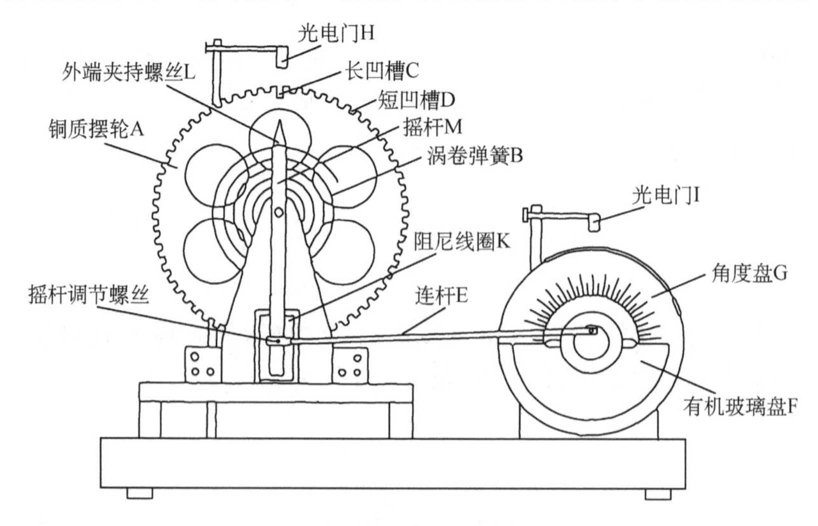

图 5 波尔共振仪的外形结构图

与角位移成正比的弹性恢复力矩。在摆轮下方装有阻尼线圈 K,电流通过线圈会产生磁场,铜质摆轮在磁场中运动,会在摆轮中形成局部的涡电流,涡电流磁场与线圈磁场相互作用,形成与运动速度成正比的电磁阻尼力矩。受迫振动时,电动机带动偏心轮及传动连杆 E 使摇杆摆动,通过涡卷弹簧传递给摆轮,产生驱动外力矩,驱动摆轮作受迫振动。

在摆轮的圆周上每隔 2°开有周期性凹槽,其中有一个长凹槽。摆轮正上方的光电门架上装有上下两个光电门:在一个振动周期中,长凹槽 C 三次通过上方的光电门,第一次经过时开始计时,第二次经过时将上一次周期显示值清零,第三次经过时停止计时。光电测控箱由该光电门的开关时间来测量摆轮的周期,并予以显示;由一个周期中通过上方光电门的短凹槽的个数,即可得出摆轮振幅并予以显示。光电门的测量精度为 2°。

电动机轴上装有固定的角度盘 G 和随电机一起转动的有机玻璃角度指针盘 F,角度指针上方有挡光片。调节控制箱上的十圈电机转速调节旋钮,可以精确改变加于电机上的电压,使电机的转速在实验范围(30～45 r/min)内连续可调,由于电路中采用特殊稳速装置、电动机采用惯性很小的带有测速发电机的特种电机,所以转速极为稳定。在角度盘正上方装有光电门 I,有机玻璃盘的转动使挡光片通过该光电门,光电检测箱记录光电门的开关时间,测量驱动力的周期。

受迫振动时,摆轮与外力矩的相位差是利用小型闪光灯来测量的。置于角度盘下方的闪光灯受摆轮长凹槽光电门的控制,每当摆轮上长凹槽 C 通过平衡位置时,光电门 H 接受光,引起闪光,这一现象称为频闪现象。在受迫振动达到稳定状态时,在闪光灯的照射下可以看到角度指针好像一直“停在”某一刻度处(实际上,角度指针一直在匀速转动)。所以,从角度盘上直接读出摇杆相位超前于摆轮相位的数值,其负值为相位差 φ。为使闪光灯管不易损坏,采用按钮开关,仅在测量相位差时才按下按钮。

波尔共振仪电器控制箱的前面板和后面板分别如图 6 所示。调节电机转速旋钮,可改变驱动力矩的周期。可以通过软件控制阻尼线圈内直流电流的大小,达到改变摆轮系统的阻尼系数的目的。阻尼挡位的选择通过软件控制,共分 3 挡,分别是“阻尼 1”“阻尼 2”“阻尼 3”。阻尼电流由恒流源提供,实验时根据不同情况进行选择(可先选择在“阻尼 2”处,若共振时振幅太小,则可改用“阻尼 1”),振幅在 130°～140°左右。

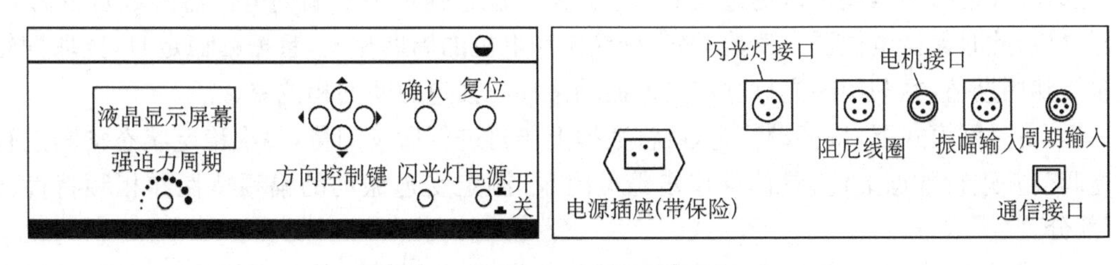

图 6 波尔共振仪前、后面板示意图

实验内容

1. 自由振动——测量摆轮振幅 θ 与自由振动周期 T_0 的对应关系(注:仪器显示“振荡”同“振动”,“强迫力”同“驱动力”)

按下电源开关后，屏幕显示“按键说明”字样，确定后，出现联网模式或单机模式。根据是否连接电脑选择对应的模式（联网模式操作步骤见本实验后的附录）。这两种方式下的操作略有不同，以下介绍单机模式操作方式。

单机模式下，屏幕上显示“自由振荡”“阻尼振荡”和“强迫振荡”界面，选择“自由振荡”，用手转动摆轮至160°左右，放开手后，在摆轮振幅从160°～50°范围内，每隔10°或5°，读出振幅和周期，并记入表1中，该表将在稍后的“幅频特性和相频特性”数据处理过程中使用。由于此时阻尼很小，测出的周期非常接近摆轮的固有周期 T_0。查询实验数据，可选中“回查”，确认后回查测量数据。自由振动完成后，选中“返回”，按确认键后，回到振动选择界面。

提示：联网模式下，自由振动的振幅数据会直接上传，操作步骤见附录“自由振荡”部分。

2. 阻尼振动——测定阻尼系数 β

选择“阻尼振荡”，阻尼分三个挡位，阻尼1最小，阻尼3最大。选择“阻尼2”，按确认键进入下一个界面。将角度盘指针 F 放在0°位置，用手转动摆轮至160°左右，放手后，从液显窗口读出摆轮作阻尼振动时的振幅数值 θ_1、θ_2、…、θ_{10} 和 $10T$ 对应的时间，记入数据表2中。可选中“回查”，确认后回查测量数据。应用公式：

$$\ln\frac{\theta_0 e^{-\beta t}}{\theta_0 e^{-\beta(t+nT)}}=n\beta T=\ln\frac{\theta_0}{\theta_n} \tag{16}$$

上式中 n 为阻尼振动的周期次数，θ_n 为第 n 次振动时的振幅，T 为阻尼振动周期的平均值。此值由测出10个摆轮振动周期值取其平均值得出。

对所测数据按逐差法处理，再用公式 $5\beta T=\ln\frac{\theta_i}{\theta_{i+5}}$ 求出 β 值。

进行本实验内容时，电机电源必须切断，指针 F 放在0°位置，θ_1 通常选取在130°～150°之间。阻尼振动完成后，选中“返回”，按确认键后，回到前一界面。

提示：联网模式下，该组数据会自动测量并上传，具体操作步骤见附录“测定阻尼系数 β”部分。

3. 强迫振动——测定受迫振动的相关数据，描绘幅频特性和相频特性曲线，并计算阻尼系数 β

选择“强迫振荡”，按确认键进入下一个界面。检查强迫力矩周期电位器读数是否为0，打开电机，此时保持电位器0读数不变，待摆轮和电机的周期相同，且振幅稳定时，读取摆轮的振幅和周期值，并利用闪光灯测定受迫振动位移与强迫力间的相位差。

提示：联网模式下，待振动稳定，可将数据上传再进行后续测量，每次稳定状态均需进行上述调节并进行数据上传，具体操作步骤见附录“测定受迫振动的幅频特性和相频特性曲线”部分。

一次测量完成，调节强迫力矩周期电位器，改变电机的转速，等待系统稳定，约两分钟左右，读取摆轮的振幅和周期值，并利用闪光灯测定受迫振动位移与强迫力间的相位差。

在共振点附近由于曲线变化较大，因此测量数据相对密集些，此时电机转速的极小变化会引起 $\Delta\varphi$ 很大改变。电机转速旋钮读数作为参考数值，建议每组测量数据都记下此值，以便实验后重新测量时参考。

强迫振动完成后，选择“返回”，再次回到振动选择界面，按住复位按钮保持不动，几秒钟后仪器自动复位，此时所做实验数据全部清除，然后按下电源按钮，结束实验。

数 据 表 格

1. 测定摆轮系统的振动周期 T_0

表 1

测量次数	1	2	3	4	5	6	7	8	9	…
振幅 θ/°										
周期 T_0/s										
平均周期 $\overline{T}_0$/s										

2. 测定阻尼系数 β

表 2

阻尼挡位：

序号	振幅/°	序号	振幅/°	$\ln\frac{\theta_i}{\theta_{i+5}}$
θ_1		θ_6		
θ_2		θ_7		
θ_3		θ_8		
θ_4		θ_9		
θ_5		θ_{10}		
平均值				

摆轮 10 次振动周期 $10T=$________秒；平均周期 $\overline{T}=$________秒。

3. 测定受迫振动幅频特性和相频特性

表 3

阻尼挡位：

强迫力周期 电位器示数	摆轮振幅 θ/°	周期 T/s	相位差 ϕ/°	$\frac{\omega}{\omega_0}=\frac{T_0}{T}$

注 意 事 项

1. 强迫振动实验时，调节仪器面板强迫力周期旋钮，从而改变不同电机转动周期，该实验必须测量 10 组以上数据，其中必须包括电机转动周期与自由振动实验时的自由振动周期相同的数值。

2. 在做强迫振动实验时，须待电机与摆轮的周期相同（末位数差异不大于 2）即系统稳定后，方可记录实验数据。且每次改变了强迫力矩的周期，都需要重新等待系统稳定。

3. 因为闪光灯的高压电路及强光会干扰光电门采集数据，因此须待一次测量完成，显示测量关后，才可使用闪光灯读取相位差。

4. 在实验过程中，电脑主机上看不到 θ/θ_r 值和特性曲线，必须要待实验完毕并存储后，通过“实验数据查询”才可看到。

观 察 思 考

1. 摆轮的固有频率与哪些因数有关？

2. 如何应用幅频特性曲线计算阻尼系数？

3. 在用频闪法测量电机和摆轮相位差时，经常会出现连续两次读数不同，试分析其产生的原因。

4. 分析在没有阻尼情况下，当电机频率接近摆轮固有频率时，摆轮的振幅如何变化？

拓 展 阅 读

塔科马海峡大桥位于美国华盛顿州塔科马，绰号舞动的格蒂，于 1940 年 7 月 1 日通车，并于四个月后悲剧性地被大风摧毁。当时正好有一支好莱坞电影队在以该桥为外景拍摄影片，记录了桥梁从开始振动到最后毁坏的全过程，它后来成为美国联邦公路局调查事故原因的珍贵资料，该桥也因此声名大噪。人们在调查这一事故收集历史资料时，惊异地发现：从 1818 年到 19 世纪末，由风引起的桥梁振动已至少毁坏了 11 座悬索桥。

对于塔科马大桥坍塌的原因，专家们并没有达成统一意见。一部分工程师认为塔科马桥的振动类似于机翼的颤振。以冯・卡门为代表的另一派专家则认为，塔科马大桥的桥身是 H 型断面，和流线型的机翼不同。经过加州理工学院风洞内的模型测试后，卡门猜测这场灾难源于一种现象——卡门涡街。卡门涡街是流体力学中重要的现象，在自然界中常可遇到，在一定条件下的流体绕过某些物体时，物体两侧会周期性地出现旋转方向相反、排列规则的双列线涡，经过非线性作用后，形成卡门涡街，如水流过桥墩，风吹过高塔、烟囱、电线等都会形成卡门涡街。

冯・卡门 1954 年在《空气动力学的发展》一书中写道：塔科马海峡大桥的毁坏，是由周期性旋涡与桥梁的共振引起的。设计的人想建造一个较便宜的结构，采用了钢板梁来代替钢桁架作为边墙。不幸，这些钢板引起了涡旋的发生，使桥身开始扭转振动。这一大桥的破坏现象,是大桥振动与旋涡发生共振而引起的。

20 世纪 60 年代,经过计算和实验,证明了冯·卡门的分析是正确的。塔科马桥的风毁事故,是一定流速的流体流经边墙时,产生了卡门涡街。即风以一定的流速吹过时,气流会形成周期性的向上和向下两个旋涡,而旋涡就对被围绕的桥梁产生了周期性的侵染力,当侵染力的周期与桥梁结构的固有频率相耦合时,就会发生共振,造成巨大的破坏。

卡门涡街不仅在圆柱形状的物体后出现,也可在其他形状的物体后形成,例如在高层大厦、电视发射塔、烟囱等建筑物后形成。这些建筑物受风作用而引起的振动,往往与卡门涡街有关。因此,进行高层建筑物设计时都要进行计算和风洞模型实验,以保证不会因卡门涡街造成建筑物的破坏。

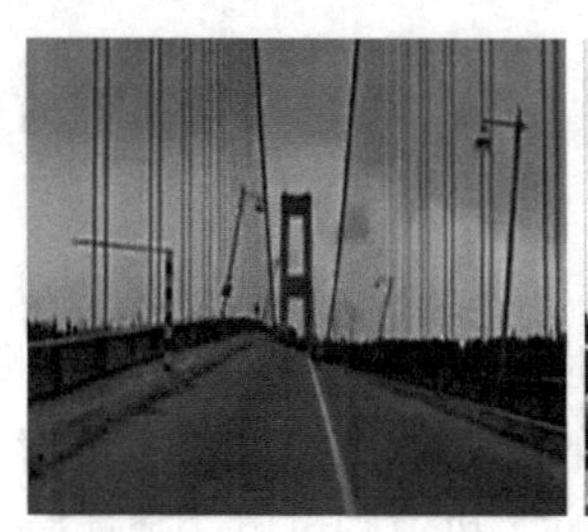

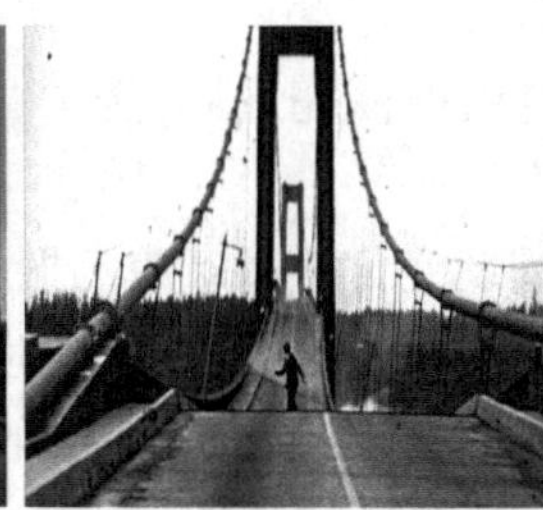

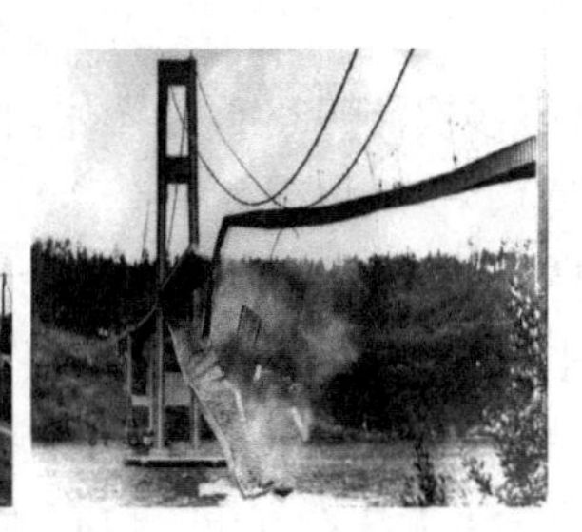

图 7　1940 年美国塔科马大桥共振现象

附录:波尔共振仪联网模式操作步骤

1. 实验准备

按下电源开关后,屏幕上出现欢迎界面,其中 NO.0000X 为电器控制箱与电脑主机相连的编号,请快速记录下来。过几秒钟后屏幕上显示如图 8"按键说明"字样。符号"◀"为向左移动;"▶"为向右移动;"▲"为向上移动;"▼"向下移动。下文中的符号不再重新介绍。

2. 选择实验方式

联网模式实验根据提示选择"联网模式"。单机与联网模式下的操作基本一致,故不再重复介绍。

3. 自由振荡——摆轮振幅 θ 与系统固有周期 T_0 的对应值的测量

自由振荡实验的目的是为了测量摆轮的振幅 θ 与系统固有振动周期 T_0 的关系。

按键说明
◀ ▶ → 选择项目
▲▼ → 改变工作状态
确定 → 功能项确定

图 8

实验步骤
自由振荡 阻尼振荡 强迫振荡

图 9

周期 X_1=　　秒(摆轮)
阻尼 0　　振幅
测量关 00　回查　返回

图 10

周期 X_1=01.442　秒(摆轮)
阻尼 0　振幅 134
测量查 01 ↑↓　按确定键返回

图 11

阻尼选择
阻尼 1　阻尼 2　阻尼 3

图 12

周期 X_0^{10} =　　秒(摆轮)
阻尼 2　振幅
测量关 00　回查　返回

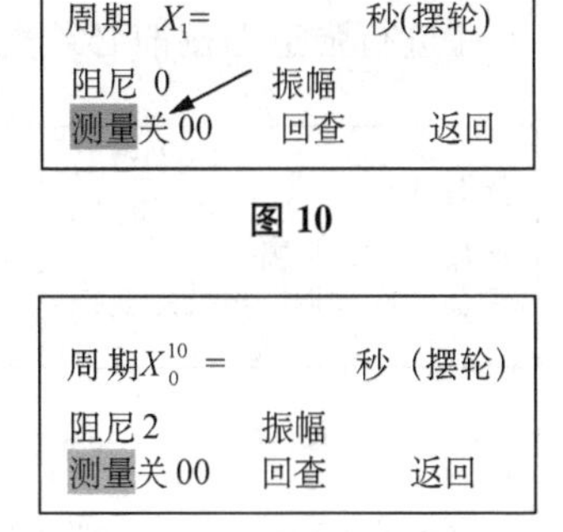

图 13

在图 8 状态按确认键，显示图 9 所示的实验类型，默认选中项为“自由振荡”，字体反白为选中。再按确认键显示如图 10。

用手转动摆轮 160°左右，放开手后按“▲”或“▼”键，测量状态由“关”变为“开”，控制箱开始记录实验数据，振幅的有效数值范围为：160°～50°（振幅小于 160°测量开，小于 50°测量自动关闭）。测量显示关时，此时数据已保存并发送至主机。

查询实验数据，可按“◀”或“▶”键，选中“回查”，再按确认键如图 11 所示，表示第一次记录的振幅 $\theta_0=134°$，对应的周期 $T=1.442$ s，然后按“▲”或“▼”键查看所有记录的数据，该数据为每次测量振幅相对应的周期数值，回查完毕，按确认键，返回到图 10 状态。此法可作出振幅 θ 与 T_0 的对应表。该对应表将在稍后的“幅频特性和相频特性”数据处理过程中使用。

若进行多次测量可重复操作，自由振荡完成后，选中“返回”，按确认键回到前面图 9 进行其他实验。

因电器控制箱只记录每次摆轮周期变化时所对应的振幅值，因此有时转盘转过光电门几次，测量才记录一次（其间能看到振幅变化）。当回查数据时，有的振幅数值被自动剔除了（当摆轮周期的第 5 位有效数字发生变化时，控制箱记录对应的振幅值。控制箱上只显示 4 位有效数字，故学生无法看到第 5 位有效数字的变化情况，在电脑主机上则可以清楚地看到）。

4. 测定阻尼系数 β

在图 9 状态下，根据实验要求，按“▶”键，选中“阻尼振荡”，按确认键显示阻尼，如图 12。阻尼分三个挡，阻尼 1 最小，根据自己实验要求选择阻尼挡，例如选择“阻尼 2”挡，按确定键显示如图 13。

首先将角度盘指针 F 放在 0°位置，用手转动摆轮 160°左右，选取 θ_0 在 150°左右，按“▲”或“▼”键，测量由“关”变为“开”并记录数据，仪器记录 10 组数据后，测量自动关闭，此时振幅大小还在变化，但仪器已经停止记数。

阻尼振荡的回查同自由振荡类似，请参照上面操作。若改变阻尼挡测量，重复阻尼 2 的操作步骤即可。

从液显窗口读出摆轮作阻尼振动时的振幅数值 θ_1、θ_2、θ_3、…、θ_n，利用公式(16)求出 β 值，式中 n 为阻尼振动的周期次数，θ_n 为第 n 次振动时的振幅，$\overline{T}$ 为阻尼振动周期的平均值。此值可以测出 10 个摆轮振动周期值，然后取其平均值。一般阻尼系数需测量 2～3 次。

5. 测定受迫振动的幅频特性和相频特性曲线

在进行强迫振荡前必须先做阻尼振荡，否则无法实验。

周期×1 = 秒（摆轮）
= 秒（电机）
阻尼1 振幅
测量关00 周期1 电机关 返回

图 14

周期×1 =1.425 秒(摆轮)
=1.425 秒(电机)
阻尼1 振幅122
测量关00 周期 1 电机开 返回

图 15

周期× 10= 秒(摆轮)
5= 秒(电机)
阻尼 1 振幅
测量开01 周期10 电机开 返回

图 16

仪器在图 9 状态下，选中“强迫振荡”，按确认键显示如图 14，默认状态选中“电机”。

按“▲”或“▼”键，让电机启动。此时保持周期为 1，待摆轮和电机的周期相同，特别是振幅已稳定，变化不大于 1，表明两者已经稳定了（如图 14），方可开始测量。

测量前应先选中“周期”，按“▲”或“▼”键把周期由 1（如图 15）改为 10（如图 16）（目的是减少误差，若不改周期，测量无法打开）。再选中“测量”，按下“▲”或“▼”键，测量打开并记录数据（如图 13）。

一次测量完成，显示测量关后，读取摆轮的振幅值，并利用闪光灯测定受迫振动位移与强迫力间的相位差。

调节强迫力矩周期电位器，改变电机的转速，即改变强迫外力矩频率 ω，从而改变电机转动周期。电机转速的改变可按照 $\Delta\varphi$ 控制在 10°左右来定，可进行多次这样的测量。

每次改变了强迫力矩的周期，都需要等待系统稳定，约需两分钟，即返回到图 15 状态，等待摆轮和电机的周期相同，然后再进行测量。

在共振点附近由于曲线变化较大，因此测量数据相对密集些，此时电机转速的极小变化会引起 $\Delta\varphi$ 很大改变。电机转速旋钮上的读数（如 5.50）是一参考数值，建议在不同 ω 时都记下此值，以便实验中快速寻找要重新测量时参考。

测量相位时应把闪光灯放在电动机转盘前下方，按下闪光灯按钮，根据频闪现象来测量，仔细观察相位位置。

强迫振荡测量完毕，按“◀”或“▶”键，选中“返回”，按确定键，重新回到图 9 状态。

6. 关机

在图 9 状态下，按住复位按钮保持不动，几秒钟后仪器自动复位，此时所做实验数据全部清除，然后按下电源按钮，结束实验。

实验 7　弦线上的振动和驻波

知识介绍

波动是一种常见的物质运动形式。按照波的性质可以分为机械波和电磁波。机械波是质点的机械运动在空间的传播过程，是需要有弹性介质作为传播媒介而存在的，例如水波、声波、地震波等。电磁波是由同相且互相垂直的电场与磁场振荡在空间中传播，不需要以弹性介质的存在为前提，例如光波、无线电波、X 射线等。

一般情况下我们说的波是指相位随时间不断前进的波，也就是行波。两列频率相同、振动方向平行、相位相同或相位差恒定的波相遇，会出现某些地方振动始终加强，而另一些地方振动始终减弱的现象，叫作波的干涉现象。例如水波的干涉，如图 1 所示。

满足频率相同、振动方向平行、相位相同或相位差恒定的波我们称为相干波，对应的波源称为相干波源。而若是两列相干波满足振幅相同且传播方向相反就会产生驻波现象，也就是波的一种特殊的干涉现象。但是，驻波与行波不同，它不传递波形、相位和能量。

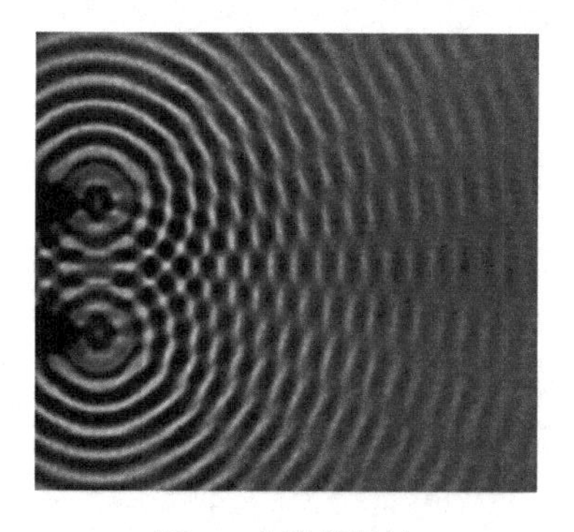

图 1　水波的干涉

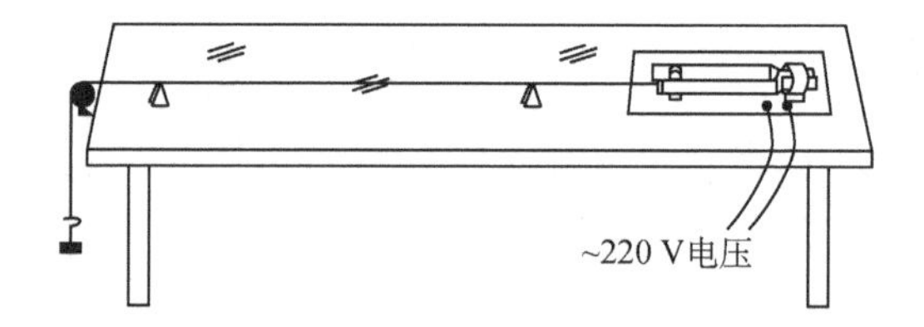

图 2　弦线上的振动实验装置

我们可以用一个简单的小实验来观察驻波现象，实验装置如图 2 所示。将弦线的一端与音叉一脚相连，另一端通过滑轮连接砝码将弦线拉紧，当音叉振动时，弦线上就会产生一列从右向左传递的行波，传到左侧劈尖处发生反射，产生一列从左向右的反射波。

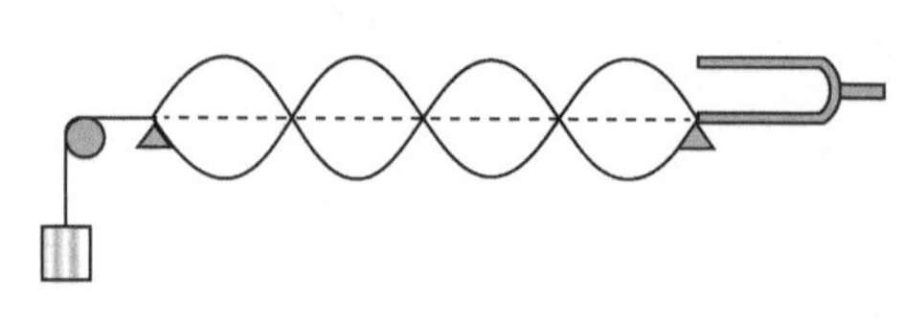

图 3　弦线上的一维驻波

两列波相互叠加，它们符合相干波条件，当弦长和波长成一定关系时，就出现了驻波现象，如图 3 所示。我们会发现此时弦线上有些位置的点始终不动，有些位置振幅始终最大，所有质点在平衡位置附近振动，波形、相位和能量都没有向前传递。

这就是驻波。

通过对弦线上振动实验的研究，我们可以更直观地认识驻波现象，了解弦线的频率与波腹、弦长的关系等。本实验将配合数字示波器观察波形，让大家更好更精确地对波形数据进行分析和处理。

实验目的

1. 了解波在弦线上的传播及驻波形成的条件；
2. 测量弦线的(共振)频率与波腹数的数据，了解它们之间的关系；
3. 测量弦线的(共振)频率与弦长的数据，了解它们之间的关系；
4. 测量弦线的(共振)频率、传播速度与张力的数据，了解它们之间的关系；
5. 测量弦线的(共振)频率、传播速度与线密度的数据，了解它们之间的关系。

实验原理

1. 驻波的形成和特点

在同一介质中的两列频率相同、振动方向相同，而且振幅也相同的简谐波，在同一直线上沿相反方向传播时就叠加形成驻波。

设这两列满足合成驻波条件的波的表达式分别为：

$$y_1 = A\cos\left[2\pi\left(\frac{t}{T}-\frac{x}{\lambda}\right)\right] \tag{1}$$

$$y_2 = A\cos\left[2\pi\left(\frac{t}{T}+\frac{x}{\lambda}\right)\right] \tag{2}$$

式中 A、T、λ 分别为简谐波的振幅、周期和波长，x 为质点的坐标位置，t 为时间。两列波合成得到：

$$y = y_1 + y_2 = 2A\cos\left(\frac{2\pi}{\lambda}x\right)\cdot\cos\left(2\pi\,\frac{t}{T}\right) \tag{3}$$

此式即为驻波方程。式中的 $\cos\left(2\pi\,\frac{t}{T}\right)$ 为谐振因子，表示做简谐振动，$\left|2A\cos\left(\frac{2\pi}{\lambda}x\right)\right|$ 为振幅因子，表示简谐振动的振幅。

从驻波公式可以看出，各点的振动频率相同，还是原来波的频率。但各点的振幅随位置的不同而不同。图4为上述两列波合成的驻波的波形曲线。从图中可以看出，各质点振幅随位置 x 周期性变化，有些点的振幅始终为零，这些点称为**波节**；有些点的振幅始终最大，这些点称为**波腹**。

通过驻波方程可知，当 $\left|\cos\left(\frac{2\pi}{\lambda}x\right)\right|=1$ 时振幅最大，故波腹的位置为：

$$x = n\,\frac{\lambda}{2},\ n=0,\ \pm1,\ \pm2,\ \pm3,\ \cdots \tag{4}$$

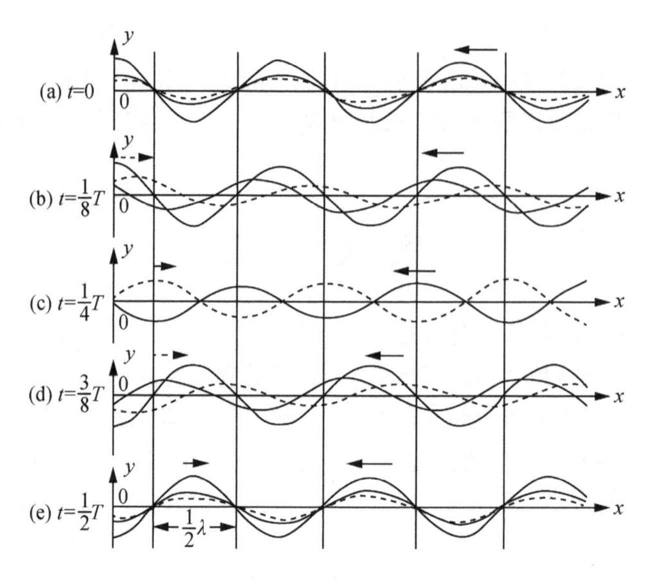

图 4　驻波的形成

当 $\left|\cos\left(\frac{2\pi}{\lambda}x\right)\right|=0$ 时振幅最小，故波节的位置为：

$$x=(2n+1)\frac{\lambda}{4},\ n=0,\ \pm1,\ \pm2,\ \pm3,\ \cdots \tag{5}$$

由以上二式可以算出，相邻两个波节和相邻两个波腹之间的距离都是$\frac{\lambda}{2}$。这一特点为我们提供了一种测定行波波长的方法，即只要测出相邻两波节或波腹之间的距离就可以确定原来两列行波的波长 λ。

我们把相邻两个波节之间的部分叫作一个波段，可以看到，同一波段上各点的振动同相，而相邻两波段中的各点的振动反相。因此，驻波实际上就是分段振动现象。在驻波中，没有振动状态或相位的传播，也没有能量的传播，所以称之为驻波。实际上，在一段有限长的弦线中，沿长度方向传播的入射波和反射波的振幅是很难完全相等的，在弦线的端点，入射波的能量将有一部分变成透射波的能量，所以反射波的能量比入射波的小，反射波的振幅也比入射波小，所以，“波节”并不能保证完全不振动。上述结论是理想情况。

2. 弦线上的驻波

将一根弦线的两端用一定的张力固定在相距为 L 的两点之间，当拨动弦线时，弦线中就会产生来回的波，合成之后便形成驻波。但并非所有波长的波都能形成驻波。由于弦线两个端点固定不动，所以这两点必须是波节，因此驻波的波长 λ 和弦线的长度 L 必须满足下列关系：

$$L=n\frac{\lambda}{2},\ n=1,\ 2,\ 3,\ \cdots \tag{6}$$

以 λ_n 表示与某一 n 值对应的波长（n 表示波腹的个数，称为波腹数），由上式可得可形成驻波的波长为：

$$\lambda_n=\frac{2L}{n},\ n=1,\ 2,\ 3,\ \cdots \tag{7}$$

这就是说，在 L 一定的情况下，能在弦线上形成驻波的波长值是不连续的，或者，用现代物理的语言说，波长是“量子化”的。由关系式 $f=u/\lambda$ 可知，频率也是量子化的，相应的可能频率为：

$$f_n=n\frac{u}{2L},\ n=1,\ 2,\ 3,\ \cdots \tag{8}$$

其中，$u=\sqrt{\frac{F}{\rho_l}}$ 为弦线上的波速，F 为弦线上的张力，ρ_l 为弦线的线密度。上式中的频率叫作弦振动的本征频率，每一频率对应于一种可能的振动方式。频率由式(8)决定的振动方式，称为弦线振动的简正模式。其中最低频率 f_1 称为基频，其他较高频率 f_2，f_3…都是基频的整数倍，根据其对基频的倍数分别称为二次，三次……谐频。

简正模式的频率称为系统的固有频率。如上所述，一个驻波系统有许多个固有频率。这和弹簧振子只有一个固有频率不同。

当外界驱动源以某一频率激起系统振动时，如果这一频率与系统的某个简正模式的频率相同(或相近)，就会激起强驻波。这种现象称为共振，对应的频率称为共振频率。利用弦振动演示驻波时，观察到的就是驻波共振现象，从示波器中看到的波形就是共振时的波形。系统究竟按哪种模式振动，取决于初始条件。一般情况下，一个驻波系统的振动，是它的各种简正模式的叠加。

实验仪器

ZKY-910601 信号源、数字拉力计、弦振动研究实验装置、GDS-1102B 数字示波器及连接线。

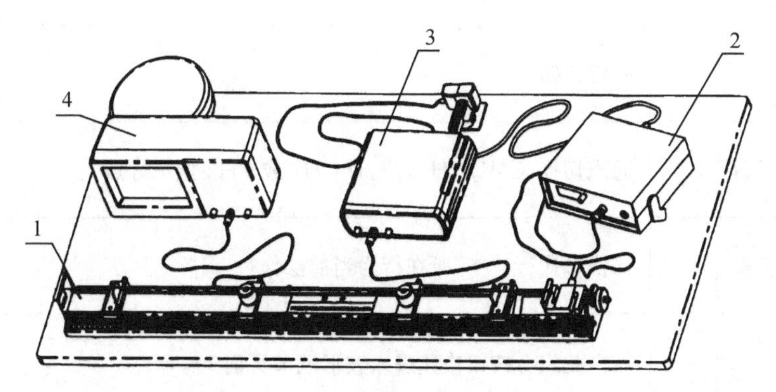

1—弦振动研究实验装置　2—数字拉力计　3—信号源　4—示波器

图5　实验安装示意图

1. ZKY-910601 信号源

本实验所用的通用信号源面板如图 6 所示，能产生频率、幅度连续可调的不同波形的信号。可输出的信号波形有：正弦波、三角波、方波、锯齿波、占空比可调脉冲波及自定义波等。

开机默认为正弦波(本实验只用到正弦波)。输出信号频率在 0～6 MHz 范围内。其主要按键功能说明见表 1。

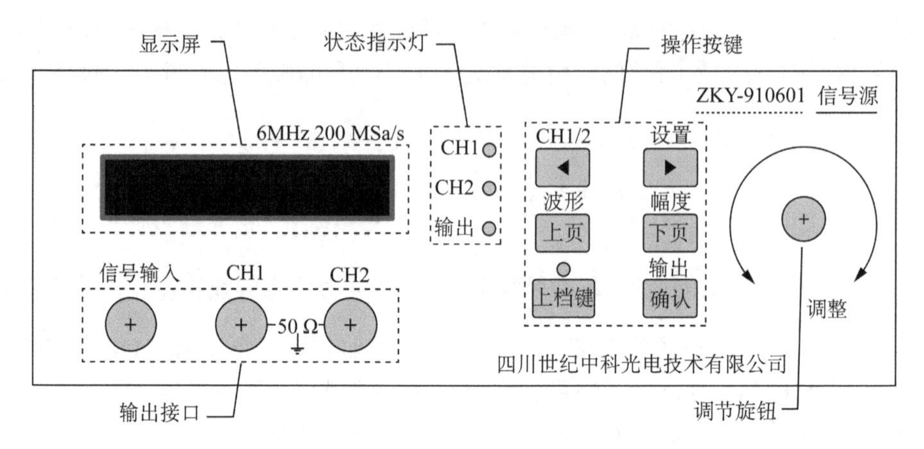

图 6　信号源面板示意图

表 1　信号源各按键功能说明

按键图示	功能说明
CH1/2 [◀]	左移光标增加调节参数步进值
设置 [▶]	右移光标减小调节参数步进值
波形 [上页]	功能选择,向上翻页
幅度 [下页]	功能选择,向下翻页
输出 [确认]	确定按钮
[上档键] + CH1/2 [◀]	通道切换(CH1/CH2),同时 CH1 或 CH2 指示灯点亮
[上档键] + 设置 [▶]	切换操作行,“ * ”所在行为当前操作行
[上档键] + 波形 [上页]	点击此组合按钮快速进入波形调节页面
[上档键] + 幅度 [下页]	点击此组合按钮快速进入幅度调节页面
[上档键] + 输出 [确认]	点击此组合按钮关闭或开启输出,同时输出指示灯熄灭或点亮

调节旋钮用于改变、增大或减小参数，顺时针旋转参数增大，逆时针旋转参数减小。

2. GDS-1102B 数字示波器

本实验只需将接收到的信号输入数字示波器的一个通道进行观察即可，详细的使用说明见“实验 12 数字示波器的使用”。

3. 数字拉力计

数字拉力计面板如图 7 所示。清零键可将显示的数值清零。直流电源输出接口，用于给背光源供电（本实验不用该功能）。

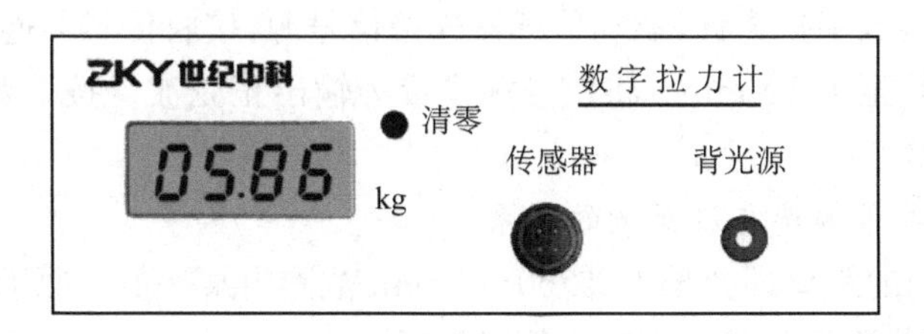

图 7　数字拉力计面板示意图

4. 弦振动研究实验装置

实验装置主要包含以下部件：导轨组件、劈尖、电磁线圈感应器、拉力传感器、弦线等。各部件在实验装置中的相对位置见图 8。

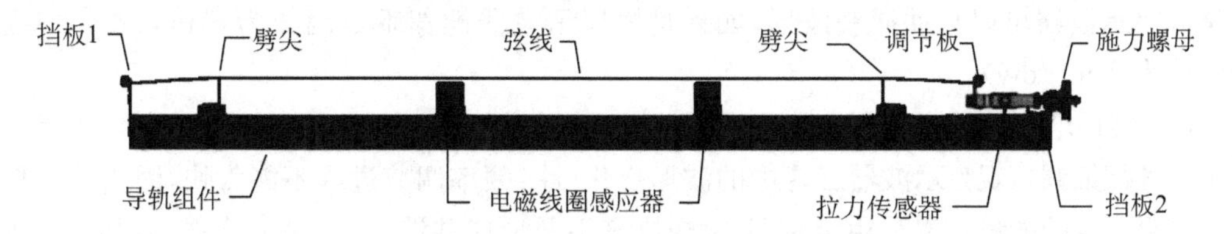

图 8　弦振动研究实验装置示意图

拉力传感器和施力螺母经过挡板 2 的螺栓连接，挡板 2 固定在导轨组件一端的边沿，挡板 2 上印有张力增大和减小的方向标识。弦线两端用调节板和挡板 1 卡住，调节板固定在可移动的拉力传感器上，挡板 1 固定在导轨组件另一端边沿，这样弦线上的张力可通过施力螺母控制拉力传感器的移动来进行调节。张力的数值可在数字拉力计上显示，注意显示为工程单位制中的力（即千克力，单位 kgf），它与国际单位制中“牛顿”的换算关系是 1 千克力等于 9.8 牛顿，即 1 kgf＝9.8 N。

两个劈尖和两个电磁线圈感应器均安装在滑块上（两个电磁线圈感应器完全相同），滑块可沿导轨做一维移动，并可通过锁紧螺钉将其位置固定。导轨组件上有标尺（量程 1 000 mm，分度值 1 mm），滑块上有定位刻度线。

两个劈尖的作用是抬高弦线中部相对两端的高度，使波仅在两劈尖之间来回传播。（劈尖有一定的尖锐度，使用时需要小心，以免划伤。）

两个电磁线圈感应器，分别连接信号源和示波器，前者称为驱动传感器，后者称为接收传感器。驱动传感器将来自信号源的电信号转换为同频率变化的空间磁场，弦线受磁场作用而同频率振动，该振动沿弦线传播形成波。接收传感器则在弦线的另一处，将弦线振动导致的空间磁场变化信号转换为电信号输入示波器。

要注意的是，每根弦线上均用标签标注了其能承受的最大张力值，实验中不能超过该值，否则会给弦线造成无法恢复的形变，造成永久损坏！

实验内容

实验前准备：

将劈尖、电磁线圈感应器按图 8 所示的位置置于导轨上，滑块含刻度线一侧应与标尺同侧。拉力传感器连接数字拉力计，驱动传感器连接信号源，接收传感器连接示波器（见图 5），仪器均开机通电预热至少 10 min。将信号源设置为输出正弦波。按下数字拉力计上的“清零”按钮，将示数清零。

1. 测量弦线的共振频率与波腹数的关系

（1）两劈尖之间的距离即弦长 L 取 60～70 cm 范围内某一值。驱动传感器距离一劈尖约 10 cm，接收传感器置于两劈尖的中心位置附近。

（2）在挡板 1 和调节板上装上一根弦线（线密度为 ρ_l），并调定弦线张力 F，使该张力大小在 0.5～0.9 倍最大张力范围内，既使弦线张紧，又不超出最大张力。

（3）信号源的频率调至最小，适当调节信号幅度（推荐峰峰值V_{pp}为 0.5～5 V，细弦用大的峰峰值，粗弦用小的峰峰值），同时将示波器调到合适的垂直扫描因数和扫描时间因数（如果是数字示波器可以自动捕获波形，如果是模拟示波器推荐垂直因数为 5 mV/div，扫描时间因数为 2 ms/div）。

（4）缓慢增大信号源的频率（建议从步距 1 Hz 开始粗调，出现振幅突然增大的波形后再减小步距进行细调），观察示波器屏幕中的波形变化（注：频率调节过程不能太快，因为弦线形成驻波需要一定的能量积累和稳定时间，太快则来不及形成驻波）。如果不能观察到波形，则增大信号源的输出幅度；若弦线的振幅太大，造成弦线碰撞驱动传感器或接收传感器，则应减小信号源的输出幅度。适当调节示波器的通道增益，以观察到合适的波形大小。直到示波器接收到的波形稳定同时振幅接近或达到最大值，这时示波器上显示的信号频率就是共振频率，该频率与信号源输出的信号频率（即驱动频率）相同或相近，故可以认为驱动频率为共振频率。

（5）此时接收传感器从一个劈尖向另一劈尖缓慢移动并观察信号强度达到峰值的次数（或直接用人眼仔细观察两劈尖之间的弦线，应当有驻波波形形如“ 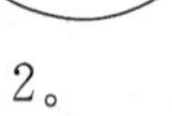 ”）此时观察到的驻波频率即为基频f_1，波腹数 $n=1$，记录此共振频率和波腹数于表 2。

（6）继续增大频率，重复第（4）步，然后用第（5）步的方法观察整根弦线，应当有驻波波形形如“ 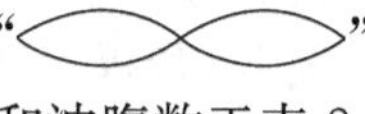 ”。此时观察到的驻波频率即为二次谐频f_2，波腹数 $n=2$，记录此共振频率和波腹数于表 2。（注：若示波器上始终观察不到波形，则接收传感器可能处于波节处，此时将接收传感器沿导轨移动适当位置（约 5 cm）即可，下同。）

（7）类似地，继续增大频率，用同样的方法测量并记录三次、四次、五次谐频及对应的波腹数，填入表 2。

（8）根据式（8）计算本征频率f_0，并计算共振频率与本征频率的相对误差 E_f。

（9）以波腹数为横坐标，共振频率为纵坐标绘制曲线。该曲线应为一过原点的直线，且斜率与f_1 相等或相近。说明共振频率与波腹数成正比，且高次谐频为基频的整数倍。

2. 测量弦线的共振频率与弦长的关系

(1) 同样取定张力大小为 0.5～0.9 倍最大张力范围内的某一值。按表 3 的参考值设置两劈尖之间的距离(即弦长 L)。驱动传感器距离劈尖约 10 cm，接收传感器置于两劈尖的中心位置。

(2) 重复第一部分(测量弦线的共振频率与波腹数的关系)的第(3)步和第(4)步，记录波腹数 n 为 1 时对应的共振频率。

(3) 根据式(8)计算本征频率 f_0，并计算共振频率与本征频率的相对误差 E_f。

(4) 以弦长的倒数($1/L$)为横坐标，共振频率为纵坐标绘制曲线，分析共振频率与弦长的关系。

3. 测量弦线的共振频率、传播速度与张力的关系

(1) 两劈尖之间的距离即弦长 L 取 60～70 cm 范围内某一值。驱动传感器距离一劈尖约 10 cm，接收传感器置于两劈尖的中心位置附近。按表 4 的参考值设置弦线所受张力。

(2) 重复第一部分(测量弦线的共振频率与波腹数的关系)的第(3)步和第(4)步，记录波腹数 n 为 1 时对应的共振频率，填入表 4。

(3) 以张力的二分之一次方($F^{1/2}$)为横坐标，共振频率为纵坐标绘制曲线。

(4) 根据共振频率和波长得到波速实验值，由公式 $u_0=\sqrt{\dfrac{F}{\rho_l}}$ 求出波速理论值，并计算波速实验值与理论值的相对误差 E_u。分析波速与张力的关系。

4. (选做)测量弦线的共振频率、传播速度与线密度的关系

(1) 重复第一部分(测量弦线的共振频率与波腹数的关系)的(1)～(4)步，记录波腹数 n 为 1 时对应的共振频率，并记录弦线的参考线密度，填入表 5。

(2) 更换弦线，重复步骤(1)。

(3) 以线密度的负二分之一次方 ($\rho_l^{-1/2}$) 为横坐标，共振频率为纵坐标绘制曲线。

(4) 根据共振频率和波长得到波速实验值，由公式 $u_0=\sqrt{\dfrac{F}{\rho_l}}$ 求出波速理论值，并计算波速实验值与理论值的相对误差 E_u。分析波速与线密度的关系。

数据表格

1. 测量弦线的共振频率与波腹数的关系

表 2

线密度 ρ_l：________g/m　弦长 L：________cm　张力 F：________kgf=________N

波腹数 n	共振频率 f/Hz	本征频率 $f_0=\dfrac{n}{2L}\sqrt{\dfrac{F}{\rho_l}}$/Hz	相对误差 E_f
1			
2			
3			
4			
5			

2. 测量弦线的共振频率与弦长的关系

表 3

线密度 ρ_l:________g/m 波腹数 n:<u>1</u> 张力 F:________kgf=________N

弦长 L/cm	L^{-1}/cm^{-1}	共振频率 f/Hz	本征频率 $f_0=\frac{n}{2L}\sqrt{\frac{F}{\rho_l}}$/Hz	相对误差 E_f
65				
60				
55				
50				
45				

3. 测量弦线的共振频率、传播速度与张力的关系

表 4

线密度 ρ_l:______g/m 最大张力 F_m:______kgf=______N 波腹数 n:<u>1</u> 弦长 L:______cm

张力 F/kgf		$F^{1/2}$ /kgf$^{1/2}$	共振频率 f/Hz	波速实验值 $u=\frac{2L}{n}f$/(m/s)	波速理论值 $u_0=\sqrt{\frac{F}{\rho_l}}$/(m/s)	相对误差 E_u
$0.5F_m$						
$0.6F_m$						
$0.7F_m$						
$0.8F_m$						
$0.9F_m$						

4. (选做)测量弦线的共振频率、传播速度与线密度的关系

表 5

张力 F:________kgf=________N 波腹数 n:<u>1</u> 弦长 L:________cm

线密度 ρ_l/g/m	$\rho_l^{-1/2}$ /(g/m)$^{-1/2}$	共振频率 f/Hz	波速实验值 $u=\frac{2L}{n}f$/(m/s)	波速理论值 $u_0=\sqrt{\frac{F}{\rho_l}}$/(m/s)	相对误差 E_u

注意事项

1. 给弦线施加张力时，严禁超过给定的最大张力值！

2. 实验时不要使接收传感器离驱动传感器太近，保持二者距离至少 10 cm，以避免受到干扰。

3. 读取频率过程中，张力的波动不宜超过 0.01 kgf。

4. 给弦线施加张力时，弦线附近的环境温度短期内波动不宜超过 1 ℃，以免造成张力不稳定，导致无法形成稳定的驻波。

5. 弦线振动幅度不宜过大，否则观察到的波形不是严格的正弦波，或者带有变形，或者带有不稳定性振动。

观察思考

1. 在弦线上出现驻波的条件是什么？

2. 在弹奏弦线类乐器时，发出声音的音调与弦线的长度、粗细、松紧程度有什么关系？为什么？

3. 通过本实验，你对驻波有什么新的认识？

拓展阅读

弦线上振动实验研究的是一维驻波，而除了一维驻波还有二维驻波（例如克拉尼图形）和三维驻波（例如声场中的驻波）。驻波现象在现实生活中是非常常见的。

1. 驻波与乐器

人们很早就发现，两端固定绷紧的弦线，如果被拨动的话会发出声音，并且通过不同的组合可以得到悦耳、优美的音乐。弦乐类乐器的发声原理与驻波密切相关。乐器中的弦两端固定，当弦上某一点被拨动后，弦会以一定频率振动并传播，并以该点为波腹形成驻波，可能的驻波形式见图 9(a)，也可能如图 9(b)，也可能会如图 9(c)，等等。

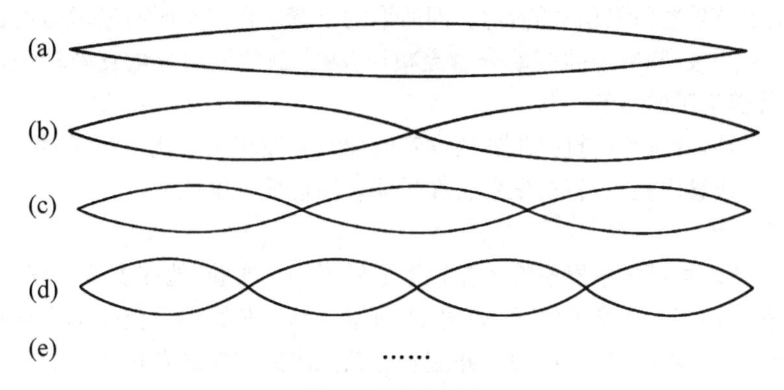

图 9　基频和泛音

通过之前的内容我们可知，图 9 的波形是典型的驻波波形。图 9(a)的波形所对应的频率我们称为基频，图 9(b)、9(c)、9(d)……对应的频率我们称为 n(n 对应波腹数)次谐频，而在乐器中这些谐频被称为泛音。弦乐类乐器的发音实质上就是基频和泛音的组合，形成复音。以吉他为例，如图 10 所示，吉他有六根弦，每根弦粗细不同，对应不同的线密度，弦长都是从琴枕到琴桥，可以通过调弦轴调节弦线的张力。

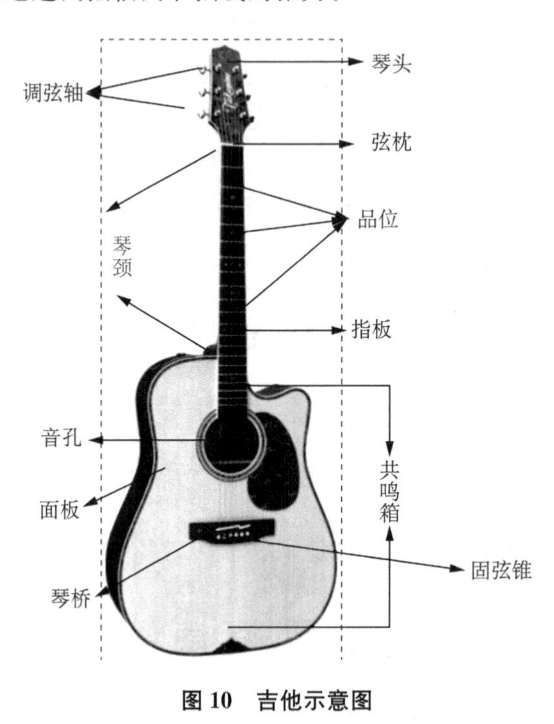

图 10 吉他示意图

专业的吉他手在演奏之前往往都会调试一下吉他，看看音调准不准，那他们根据什么来衡量音调的准确度呢？吉他的调弦其实就是通过改变张力的大小来观察其产生的振动频率是否满足相应音调的驻波条件。比如吉他的标准音要求一弦空弦的音调与二弦五品的相同，那么就是先固定一弦的空弦的松紧程度，根据一弦空弦发出的基频调试二弦，使二弦五品的音调与一弦空弦相同，也就是让它们振动产生的频率一样，即达到共振。其他几弦按同样的调法依次调下去。

基频决定了弦乐器所发乐音的音高，即所谓的音调。在弹奏时有基频也有泛音，但是它们持续时间并不一致，频率高的振动分量衰减快，频率低的振动分量衰减较慢，这样加以配合，就能发出优美动听的声音。

除了弦类乐器，管乐和击打类乐器的发音同样与驻波相关。比如笛子、箫、单簧管、非洲鼓等。管乐会形成管内驻波，打击乐器会在乐器表面形成二维驻波。

2. 克拉尼图形

十八世纪，德国物理学家恩斯特·克拉德尼做了一个实验，他在支架上安放了一块较宽的金属薄片，在上面均匀地撒上沙子，如图 11 所示。然后开始用弓弦拉动金属片边缘，结果这些细沙自动排列成不同的美丽图案，并随着弓弦拉出的节奏或者拉动的边缘位置不同，图案出现不同的变化——这就是著名的克拉尼图形，如图 12 所示。

恩斯特·克拉德尼

图11 恩斯特·克拉德尼和克拉尼图形实验装置

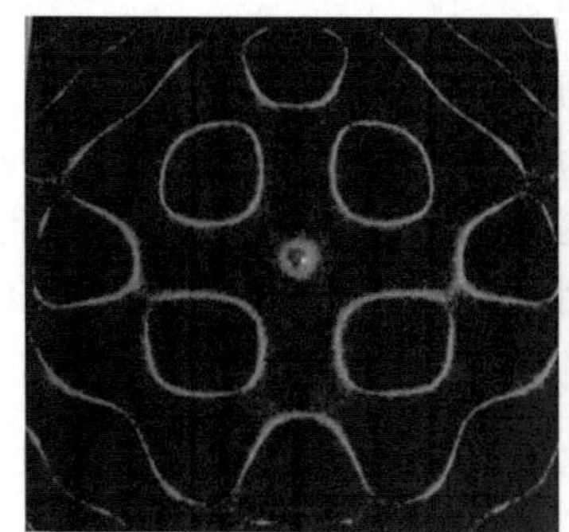
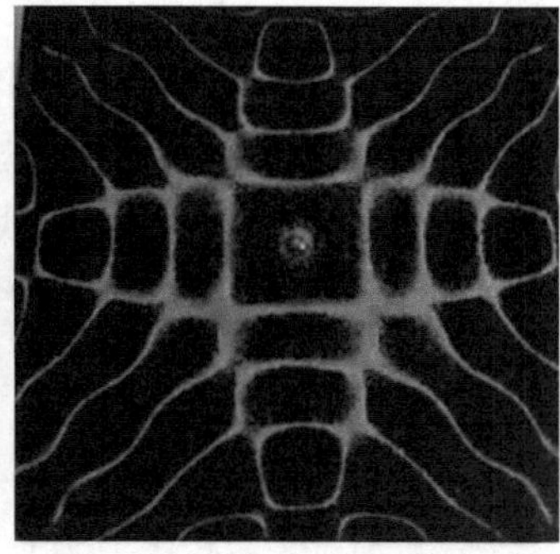
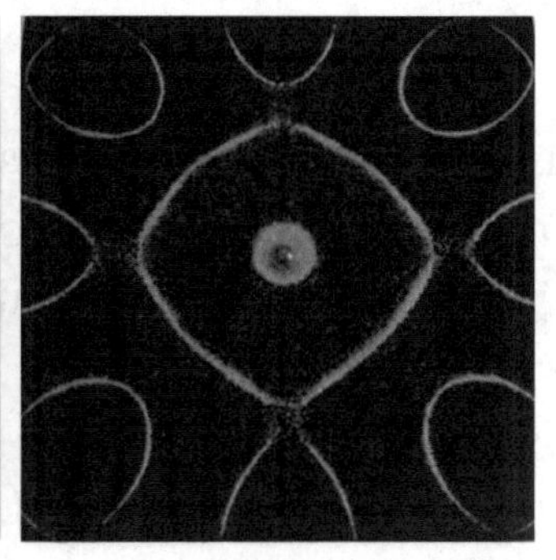

图12 美丽的克拉尼图形

在1809年,克拉尼图形在巴黎的科学家集会上展出时强烈地吸引了观众,拿破仑看了这一演示后说"克拉尼的声音被我看见了"。

因此,克拉尼图形被称为"能看见的声音"。由此还衍生出了一门新的学科——音流学(Cymatics)。利用沙或水作为媒介,使原本看不见的东西显现出来。

实验所用的金属板被称为克拉尼板,克拉尼板可以是正方形、圆形和矩形,甚至可以是小提琴和吉他的形状,只需要在中心具有固定约束即可。而克拉尼图形本质上就是二维驻波,弓弦拉动金属板,使金属板产生共振。这时板受到激励,部分区域振动,部分区域不动。不动的位置就是波节,在这些位置沙子不会移动,而振动最强烈的地方就是波腹,由于振动强烈,沙子向其他地方移动,所以,最后显示的图形有沙存在的地方就是波节所在,没有沙的位置就是波腹所在。在小提琴的制造工艺上也常用克拉尼图形来检测小提琴的琴身是否有制造缺陷。

3. 鱼洗

鱼洗,如图13所示,是古代中国盥洗用具,金属制品。形状类似现在的脸盆。盆底装饰有鱼纹的,称为"鱼洗";盆底装饰有龙纹的,称为"龙洗"。这种器物在先秦时期已被普遍使用,而能喷水的铜质鱼洗大约出现在唐代。

鱼洗的神奇之处在于，当盆内注入一定量清水，用潮湿双手来回摩擦铜耳时，可观察到伴随着鱼洗发出的嗡鸣声中有如喷泉般的水珠从四条鱼嘴中喷射而出，水柱高达几十厘米。

图 13 鱼洗

从振动与波的角度来分析是由于双手来回摩擦铜耳时，形成铜盆的受迫振动，这种振动在水面上传播，并与盆壁反射回来的反射波叠加形成二维驻波。波腹的位置水喷射而出，波节的位置水面平静。把鱼嘴设计在喷水处，这种设计表明我国古代对振动与波动的知识已经有了相当的掌握，而这种“鱼洗”设计比克拉尼板早了 7 个世纪。

实验 8　不良导体导热系数的测定

知 识 介 绍

不同的物体传导热量的本领是不同的，人们把传导热量能力较好的物体叫作热的良导体，如金、银、铜、铁等金属材料，把传导热量能力较差的物体叫作热的不良导体，如石头、陶瓷、玻璃、木头等。此外大部分液体和气体也是不良导体。所谓良与不良是相对的。一般说来，固体，因原子与分子密度大，所以其相对于液体和气体的导热能力强，亦可看作良导体。与此类似，液体相对于气体导热能力又略强，可看作良导体。

热现象是人类最早认识的一种自然现象之一，人类对火的利用，吹响了人类从野蛮社会开始向文明社会进化的号角，可以说这是人类历史的文明开端。16 世纪末，自伽利略制造第一个测温计（图 1）开始，人们开始对热现象进行定量研究。1632 年，法国人雷伊制造出第一支液体（水）作为测温物质的温度计。由于在一个标准大气压下，水在零摄氏度以下会结冰，在 1644 年，雷伊又改用酒精作为测温物质，制作出酒精温度计。酒精又容易沸腾，于是法国人阿蒙顿又用水银作为测温物质制作出水银温度计。1742 年，瑞典的天文学家摄尔修斯把水结冰的点定为 100 度，水沸腾的点定为 0 度，之后琳娜修斯把这个顺序倒了过来，就是世界上使用最广泛的摄氏度，一直沿用至今。1848 年凯文引入绝对 0 度的概念，就是零下 273.15 摄氏度，0 摄氏度就是 273.15 开尔文，100 摄氏度就是 373.15 开尔文。

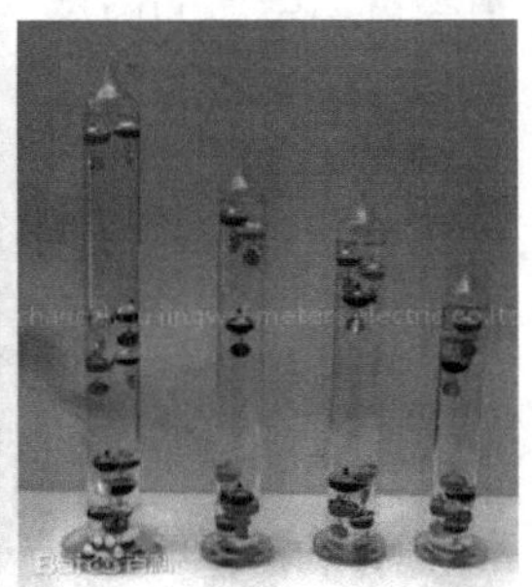

图 1　伽利略和他的温度计

温度计的发明，使热现象的定量研究得到快速发展，对于热现象本质的探索也就随之开始。17 世纪，笛卡儿、玻意耳、牛顿、阿蒙顿、培根等人都认为热是运动的一种形式。玻意耳曾在力学实验中产生热，并以铁锤敲击钉子为例，说明发热是运动被阻止的缘故。因为没有强有力的证据，“热是运动”的正确观点逐渐被人们抛弃了。斯塔尔提出了燃素说，认为可燃物之所以可燃，是因为其中含有燃素。到了 18 世纪人们普遍认可了“热是一种物质”的热质说，例如在无散热的条件下，将水和冰混合的过程中，水放出热量温度降低，冰吸收热量温度升高。对于这种现象当时人们认为，水的热质减少，所以温度降低，冰的热质增加，所以温度升高。直到现在，还有不少人错误地认为热的物体热量多，冷的物体热量少。当然，同时期，笛卡儿、玻意耳、胡克、丹尼尔·伯努利、罗蒙诺索夫等人均反对热质说，认为热是物体粒子的内部运动所造成的。为此，罗蒙诺索夫于1749年发表了题为《关于热和冷的原因之沉思》的论文，文中谈道："要知道在看不到运动的地方，也不能否认运动的存在，事实上谁会否认，当狂风穿过森林时，树木的枝干和叶子都在摇摆，尽管从远处观察时并看不到运动。跟在这里是由于距离的关系一样，在热的物体中，由于运动物质的粒子微小而使运动逃过了视线，在这种情况下，视角都是如此之小，以至于既不能看到这一角度的粒子本身，也不能看到他们的运动。"

能量守恒和转换定律是在对热质说的批判中建立起来的。1850年，克劳修斯发表了《论热的动力及能由此推出的关于热本性的定律》，简称《论热的运动》。在这篇论文中，他批判了热质说关于潜热的观点，提出了描述热现象的状态参量——内能(U)，并由此总结出热力学第一定律。热质说遇到的最大困难是无法解决绝热过程的热传递，因为在绝热过程中没有热质的流进和流出，热量何以产生或消失呢？为此，热质说论者借助于潜热来摆脱困境。克劳修斯从根本否定潜热的存在，他认为在绝热压缩过程中物质温度的升高是付出了机械功的必然结果。这是一个机械功向热能转换的过程，正如焦耳的"桨轮实验"所表明的事实那样。实际上焦耳的实验近乎一种绝热过程，所测出的热功当量反映了绝热条件下热力学第一定律的内容。

图2 法国物理学家克劳修斯

图3 英国物理学家焦耳

克劳修斯热力学第二定律和卡诺理论的结合，形成了最终的热力学第二定律。热功当量原理跟微粒说结合，则产生了分子动理论。19世纪70年代末开始，在麦克斯韦、玻耳兹曼等对热力学的研究中，热力学的概念和分子动理论的概念逐渐结合，最终导致了统计热力学的诞生。这时出现了吉布斯在统计力学方面的基础工作。从20世纪30年代起，出现了量子统计物理学和非平衡态理论，形成了现代理论物理学最重要的部分之一。

导热系数(工程上又称热导率)是表征物质热传导性能的物理量，它不仅是评价材料导热特性的参数，也是材料在设计应用时的一个依据。在物体的散热和保温工程中，如锅炉制造、房屋设计、冰箱生产等都要涉及这一参数。材料的导热系数不仅与构成该材料的物质种类密切相关，而且还与它的微观结构、温度、压力及杂质含量相关。所以导热系数的准确测量不仅在工程实践中有重要的实际意义，而且对新材料的研制和开发也具有重要意义。由于材料结构的变化对导热系数有明显的影响，在科学实验和工程设计中，材料的导热系数都需要由实验具体测定。

实验目的

1. 学习用稳态平板法测不良导体的导热系数；
2. 了解物体散热速率和传热速率的关系，利用物体的散热速率求传热速率；
3. 用作图法求物体的冷却速率。

实验原理

1822 年法国著名科学家傅里叶给出了热传导的基本定律：

$$Q=-\lambda \cdot \mathbf{grad}\, T \tag{1}$$

式中 Q 为在垂直于某截面方向，单位时间内通过单位面积传递的热量；$\mathbf{grad}\, T$ 为沿垂直于截面方向的温度梯度；λ 为表示物体导热特性的比例系数，叫作导热系数。

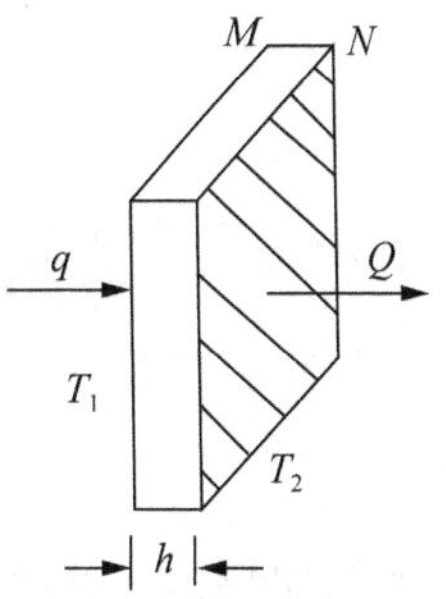

根据傅里叶定律，在一维稳定导热情况下（热流垂直于截面，如图 4 所示），在物体内部，垂直于导热方向的两个平行面 M、N，相距为 h，温度分别为 T_1、T_2，其面积为 S，在 Δt 时间内从 M 面传到 N 面的热量为 ΔQ，满足下述表式：

$$\frac{\Delta Q}{\Delta t}=-\lambda S\,\frac{T_1-T_2}{h} \tag{2}$$

图 4　导热方程原理图

式中，λ 是导热系数，表示物体导热能力的大小，它的数值就是在单位时间内每单位长度温度升高或降低 1 ℃时，垂直通过单位面积的热量。在 SI 中，λ 的单位是 $\mathrm{W \cdot m^{-1} \cdot K^{-1}}$。“—”号表示热量由高温区域传向低温区域；$\dfrac{\Delta Q}{\Delta t}$ 为传热速率（又称热流量），指单位时间内传递的热量，可根据具体的实验装置由具体的实验方法测定。本实验采用稳态平板法。

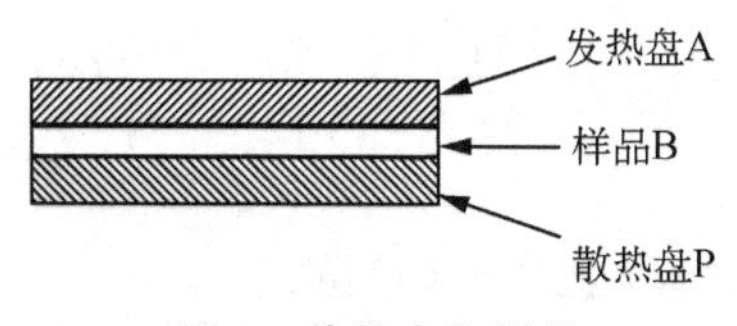

图 5　传热盘和样品

如图 5 所示，设待测样品 B 为圆盘状，厚度为 h，面积为 S。其上表面有一金属盘 A（被发热筒加热），下表面有一金属盘 P（为散热盘）。当传热达到稳定状态时，其上、下表面维持稳定温度分别为 T_1 和 T_2。忽略样品侧面的散热，则在时间 Δt 内沿着与 S 面垂直方向传递的热量为：

$$\Delta Q=-\lambda S\,\frac{T_1-T_2}{h}\Delta t \approx -\lambda \cdot \pi R_{\mathrm{B}}^2 \cdot \frac{\theta_1-\theta_2}{h}\Delta t \tag{3}$$

式中 R_{B} 为样品圆盘的半径。这里，我们用传热筒底部的发热盘 A 温度 θ_1 和散热盘 P 中的温度 θ_2 代替样品上、下表面的温度 T_1 和 T_2 是一种近似，但在传热达到稳定状态时，它们是非常接近的。对于不良导体，由于 λ 数值较小，热量传递达到稳定需要的时间较长，故样品的厚度 h 也要较薄，这样才能忽略侧面散热的影响。将式(3)整理后得：

$$\lambda=-\frac{h}{\pi R_{B}^{2}\cdot(\theta_{1}-\theta_{2})}\cdot\frac{\Delta Q}{\Delta t} \tag{4}$$

即测定导热系数的原理公式。显然，h、θ_1、θ_2 及 R_B 都容易测得，$\frac{\Delta Q}{\Delta t}$可用下述方法测定。

当传热达到稳态时，温度 θ_1 和 θ_2的值将不变，这时可以认为发热盘 A 向圆盘样品 B 传递的热量与散热盘 P 向周围环境散发的热量相等。因此可以通过散热盘 P 在稳定温度 θ_2 附近时的散热速率来求出样品 B 的传热速率$\frac{\Delta Q}{\Delta t}$。虽然直接测量散热速率是很困难的，但散热盘 P 在 θ_2 附近的冷却速率[①]却比较容易测得。方法如下：

当读得稳态时的温度 θ_1 和 θ_2 后，将样品 B 盘抽去，让发热盘 A 的底部与散热盘 P 直接接触，使盘 P 的温度上升到高于稳态时的温度值 10～20 ℃左右，再将发热盘 A 移开，让散热盘 P 自然冷却，每隔一定时间读一下散热盘 P 的温度示值，可求出散热盘 P 在稳定温度 θ_2 附近的冷却速率

$$\left.\frac{\Delta Q}{\Delta t}\right|_{S}=mc\left.\frac{\Delta\theta}{\Delta t}\right|_{\theta=\theta_{2}} \tag{5}$$

式中 m、c 分别为散热盘 P 的质量和比热容。将上式代入式(4)，则得：

$$\lambda=-mc\left.\frac{\Delta\theta}{\Delta t}\right|_{\theta=\theta_{2}}\cdot\frac{h_{P}}{\theta_{1}-\theta_{2}}\cdot\frac{1}{\pi R_{B}^{2}} \tag{6}$$

考虑到加热盘 A 移离后，在散热盘 P 散热时，其表面全部暴露在空气中冷却，即其散热面积为 $2\pi R_P^2+2\pi R_P h_P$。而实验中通过加热达到稳态传热时，散热盘 P 的上表面(面积为 πR_P^2)是被试样覆盖着的，散热盘 P 的散热面积为 $\pi R_P^2+2\pi R_P h_P$。基于物体的冷却速率与它的散热面积成正比，故需对 $\left.\frac{\Delta\theta}{\Delta t}\right|_{\theta=\theta_2}$ 作如下修正，即：

$$\frac{\Delta Q}{\Delta t}=mc\left.\frac{\Delta\theta}{\Delta t}\right|_{T=T_{2}}\frac{\pi R_{P}^{2}+2\pi R_{P}h_{P}}{2\pi R_{P}^{2}+2\pi R_{P}h_{P}} \tag{7}$$

$$\left.\frac{\Delta Q}{\Delta t}\right|_{S}=mc\frac{\Delta\theta}{\Delta t}\cdot\frac{\pi R_{P}^{2}+2\pi R_{P}h_{P}}{2\pi R_{P}^{2}+2\pi R_{P}h_{P}}=mc\frac{\Delta\theta}{\Delta t}\cdot\frac{R_{P}+2h_{P}}{2R_{P}+2h_{P}} \tag{8}$$

式中 R_P、h_P 分别为散热盘 P 的半径和厚度。因 $\left.\frac{\Delta Q}{\Delta t}\right|_S=\Delta Q/\Delta t$，代入式(4)得：

$$\lambda=-mc\frac{\Delta\theta}{\Delta t}\cdot\frac{R_{P}+2h_{P}}{2R_{P}+2h_{P}}\cdot\frac{h}{\theta_{1}-\theta_{2}}\cdot\frac{1}{\pi R_{B}^{2}} \tag{9}$$

在本实验中，我们采用热电偶测温度，设热电偶的温差电动势为 ε，温差系数为 α(本实验选用铜—康铜热电偶测温度，α 约为 0.041 6 mV/℃)，则有：

---

① 所谓冷却速率，即单位时间内散热盘 P 在 θ_2 附近温度降低的数值，用$\frac{\Delta\theta}{\Delta t}$来表示。

$$\varepsilon \approx \alpha(\theta - \theta_0)$$

该式可参见“实验 9 金属电阻温度系数的测定”中温差电动势的计算，式中 θ 为热端温度，θ_0 为冷端温度，如果热电偶的冷端温度 θ_0 保持不变，据上式有：

$$\frac{\Delta\theta}{\Delta t} = \frac{1}{\alpha}\frac{\Delta\varepsilon}{\Delta t} \tag{10}$$

$$\theta_1 - \theta_2 = \frac{1}{\alpha}(\varepsilon_1 - \varepsilon_2) \tag{11}$$

式中$\frac{\Delta\varepsilon}{\Delta t}$为散热盘冷却时温差电动势的变化速率，$\varepsilon_1$ 和 ε_2 分别为稳态时加热盘 A 和散热盘 P 的温差电动势的示值（即数字电压表的相应读数）。把式(11)代入式(9)可得导热系数：

$$\lambda = -mc\left.\frac{\Delta\varepsilon}{\Delta t}\right|_{\varepsilon=\varepsilon_2} \cdot \frac{R_P + 2h_P}{2R_P + 2h_P} \cdot \frac{h}{\varepsilon_1 - \varepsilon_2} \cdot \frac{1}{\pi R_B^2} \tag{12}$$

实验仪器

YBF-3 型导热系数测定仪，冰点补偿装置、待测橡胶样品、黄铜盘、导热硅脂、电子天平、游标卡尺。

图 6　导热系数测定仪

实验内容

1. 用游标卡尺测量样品盘 B 的直径、厚度（每个物理量测量 6 次），取平均值；用电子天平测铜盘 P 的质量 m（也可由实验室给出）。

2. 在发热盘 A 和散热盘 P 之间放入样品盘 B，调节固定于下铜盘的 3 个固定调节螺丝，使三者保持接触良好。注意：不要过紧或过松，安置加热盘 A、散热盘 P 时测温孔都应与冰点补偿器在同一侧，以免路线错乱。

3. 按图 6 正确组装仪器。热电偶涂适量导热硅脂并插入至发热盘 A 和散热盘 P 测温孔的底部，从铜板上引出的热电偶其冷端接至冰点补偿器的信号输入端，经冰点补偿后由冰点补偿器的信号输出端接到导热系数测定仪的信号输入端。

4. 温度控制器温度设定在 80 ℃（或其他合适的温度值），开关切换到自动控制。

5. 打开加热装置。将控制设置开关切换到自动控制。等待约 20～40 min 后（时间长短随被测材料、测量温度及环境温度等有所不同），待传热达到稳定状态，即发热盘 A 和散热盘 P 温度稳定时，温差电动势读数稳定（波动小于 0.01 mV），分别记录下此时上下铜盘两个温差电动势数值。

6. 测量散热盘 P 的冷却速率。在系统达到稳定后，用镊子抽出试样，再使散热盘与发热盘接触（抽出待测样品时，应先旋松散热圆盘底面的紧固螺钉，样品取出后，小心散热盘下方升降螺丝，使发热盘与散热盘接触，注意防止高温烫伤），继续加热，当铜盘温差电动势比稳定时上升 0.3 mV 后，移去加热热源，让散热盘 P 作自然冷却，每隔 30 s 读一次盘的温差电动势示值，根据测得的温差电动势和时间数据，求出温差电动势 ε_2 附近的温差电动势的变化（散热）速率 $\left.\frac{\Delta\varepsilon}{\Delta t}\right|_{\varepsilon=\varepsilon_2}$。并由公式（12）求出样品的导热系数 λ。

数 据 表 格

1. 样品几何尺寸测量

测试项目		测量次序						平均值
		1	2	3	4	5	6	
待测样品 B	厚度/mm							
	直径/mm							
散热盘 P	厚度/mm							
	直径/mm							
	质量/g							

2. 稳态时样品 B 上下表面的温差电动势

样品 B 两表面温度稳定时	上表面温差电动势 ε_1/mV	下表面温差电动势 ε_2/mV
温差电动势/mV		

3. 散热盘 P 在 θ_2 附近自然冷却时的温差电动势与冷却时间示值

测量次序	1	2	3	4	5	6	7	8	…	16
冷却时间/s										
温差电动势/mV										

注 意 事 项

1. 使用前将加热盘与散热盘面擦干净。样品两端面擦净,可涂上少量导热硅脂,以保证接触良好。注意,样品不能连续做试验,特别是硅橡胶,必须降至室温半小时以上才能做下一次试验。

2. 在实验过程中,如若移开电热板,请先关闭电源。移开热圆筒时,手应拿住固定轴转动,以免烫伤手。

3. 数字电压表的数字出现不稳定时注意查看热电偶及各个环节的接触是否良好。

4. 仪器使用时,应避免周围有强磁场源。

5. 实验结束后,切断电源,保管好测量样品。不要使样品两端划伤,影响实验的精度。

观 察 思 考

1. 样品盘(硅橡胶)与散热盘的散热速率一样吗？在测试样品盘(硅橡胶)的导热系数时,为何只需测散热盘的散热速率？

2. 在推导测定导热系数的原理公式中要求满足哪些实验条件？在实验中如何保证？

附表 1:常见材料密度、导热系数表

材料名称	密度/(kg/m^3)	导热系数/[W/(m·K)]
金	19 320	317
银	10 500	429
铜	8 900	380
铝硅合金	2 800	160
黄铜	8 400	120
铁	7 800	50
锡	73 100	67
不锈钢	7 900	17
PVC	1 390	0.17
硬木	700	0.18
碳酸钙玻璃	2 500	1.0
有机玻璃 PMMA	1 180	0.18
氯丁橡胶 PCP	1 240	0.23
纯硅胶	1 200	0.35
硅	2 330	150
二氧化硅	2 200～2 660	7.6

（续表）

材料名称	密度/(kg/m^3)	导热系数/[W/(m·K)]
碳化硅	—	490
硬质 PVC	1 400	0.17
软质 PVC	1 350～1 400	0.14
导热硅胶垫	1 100～1 200	0.8～3

拓 展 阅 读

动态法测量导热系数

动态法是最近几十年内开发的新方法，其测量方法是在被测样品整体达到温度分布均匀且恒定后，在样品上加载一个微小的温度扰动，通过检测记录样品本身温度随时间的变化情形，由时间与温度变化的关系求得样品的热传导系数、热扩散系数和比热容。

动态法适用于测量良导体的导热系数，如金属、石墨烯、合金、陶瓷、粉末、纤维等同质均匀的材料。

热线法测量导热系数

热线法是应用比较多的方法，是在样品(通常为大的块状样品)中插入一根热线。测试时，在热线上施加一个恒定的加热功率，使其温度上升。测量热线本身或平行于热线的一定距离上的温度随时间上升的关系。由于被测材料的导热性能决定这一关系，由此可得到材料的导热系数。这种方法测量时间比较短，所测量材料的导热系数范围一般是 0.2 W/(m·K)到 2W/(m·K)。

激光闪射法测量导热系数

激光闪射法测量材料导热系数的原理是根据导热系数 λ 与热扩散系数 α、比热容 c 和体积密度 ρ 三者之间的关系：

$$\lambda = \rho \alpha c$$

首先测出样品的体积密度 ρ，然后分别或者同时测量出材料的热扩散系数 α 和比热容 c，则可计算出材料的导热系数。

激光闪射法的测量范围很宽，导热系数范围：0.1～2 000 W/(m·K)。

测试类别：铜箔、铁片、铝片、石墨烯、合金、塑料、陶瓷、橡胶、多层复合材料、粉末、纤维(需压片)等各向同性、均质、不透光的材料。

实验 9　金属电阻温度系数的测定

知 识 介 绍

金属导体中的电流是自由电子定向移动形成的。自由电子在运动中要与金属正离子频繁碰撞，每秒钟的碰撞次数高达 10^{15} 左右。这种碰撞阻碍了自由电子的定向移动。导体对电流的阻碍作用就叫该导体的电阻。导体的电阻越大，表示导体对电流的阻碍作用越大。不同的导体，电阻一般不同，电阻是导体本身的一种性质。导体的电阻通常用字母 R 表示，电阻的单位是欧姆，简称欧，符号为 Ω。

不但金属导体有电阻，其他物体也有电阻。导体的电阻是由它本身的物理条件决定的，金属导体的电阻是由它的材料性质、长短、粗细(横截面积)以及使用温度决定的。物体电阻的具体影响因素如下：① 长度：当材料和横截面积相同时，导体的长度越长，电阻越大。② 横截面积：当材料和长度相同时，导体的横截面积越小，电阻越大。③ 材料：当长度和横截面积相同时，不同材料的导体电阻不同。④ 温度：对大多数导体来说，温度越高，电阻越大，如金属等；对少数导体来说，温度越高，电阻越小，如碳。

19 世纪以前，人们就已发现有些材料的电阻会随着温度变化而有所不同。1833 年法拉第在研究硫化银的特性时，发现硫化银的电阻会随着温度的上升而下降。他将硫化银制成的零件串联在一个电路上时，发现当硫化银被加热时，流过电路的功率会显著增加。

对绝大多数金属导体而言，如铁、铜等，其电阻随着温度的升高而变大，随温度的降低而减少，成正比关系。这是因为温度升高，金属材料中的自由电子热运动会使其运动的阻力增大，电阻也就会变大。若温度升至发生物态变化时，例如从固体变为液体，再从液体到气体，由于原子的排列变得更为混乱、分散，电阻率还会出现跳跃性的上升。

半导体由于其特殊的晶体结构，所以具有特殊的性质。如硅、锗等元素，它们原子核的最外层电子有 4 个，既不容易挣脱束缚，也没有被原子核紧紧束缚，所以半导体的导电性介于导体和绝缘体之间。当温度升高，半导体原子最外层的电子获得能量挣脱原子核的束缚成为自由电子，可供其他电子移动的空穴增多，所以导电性能增加，电阻下降。有掺杂的半导体变化较为复杂，当温度从绝对零度上升，半导体的电阻先是减小，到了绝大部分的带电粒子离开了它们的载体后，电阻会因带电粒子的活动力下降而随温度稍微上升。当温度升得更高，半导体会产生新的载体(和未经掺杂的半导体一样)，于是电阻会再度下降。

至于绝缘体和电解质，它们的电阻率与温度的关系一般不成比例。还有一些物体如锰铜合金和镍铜合金，其电阻率随温度变化极小，可以利用它们的这种性质来制作标准电阻。

实验目的

1. 了解热电偶温度计的测量原理，对热电偶进行校准和定标；
2. 了解开尔文双臂电桥测量电阻的原理和方法；
3. 研究金属电阻的温度特性，测定金属铜的电阻温度系数；
4. 巩固图示法和图解法的运用。

实验原理

1. 金属电阻的温度系数

电阻是各种电器上常用的元器件之一，电阻的阻值通常由电阻线的长度、横截面积、电阻材料和温度四个因素决定。前三个因素是电阻的自身因素，第四个因素是外界因素。为了反映温度对电阻阻值的影响，定义金属电阻温度系数为：当温度每升高或降低 1 ℃时，电阻阻值增大或减小的百分数，记作 α，其单位是 K^{-1}。可用下式表示：

$$\alpha = \frac{1}{R}\frac{\mathrm{d}R}{\mathrm{d}t} = \frac{R_t - R_0}{t \times R_0} \tag{1}$$

式中 R_t 和 R_0 分别为 t ℃和 0 ℃时金属导体的电阻值。在温度不太高(0 ℃～180 ℃)时，电阻值和温度的关系近似为线性关系，即：

$$R_t = R_0(1 + \alpha t) = R_0 + R_0\alpha t \tag{2}$$

从上式可知，只要测得一组与温度 t 相应的 R_t 数值，以温度 t(自变量)为横坐标，相应的电阻 R_t(因变量)为纵坐标作图，则图线为直线，其截距为 R_0，斜率为 $k = \alpha R_0$，从而可计算得到电阻温度系数 $\alpha = k/R_0$。

2. 热电偶测温度的原理

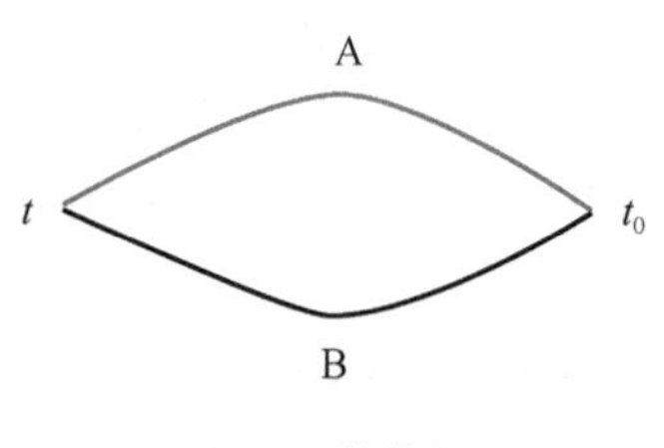

图 1 热电偶

热电偶也叫温差电偶，是将两种不同材料的金属的 A、B 端点彼此紧密接触而组成的。若两个接触点的温度不同(图 1)，由于温差电效应现象，在回路中就有电动势产生，该电动势称为温差电动势或热电动势。

当组成热电偶的材料一定时，温差电动势 ε 仅与两接触点处的温度有关。相关研究和实验指出，两接触点的温度差与温差电动势 ε 在一定的温度范围内有如下近似关系：

$$\varepsilon \approx \alpha_0(t - t_0) \tag{3}$$

式中，α_0 称为温差电系数，它在数值上等于两接触点温度差为 1 ℃时所产生的电动势。对于不同金属组成的热电偶 α_0 是不同的，α_0 的数值可从手册上查得。由此可知，若将热电偶的一个接触点(参考端)保持固定的温度，只要测出温差电动势的大小，结合所查得的温差电系数，就可知道另一个接触点(测量端)的温度(如图 2 所示)。

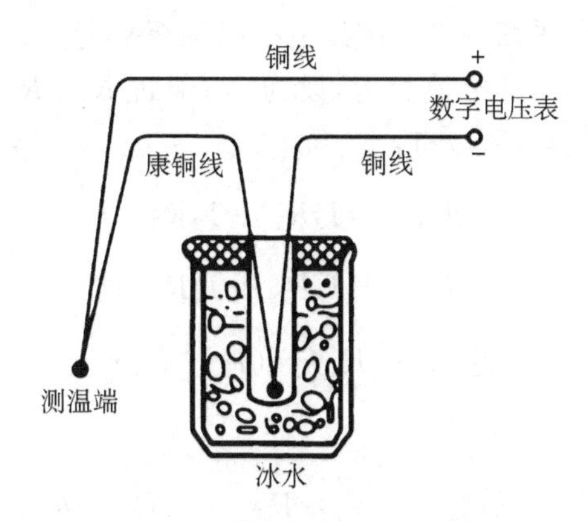

图 2　热电偶测温示意图

3. 开尔文双臂电桥测电阻的原理

我们知道，惠斯通电桥不适合于测量低值电阻。这是因为接线及接触端点处都有附加电阻，附加电阻与被测电阻 R_x 串联之故。为了测低值电阻，就必须消除接线和接线端点处的附加电阻的影响。为此，将惠斯通电桥线路加以改进，构成开尔文双臂电桥，它适用于 $10^{-6}\sim10^{2}\ \Omega$ 电阻的测量。

如图 3 所示，在惠斯通电桥中有 13 根导线和 A、B、C、D 四个接点。其中由 A、C 点到电源和由 B、D 点到检流计的导线电阻可并入电源和检流计的内阻里，对测量结果无影响，但桥臂的八根导线和四个接点的电阻会影响测量结果。

在电桥中，由于比较臂 R_1 和 R_2 可用阻值较高的电阻，因此与这两个电阻相连的四根导线的电阻不会对测量结果带来多大误差，可以略去不计。由于待测电阻 R_x 是一个低值电阻，比较臂 R_N 也应是低值电阻，于是与 R_x、R_N 相连的导线和接点电阻就会影响测量结果了。

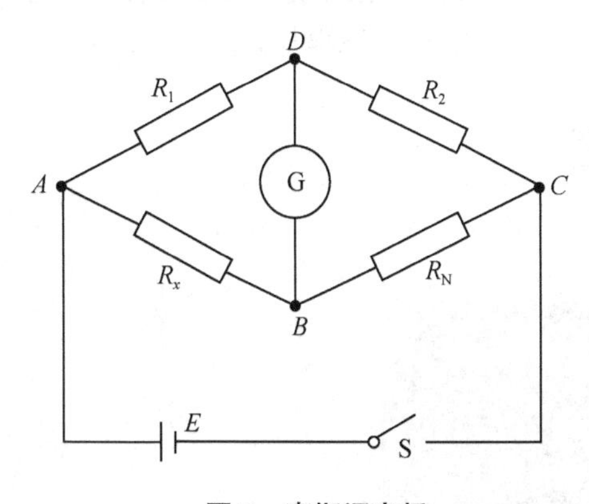

图 3　惠斯通电桥

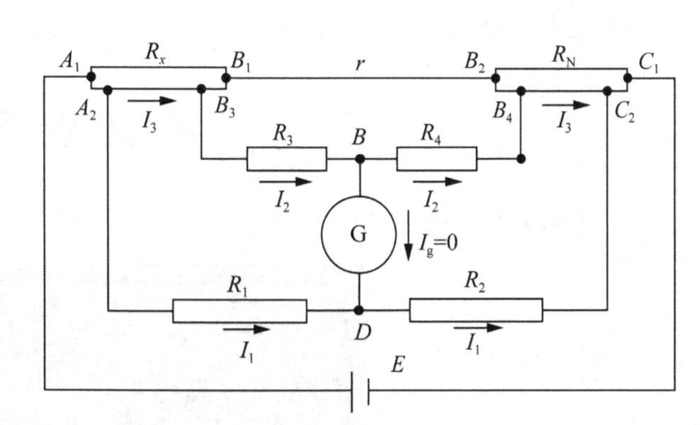

图 4　双臂电桥原理图

为了消除上述电阻的影响，我们采用图 4 的双臂电桥电路，电路中 R_x 为待测电阻，R_N 为标准电阻，图中 A_1、C_1 两点的接触电阻并入电源内阻，A_2、C_2 两点的接触电阻并入 R_1、R_2 中。图中还增加了桥臂电阻 R_3、R_4，将图 3 中的 B 点也分为 B_1、B_2、B_3、B_4 四点，这样就可以把 B_3 和 B_4 两点的接触电阻并入阻值较高的 R_3、R_4 中，B_1 和 B_2 用短粗导线相连，设其电阻为 r。这样，除 r 外，其他附加电阻都可以忽略。

下面推导出双臂电桥的平衡条件。假设电桥已调至平衡，$I_g=0$，则通过 R_1、R_2 的电流相等，设为 I_1；通过 R_3、R_4 的电流相等，设为 I_2；通过 R_x、R_N 的电流也相等，设为 I_3。因为电桥平衡时 B、D 等电势，所以有：

$$I_1R_1=I_3R_x+I_2R_3 \tag{4}$$

$$I_1R_2=I_3R_N+I_2R_4 \tag{5}$$

$$I_2(R_3+R_4)=(I_3-I_2)r \tag{6}$$

联立求解可得：

$$R_x=\frac{R_1}{R_2}R_N+\frac{r\ R_4}{R_4+R_3+r}\left(\frac{R_1}{R_2}-\frac{R_3}{R_4}\right) \tag{7}$$

由式(7)可知，用双臂电桥测电阻，R_x 的结果由等式右边的两项来决定，其中第一项与单臂电桥相同，第二项称为更正项。为了更方便测量和计算，使双臂电桥求 R_x 的公式与单臂电桥相同，所以实验中可设法使更正项尽可能做到为零。在双臂电桥测量时，通常可采用同步调节法，令 $R_1/R_2=R_3/R_4$，使得更正项能接近零。于是在实际的使用中，双臂电桥的平衡条件仍为：

$$R_x=\frac{R_1}{R_2}R_N \tag{8}$$

为了保证 $R_1/R_2=R_3/R_4$ 得到满足，双臂电桥做成一种特殊结构，即把两串相同的十进制电阻的转臂装在同一轴上，使得调节转臂在任何位置时，都有 $R_1/R_2=R_3/R_4$，于是开尔文双臂电桥和惠斯通电桥测电阻都可以用式(8)计算。

由此可见，开尔文双臂电桥之所以能消除附加电阻的影响，其关键是：不论对被测电阻 R_x 还是对标准电阻 R_N 都采用了四个接头，从而转移了附加电阻的位置，使之不再与 R_x、R_N 串联。

实验仪器

1. QJ44 型双臂电桥

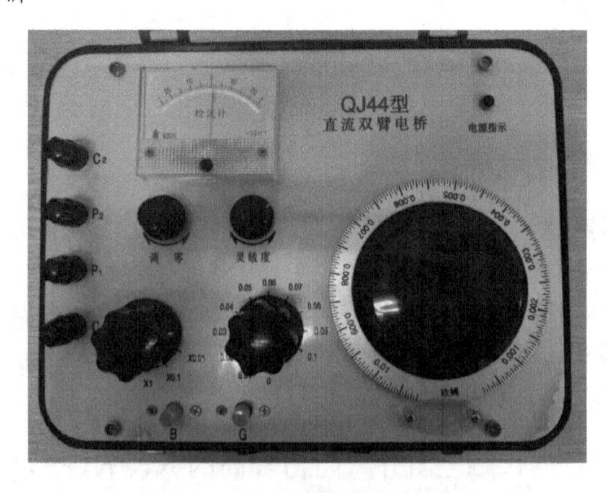

图 5 QJ44 型双臂电桥面板

2. DHT-2 型热学实验仪(图 6)

热学实验仪由两部分组成:控温仪和加热炉。控温仪包括温度显示、温度控制、加热电源和风扇电源几部分,面板如图 7 所示,各旋钮作用示于图中。温度由控温仪面板左上部四个数码管显示,加热电流由面板右上部的数码管显示。降温时开启风扇冷却。控温仪电路连接如图 8 所示。

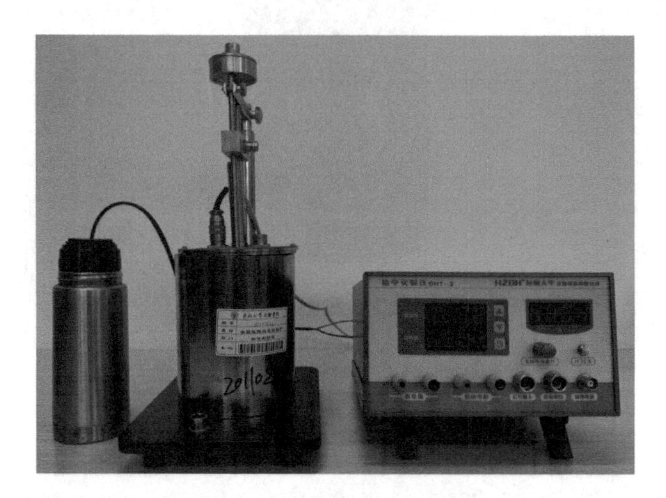

图 6　DHT-2 型热学实验仪

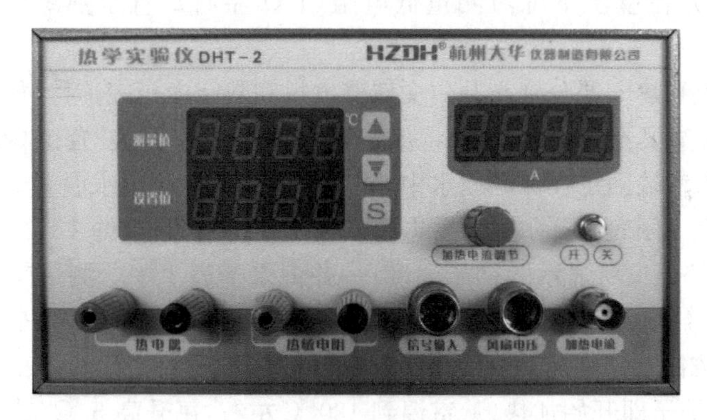

图 7　控温仪面板

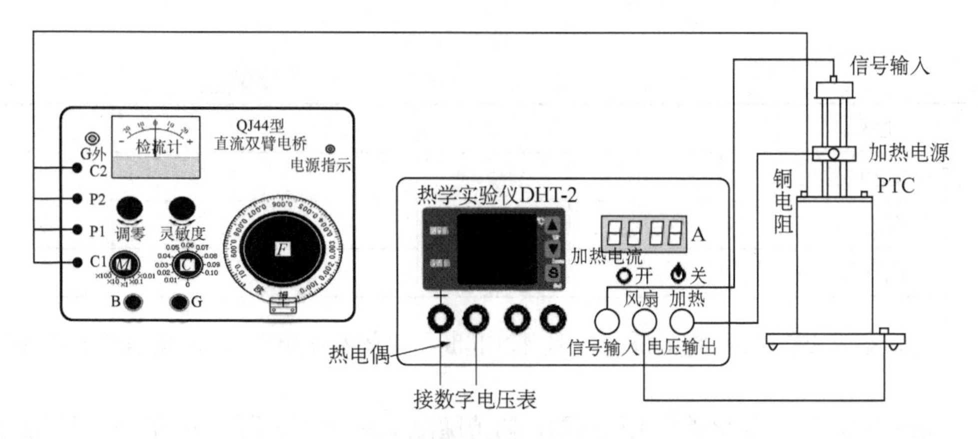

图 8　电路连接

3. 数字万用表(图 9)

图 9 UT51 型数字万用表

实 验 内 容

1. 认识热学实验仪、开尔文双臂电桥和数字电压表的面板结构;熟悉各旋钮和接线柱的作用及使用方法;先在室温下练习测量低电阻(1 Ω 左右),直至熟练掌握开尔文电桥的使用。

2. 将被测电阻和热电偶分别与开尔文双臂电桥和数字电压表连接,如图 8 所示(注意正负极不要接反),检查仪器连接无误后,将控温仪的"电压选择开关"置于"断"。

2. 将热电偶参考端固定在保温瓶水中,并用水银温度计测出水温 t_n。

3. 调节好数字电压表和开尔文双臂电桥。测出初始电阻值(约 1.0 Ω 左右)和初始温差电动势,同时记录控温仪所显示的初始温度,一并记录于表 1 中。测量前,应选择合适的电桥比例,并把比较臂放在适当的位置。测量时,应先按下电桥的"B"按钮(电源按钮),再按下"G"按钮(检流计按钮),仔细调节滑线盘,使检流计指零。

4. 接通电源,炉子即开始加热,从室温到 120 ℃左右,每升高 5 ℃(或自定)同时对电阻值和温差电动势进行一次测量,将测量数据逐一记录在表 1 内。

表 1

室温________℃;t_0=0 ℃;

序号	1	2	3	…	n
控温仪指示的温度/℃					
电阻/Ω					
温差电动势/mV					

5. 实验完毕切断电源,将电桥开关 B_1 拨向"断",关闭数字电压表,以免消耗电源和损坏仪器。

6. 根据实验数据,作出被测电阻(铜)的阻值随温度变化的关系图,并用图示图解法求出

电阻温度系数 α，从而了解金属电阻(铜)的温度特性。

7. 根据实验数据，作出热电偶的温差电动势与温度差之间的变化关系图，并用图示图解法求出温差电系数 α_0。

注意事项

1. 本实验需同时记录各温度下控温仪指示的温度数值、数字电压表指示的温差电动势数值以及开尔文电桥测定的电阻值。

2. 加热升温时，加热电流原则上不要超过 0.5 A，避免因加热电流过大导致升温太快，以至于来不及使用开尔文电桥测出电阻值。

3. 在测电阻值时，要时刻观察温度的变化，当温度值的变化即将进入目标测量值时，就要开始调节电桥，以便能及时准确测出某一测量温度对应的电阻值。

4. 仪器的连线，应注意热电偶及各电源的正、负极的正确连接。

5. 当升温至 120 ℃后，进行降温测量，每降低 10 ℃测一组数据。然后，取升温和降温测量数据的平均值作为最后测量值。

观察思考

1. 如何正确使用开尔文双臂电桥？

2. 在开尔文双臂电桥电路中，是怎样消除连接导线本身的电阻及其接触电阻对测量的影响的？

3. 作图时如果坐标起点不是从零开始，如何用图解法求出电阻 R_0？

4. 试述热电偶温度计的原理，并和水银温度计比较其优缺点。

附录　QJ44 型双臂电桥简介

1. 主要性能

准确等级　0.2 级

测量范围　0.000 01～11 Ω，基本量限为 0.01～11 Ω 倍率值。

表 2

倍率值 M	测量范围 /Ω	基本误差 /Ω
×100	1.1～11	0.022
×10	0.11～1.1	0.002 2
×1	0.011～0.11	0.000 22
×0.1	0.001 1～0.011	0.000 055
×0.01	0.000 01～0.001 1	0.000 005 5

检流计灵敏度：在基本量限内，当滑线读数盘刻度变化 4 小格，检流计指针偏离零点不小于 1 格。

使用温度范围：5～45 ℃，保证准确使用温度范围：(20±10)℃

2. 仪器外形(仪器面板如图 10 所示)

M：倍率值(×0.01、×0.1、×1、×10、×100)；

C：步进值(0、0.01、0.02、…、0.09、0.10)；

F：滑线盘读数值(0.001～0.01)；

B_0：外接电源端钮；

B：电源按钮开关；

G：检流计按钮开关；

B_1：电源总开关。

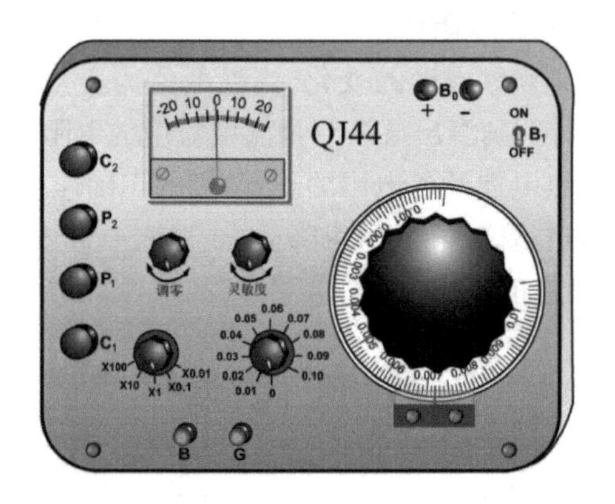

图 10 双臂电桥

3. 使用方法

将被测电阻按四端连接法接在相应的 $C_1P_1P_2C_2$ 接线端钮上，P_1P_2 间为被测电阻。接通电源开关“B”，调节“调零”旋钮，使检流计指针指零，等稳定后(约 5 min)，再次调零。

估计被测电阻值大小，选择适当倍率 M，按下“B”和“G”按钮。调节步进读数 C 和滑线盘读数 F，使检流计指针指零。如发现检流计灵敏度不合适，可调节“灵敏度”旋钮。在改变灵敏度后，会引起检流计指针偏离零位，应重新调零。

被测电阻值 $R_x = M(C+F)$，其中 M 为倍率值，C 为步进值，F 为滑线盘读数值。

4. 注意事项

在测量电感电路的直流电阻时，必须先按下“B”按钮，再按下“G”按钮。断开时应先断开“G”按钮再断开“B”按钮。测量 0.1 Ω 以下电阻时，因工作电流很大，“B”按钮应间接使用。且 $C_1P_1P_2C_2$ 接线端钮到被测电阻之间的连接导线电阻不大于 0.01 Ω，测量其他电阻时，连接导线电阻不大于 0.05 Ω。

电桥使用完毕后，“B”和“G”按钮必须松开。电源开关应拨向断开位置，避免浪费电。

拓展阅读

超导现象

各种金属导体中，银的导电性能是最好的，但还是有电阻存在。20 世纪初，科学家发现，某些物质在很低的温度时，如铝在 1.39 K(−271.76 ℃)以下，铅在 7.20 K(−265.95 ℃)以下，电阻就变成了零。这就是超导现象，用具有这种性能的材料可以做成超导材料。人们已经开发出一些“高温”超导材料，它们在 100 K(−173 ℃)左右电阻就能降为零。

这里说的“高温”，并不是指我们平常理解的高温，而是相对于绝对零度而言的“高温”。事实上，高温超导所追寻“高温”之路是以室温为终极目标的。之所以把室温定为终极目标，是因为如果实现了室温超导，那么我们就不用为超导材料提供特殊的低温环境，超导的应用范围将会无限扩大，我们的生活将会发生天翻地覆的变化。如果实现了室温超导，那将引发一次新的现代工业革命。出门能轻松乘坐时速几百公里以上的磁悬浮列车；不用再为电子产品的电量发愁，充一次电可以用几个月……光是想想就觉得美好呢！

1986 年，缪勒和柏诺兹发现了铜氧化物高温超导体，人类提高超导转变温度的速度才坐上了火箭，开始飞速攀升，从最初的几 K 到目前一百 K，不断向室温靠近。最近的消息表明，德国马普研究所的研究人员借助短波红外激光脉冲的帮助，成功制成室温下的陶瓷超导体——尽管其维持的时间仅有百万分之几微秒。

缪勒(K. Alexander Muller)和柏诺兹(J. Georg Bednorz)也因为开创了高温超导时代而获得诺贝尔物理学奖。超导材料和超导技术有着广阔的应用前景。超导现象中的迈斯纳效应使人们可以用此原理制造超导列车和超导船，由于这些交通工具将在悬浮无摩擦状态下运行，这将大大提高它们的速度和安静性，并有效减少机械磨损。利用超导悬浮可制造无磨损轴承，将轴承转速提高到每分钟 10 万转以上。超导列车已于 20 世纪 70 年代成功地进行了载人可行性试验，1987 年开始，日本开始试运行，但经常出现失效现象，出现这种现象可能是由于高速行驶产生的颠簸造成的。超导船已于 1992 年 1 月 27 日下水试航，目前尚未进入实用化阶段。利用超导材料制造交通工具在技术上还存在一定的障碍，但它势必会引发交通工具革命的一次浪潮。

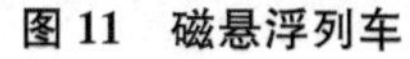

图 11 磁悬浮列车

图 12 超导体

除了在交通方面的应用，超导材料的零电阻特性还可以用来输电和制造大型磁体。超高压输电会有很大的损耗，而利用超导体则可最大限度地降低损耗，但由于临界温度较高的超导体还未进入实用阶段，从而限制了超导输电的采用。随着技术的发展，新超导材料的不断涌现，超导输电的希望能在不久的将来得以实现。如果用超导材料制造电子元件，由于没有电阻，不必考虑散热的问题，元件尺寸可以大大的缩小，进一步实现电子设备的微型化。

另外在计算机芯片领域，把半导体芯片换成超导芯片就可以造量子计算机。大家不要觉得量子计算机离我们很远，实际上 IBMQ 已经存在了。量子计算机的运算速度非常快，用现在的计算机计算可能需要 100 年，在量子计算机上只需要 0.1 s，大大提高了运算效率。

图 13　量子计算机

以上的这些只是超导应用的一部分。而且目前超导的应用仅仅利用了零电阻、完全抗磁性和超导相位相干等几个主要的物理特征。由于我们对非常规超导体展现出的新奇量子现象还缺乏理解，在微观量子态的应用更是十分稀少。随着超导研究的深入，新的超导材料也必将会被发现并应用。如同半导体的发现和应用让人类社会发生翻天覆地的变化一样，超导的应用前景也将十分乐观，并给人类带来无尽的福音。

实验 10　惠斯通电桥测电阻

知 识 介 绍

电阻是描述导体对电流的阻碍作用大小的物理量，通常用字母 R 表示，单位是欧姆，简称欧，符号为 Ω。导体的电阻越大，表示导体对电流的阻碍作用越大。不同的导体，电阻一般不同。测量电阻的方法有很多，常见的有伏安法、万用表法和电桥法。

1. 伏安法测电阻

伏安法测电阻是使用电流表和电压表分别测量出电阻两端电压 U 及通过电阻的电流 I，用欧姆定律计算出被测电阻的方法。

$$R=\frac{U}{I}$$

其电路连接方式有两种：一种是电流表外接；另一种是电流表内接。连接方式不同，误差也有所不同。

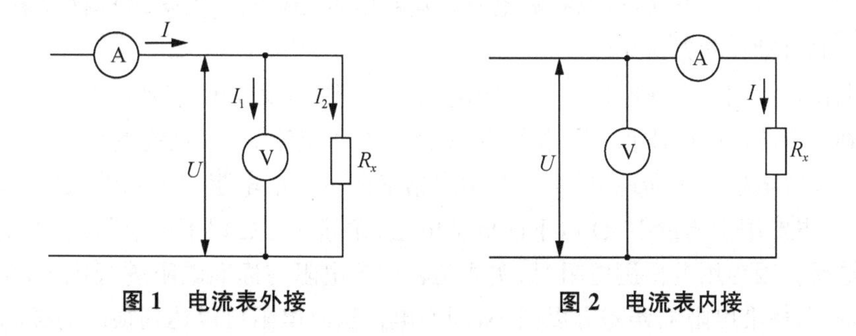

图 1　电流表外接　　图 2　电流表内接

如图 1 所示为伏安法的电流表外接电路，电压表测得的电压 U 是电阻 R_x 的电压，而电流表测得的电流 I 却是通过电压表的电流 I_1 与通过 R_x 的电流 I_2 之和。因此对于待测电阻 R_x 有

$$U_{测量值}=U_{真实值}, I_{测量值}>I_{真实值}$$

根据欧姆定律，可得 $R_{x测量值}<R_{x真实值}$。只有当 I_1 远小于 I_2 时，I_1 才能忽略不计，此时才有 $R_{x测量值}\approx R_{x真实值}$。所以该电路接法只适用于被测电阻阻值 R_x 很小，远远小于电压表内阻时的情况。

如图 2 所示为伏安法的电流表内接电路，电流表测得的为流经电阻 R_x 的电流，而电压表测得的为电流表和电阻 R_x 的电压之和，因此对于待测电阻 R_x 有

$$U_{\text{测量值}} > U_{\text{真实值}}, I_{\text{测量值}} = I_{\text{真实值}}$$

根据欧姆定律，可得 $R_{x\text{测量值}} > R_{x\text{真实值}}$。只有当 R_x 远大于电流表的内阻时，才会有 $R_{x\text{测量值}} \approx R_{x\text{真实值}}$，因此该种电路接法只适用于被测电阻阻值较大，远大于电流表内阻的情况。

伏安法测电阻操作简单易行，但是由于电表内阻的影响，只有在电流表内阻几乎为零，电压表内阻无穷大时，测量误差才会较小。而实际生活中，电流表和电压表都会有一定的阻值，因而给电阻的这种测量方法带来系统误差。此外，导线本身的电阻，也会给测量带来误差，因此伏安法测电阻通常只适合精度要求不高的阻值测量。

2. 万用表测电阻

图 3 常见家用万用表

万用表是现在家用常备的检测电路故障的仪器，集电压表、电流表、欧姆表于一体，如图 3 所示。

使用万用表测电阻只要将旋钮转到适合的电阻挡位，用两支表笔分别与待测电阻两端接触，就能直接从显示屏幕上读出电阻的阻值。相比于其他测电阻的方法，万用表法测电阻简单快捷。但是它也有着一定的缺陷，因系统和人为主观因素的影响较大，选择的挡位不当也容易造成较大的误差，因此也更适合于精度要求不高的阻值测量。另外，万用表的电池用久之后，它的电动势和内阻都会有明显的变化，也会直接影响测量结果的准确性。

3. 直流电桥法测电阻

电桥电路是电磁测量技术中较为常用的电路之一，根据其用途不同，可以测量电感、电容、电阻、温度、压力等多种物理量，广泛应用于工业生产和自动控制系统中。

平衡电桥是利用比较法精确测量电阻的仪器。即在平衡条件下将标准电阻与待测电阻相比较以确定待测电阻的阻值。平衡电桥又分直流和交流两种，直流电桥又分单臂电桥和双臂电桥。单臂电桥即惠斯通电桥，主要用来精确测量中值电阻（$10 \sim 10^6\ \Omega$）。双臂电桥即开尔文电桥，主要用于测量 $10\ \Omega$ 以下的低值电阻（尤其是 $1\ \Omega$ 以下的电阻）。本实验介绍的是惠斯通电桥。因为用电桥测电阻时，实质是将待测电阻与标准电阻进行比较，从而确定待测电阻的阻值，标准电阻的误差可以很小，因而电桥法测电阻可以达到很高的准确度。

实验目的

1. 理解并掌握惠斯通电桥的工作原理及使用方法；
2. 学习利用板式惠斯通电桥和箱式惠斯通电桥测量电阻的方法。

实验原理

1. 惠斯通电桥的工作原理

早在 1833 年英国发明家克里斯蒂就提出了电桥的概念，但是真正将之应用是在 1843

年，由惠斯通第一个用它来测量电阻，因此我们将这种电桥称作惠斯通电桥。

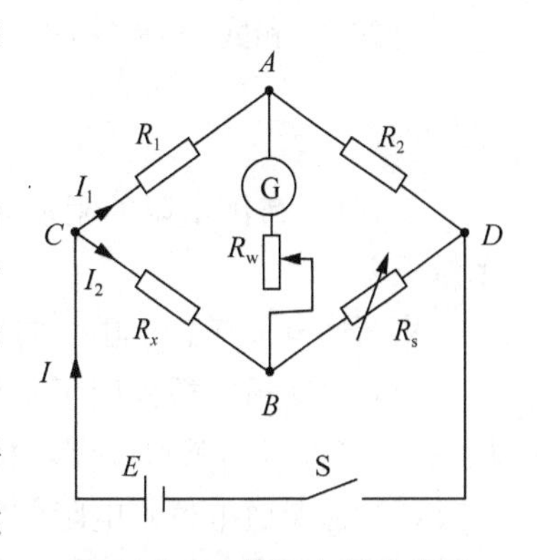

图 4(a) 惠斯通电桥电路图

惠斯通电桥的电路图如图 4(a)所示。R_1、R_2、R_s、R_x 四个电阻构成一个四边形，每一边称为电桥的一个臂。对角线 AB 之间接一个检流计，为了避免电流过大损坏检流计常串联一个保护电阻 R_w，对角线 CD 之间接电源支路，其中 AB 之间称为“桥”。

合上开关 S，调节 R_1 和 R_2（或可调电阻 R_s），使得检流计中无电流通过（即指针指零），则 A 点和 B 点电势相等，也就是流过电阻 R_1 和 R_2 的电流相同，流过电阻 R_x 和 R_s 的电流也相同，此时称为“电桥平衡”状态。设此时通过 R_1 的电流为 I_1，通过 R_x 的电流为 I_2，有：

$$I_1R_1 = I_2R_x \tag{1}$$

$$I_1R_2 = I_2R_s \tag{2}$$

上面两个式子相除得待测电阻阻值为：

$$R_x = \frac{R_1}{R_2}R_s = KR_s \tag{3}$$

其中，$K = \frac{R_1}{R_2}$ 为比率臂或倍率，这就是应用惠斯通电桥测量电阻的原理，若已知 R_1、R_2、R_s，就可以计算出 R_x 的大小。电桥的平衡只与 R_1、R_2、R_s、R_x 四个电阻有关，而与电流大小无关。因此，只要选取灵敏度高的检流计，采用精确电阻作为 R_1、R_2、R_s，就可以较为精确地测量出待测电阻阻值。

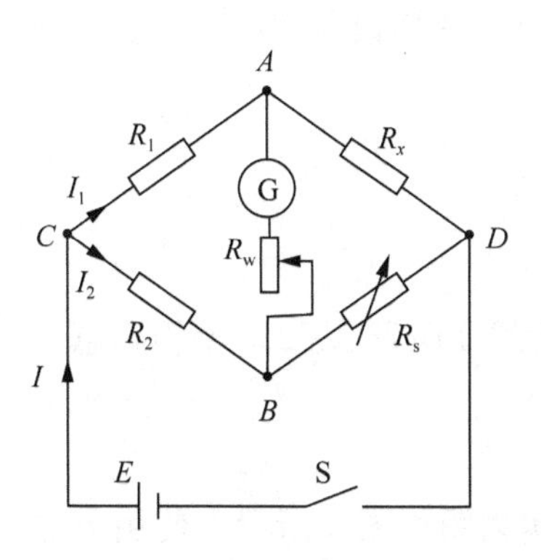

图 4(b) 惠斯通电桥电路图

另一种惠斯通电桥电路的连线形式如图 4(b)所示。该电路与图 4(a)是等效的（试着自己证明）。

调节电桥达到平衡有两种方法：一种是保持标准电阻 R_s 不变，调节倍率 K 的值；另一种是取倍率 K 为某一个定值，调节 R_s。前一种方法的准确度低，很少使用。本实验采用的是第二种方法（取 K 为定值）。且倍率用电阻丝的长度比来代替。

由于电阻丝使用时间过长或使用次数过多的话，难免出现磨损情况。从而导致电阻丝各处电阻分布不均，产生系统误差。实验中为了消除倍率的这种影响，可将待测电阻 R_x 和标准可调电阻 R_s 交换位置之后再次测量，即在上一次电桥调平衡之后记录可调电阻的值 R_s，保持电路其他部分不变，仅将待测电阻 R_x 和标准电阻 R_s 交换位置，再次调节标准可调电阻使得电桥平衡，得到可调电阻的值 R_s'，有：

$$R_x = \frac{R_2}{R_1}R_s' \tag{4}$$

由式(3)和式(4)得待测电阻阻值为：

$$R_x = \sqrt{R_s R'_s} \tag{5}$$

上式中，待测电阻的阻值只与标准可调电阻 R_s 有关，而与倍率 R_1/R_2 无关，从而减小了系统误差。

惠斯通电桥测量电阻的方法，也体现了一般桥式电路的特点，其主要优点总结为以下几点：

(1) 惠斯通电桥采用了示零法——只需要判断检流计是否为0，不涉及数值大小，只要检流计足够灵敏，就可以使电桥达到很高的灵敏度，提高测量精度。

(2) 惠斯通电桥测电阻的实质是用已知的电阻和未知的电阻进行比较。该方法简单而精确，如果采用精确电阻作为倍率，就可以使测量的结果达到很高的精度。

(3) 由于电桥的平衡条件与电源电压无关，因此可以避免因电压不稳而造成的误差。

2. 电桥的灵敏度

公式 $R_x = \frac{R_1}{R_2} R_s = K R_s$ 是在电桥平衡的条件下推导出来的。而电桥是否平衡是靠观察检流计指针有无偏转来判断的。当指针的偏转很小时，比如小于0.1分格时，我们人眼往往很难分辨，以至于出现检流计指针未指零我们却认为电桥仍处于平衡状态的情况，从而得出错误的结论。为了定量地表示此种情况带来的误差，我们可以引入电桥灵敏度 S 的概念，它的定义是：

$$S = \frac{\Delta n}{\frac{\Delta R}{R}} \tag{6}$$

式中，R 是指某一桥臂的电阻，ΔR 是当电桥平衡后把 R 略微改变一点的量，而 Δn 是指因为 R 改变了 ΔR，电桥略失平衡引起的检流计偏转格数。S 越大，说明电桥越灵敏，带来的误差也就越小。从误差来源看，只要仪器选择合适，用电桥测电阻可以达到很高的精度。实验表明，改变任何一臂测出的灵敏度，都是一样的。

实验仪器

板式惠斯通电桥、检流计、待测电阻 R_{x1} 和 R_{x2}、电阻箱、滑线变阻器、QJ23a型箱式惠斯通电桥、直流稳压电源、导线若干。

1. 板式惠斯通电桥

板式惠斯通电桥能直观展示电桥主要部分的基本结构，实物图如图5所示。使用方法见实验内容。

图5 板式惠斯通电桥

2. 直流式检流计

电流计又称检流计，俗称“表头”，用符号 G 表示，通常用作检查微小电流或微小电压是否存在的指零仪表。

电流计表头的结构如图 6 所示。当电流通过线圈时，线圈受电磁力矩的作用而偏转，直到与游丝的反扭力矩平衡而静止不动，线圈偏转角的大小与所通过的电流大小成正比。检流计一般只能测量很小的电流（从十几 μA 到几百 mA ）或电压。如果要测量较大的电流，必须加分流电阻；测量较大的电压，加分压电阻。

图 6　磁电式表头的结构

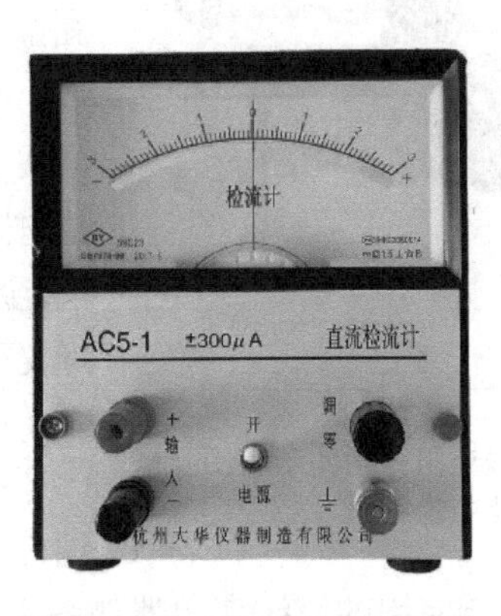

图 7　AC5-1 型直流式检流计

检流计刻度盘上的刻度分格是均匀的，零点标在刻度盘中心。动圈左右偏转，都可读数。刻度上虽然标有数值，只是表示分格数；用于测电流、电压时，要另行标定刻度分格所代表的准确数值。

本实验采用的 AC5-1 型直流式检流计，如图 7 所示。其采用高性能集成运算放大器将微弱信号转换成电压输出，用宽表面指针显示电流值或电压值。具有灵敏度高，不需外配临界电阻，过载能力强，抗震性好的优点。

检流计用两个接头接入电路，一般来说“红正黑负”，但是本实验只需研究是否有电流经过检流计，所以电流从正极进入检流计或者从负极进入检流计都可以。电路接通，开关打开，只要检流计指针指向正中“0”的位置无偏转，即认为无电流经过检流计。

3. 电阻箱

电阻箱的型号很多，常用的 ZX21 型多盘电阻箱的面板如图 8 所示，它的内部是由若干个锰铜线绕成的标准电阻，按图 9 所示连接。

图 8　电阻箱面板

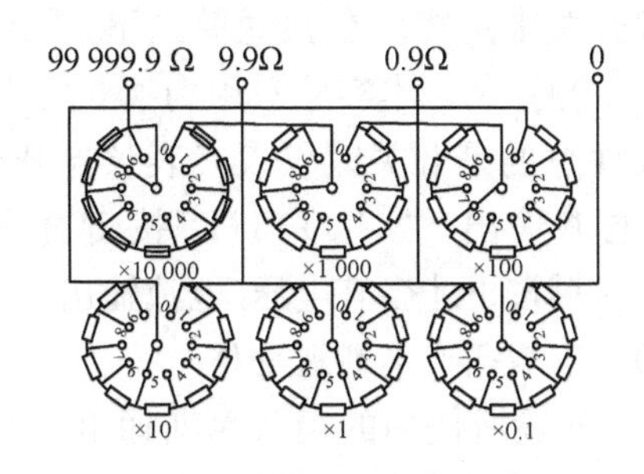

图 9　电阻箱内部结构

旋转电阻箱上的旋钮，可以得到不同的电阻值。其中×10 000、×1 000…称为倍率，刻在各旋钮边缘的面板上。四个接线柱旁标有 0、0.9 Ω、9.9 Ω、99 999.9 Ω 等字样，0 与 0.9 Ω 两接线柱之间的电阻值调整范围为 0～0.9 Ω，0 与 9.9 Ω 两接线柱之间的电阻值调整范围为 0～9.9 Ω，其余类推。使用时，应根据需要选用合适的接线柱，以避免接触电阻和导线电阻对测量结果的影响。

4. 滑线变阻器

滑线变阻器是可变电阻的一种，根据外接负载的大小和调节要求选用。滑线变阻器是电路元件，它可以通过改变自身的电阻，从而起到控制电路的作用。在电路分析中，滑线变阻器既可以作为一个定值电阻，也可以作为一个变值电阻。滑线变阻器的构成一般包括接线柱、滑片、电阻丝、金属杆和瓷筒等五部分。滑线变阻器的电阻丝绕在绝缘瓷筒上，电阻丝外面涂有绝缘漆，如图 10 所示。

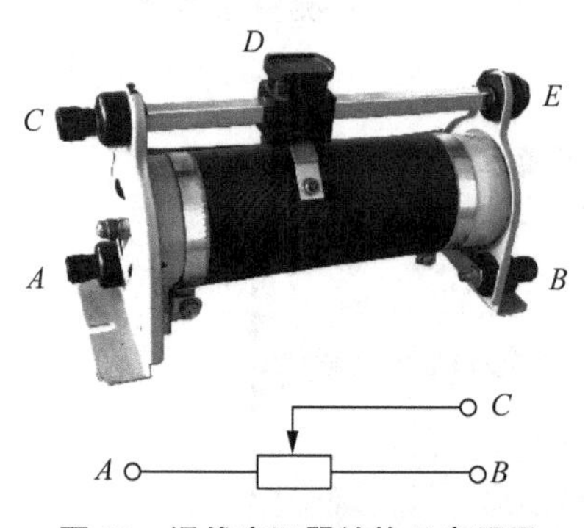

图 10 滑线变阻器结构示意图及电路中的符号

图中 A、B、C 为三个接线头，其中 A、B 为固定端，C 连接的是滑动端，称为滑动接头，D 通过 C、E 之间的铜杆与 C 相连。

本实验所使用的滑线变阻器如图 11 所示。

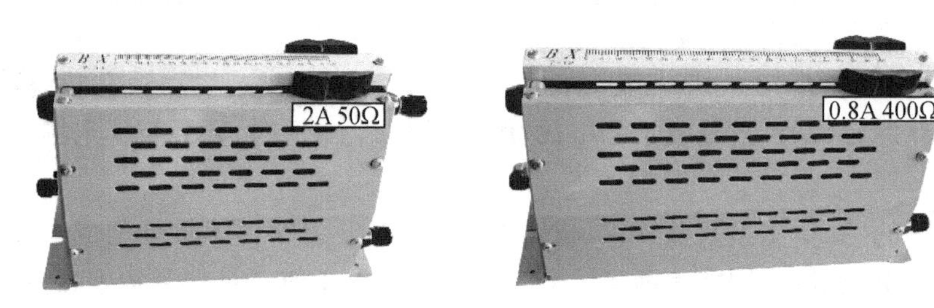

图 11 滑线变阻器(50 Ω、400 Ω)

5. GPD-3303 系列直流电源供应器

GPD-3303 系列直流电源供应器有三组独立输出：两组可调电压值和一组固定可选择电压值 2.5 V、3.3 V 和 5 V。可用做逻辑电路在各种输出电压或电流需要的场所，针对跟踪模式定义系统在＋/－电压无特别精密需要的场所。

三种输出模式(独立、串联和并联)通过前面板上的跟踪开关来选择。在独立模式下，输出电压和电流各自单独控制。本实验只用到独立模式。

需要注意的是开关键仅仅代表仪器开启，此时无电压/电流输出。“OUTPUT”按键才是“输出键”，只有该键按下才会有电压/电流输出。

图 12 直流电源

6. QJ23a 型箱式惠斯通电桥

(1) 本实验所使用的箱式惠斯通电桥是 QJ23a 型直流电阻电桥，如图 13 所示。

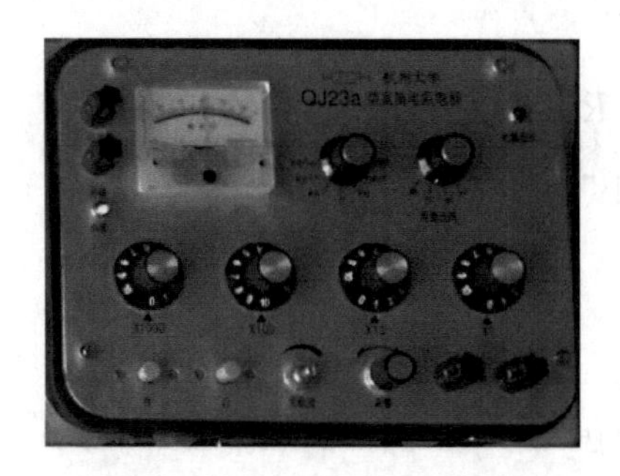

图 13　QJ23a 型直流电阻电桥

该电桥采用惠斯通电桥线路，集合电源、检流计、R_1、R_2、R_s 等于一个箱体之内。轻巧易于携带，适合测量 1～10 MΩ 范围内的直流电阻。表 1 列出了电桥各个量程的主要参量。

表 1　电桥各个量程的主要参量

量程倍率	有效量程	准确度 f		电源电压/V
		※	※※	
×0.001	1～11.11 Ω	0.5	0.5	3
×0.01	10～111.1 Ω	0.2	0.2	3
×0.1	100～1 111 Ω	0.1	0.1	3
×1	(1～5) kΩ (5～11.11) kΩ	0.1 0.2	0.1	3 6
×10	(10～50) kΩ (50～111.1) kΩ	0.5 1	0.1	6
×100	(100～500)kΩ (500～1 111)kΩ	2 5	0.2	15
×1 000	(1～11.11)MΩ	20	0.5	15

（注："※"用内附检流计测量时的等级指数；"※※"用外接检流计测量时的等级指数。）

用于测量的标准可变电阻 R_s 的值由四个"测量盘"(即×1 000，×100，×10，×1 四个测量盘)读出，倍率旋钮 7 挡可选，不同的倍率对应测量不同大小的电阻。

(2) 使用方法和注意事项

打开仪器面板上的"电源"开关，将电源选择拨至 3 V，再转动检流计"调零"旋钮，使检流计指零，然后调节"灵敏度"旋钮，使用"灵敏度"旋钮应该掌握从低到高的原则，即初测时，灵敏度应略低。

被测电阻接到 R_x 两接线柱上，然后根据被测对象，根据箱式电桥的有效量程选择适当的量程倍率，先按下"B"按键，后按下"G"按键(按下并旋转可锁住)开始测量。调节四个"测量盘"的示值，随着"检流计"指针逐渐指向零点，电桥逐渐平衡，相应提高灵敏度，可以保证测量准确度的提高。调节测量盘时应从大倍率依次调到小倍率。

当电桥达到平衡时(检流计指针指零)，读出四个"测量盘"的总读数，待测电阻 R_x 可用以下公式求得：

$$R_x = 量程倍率 \times 测量盘总读数值$$

做完实验后，将“G”和“B”两个按钮松开，关闭电源。

实验内容

1. 板式惠斯通电桥测电阻

(1) 按图14连好电路。图中浅色阴影部分为板式惠斯通电桥的木质底板，深色阴影部分为金属片(电阻可忽略不计)，金属片上的圆形为接头。R_x为待测电阻(本实验中两个待测电阻，一个R_{x1}，一个R_{x2}，先接入R_{x1})，R_s为标准可调电阻(实验中用电阻箱来代替)，R_w为滑线变阻器，是用来保护检流计的保护电阻，测量开始时应取最大阻值。ac为一根阻值均匀的电阻丝，ab段的电阻作为桥臂R_1，bc段的电阻作为桥臂R_2，b为滑动触头，其上有两个接触点，实验时只用其中一个，作开关使用，接触点按下则电路接通。

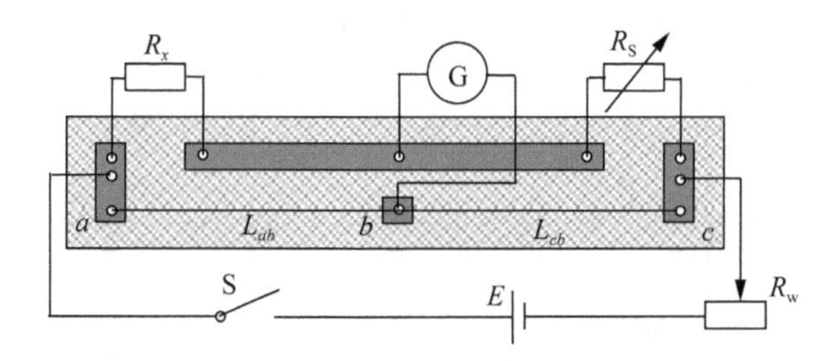

图14 板式惠斯通电桥连路图

(2)调节滑动触头b使得$L_{ab}:L_{bc}=1:1$，估计待测电阻R_{x1}的阻值，选择适当的R_s，按下接触点(任意一个)，观察检流计指针偏转情况。若不为零则调节R_s使得检流计指针指零，然后将变阻器R_w阻值逐渐调小到零，再调R_s使检流计指零，记录下R_s的值，填入表2中。

(3) 对调电阻箱R_s和待测电阻R_{x1}的位置(仅交换这两个电阻，电路其余部分不变)，重复步骤(2)，测出此时电桥平衡时电阻箱的阻值R_s'，记入表2中。

(4) 改变触头b的位置，使得$L_{ab}:L_{bc}=1:4$，重复步骤(2)、(3)测出此倍率下的R_s、R_s'，填入表2中。

(5) 将电阻R_{x1}换成R_{x2}，重复步骤(2)、(3)、(4)。

(6) 根据$R_x=\sqrt{R_sR_s'}$计算待测电阻阻值R_{x1}和R_{x2}。

表2 板式电桥测R_{x1}

$L_{ab}:L_{bc}$	交换前R_s/Ω	交换后R_s'/Ω	$R_x=\sqrt{R_sR_s'}/\Omega$
1∶1			
1∶4			

$\overline{R_{x1}}=$________________

表 3　板式电桥测 R_{x2}

$L_{ab}:L_{bc}$	交换前 R_s/Ω	交换后 R_s'/Ω	$R_x=\sqrt{R_sR_s'}/\Omega$
1∶1			
1∶4			

$\overline{R_{x2}}=$______________

2. 箱式惠斯通电桥测电阻

(1) 将两个待测电阻 R_{x1} 和 R_{x2} 先后连接到箱式电桥上，测量它们的阻值。将测得的 R_s 与 K 填入表中，并计算 R_x 和 ΔR_x。

(2) 分别将 R_{x1} 和 R_{x2} 串联、并联后，重新测得其阻值，填入表中，并查看是否符合电阻的串并联公式。

表 4　箱式惠斯通电桥测电阻

待测电阻	R_{x1}/Ω	R_{x2}/Ω	串联 $(R_{x1}+R_{x2})/\Omega$	并联 $(R_{x1}//R_{x2})/\Omega$
倍率 K				
测量盘读数/Ω				
电阻值/Ω				
准确度等级 f				
$\Delta R_x=R_x\cdot f\%\ /\ \Omega$				

注：f 为电桥的准确度等级，具体数值查表 1 或者仪器说明书。

注 意 事 项

1. 用板式惠斯通电桥测电阻时，电桥两端的电源电压最高不能超过 3 V，否则电阻丝会发热冒烟并损坏。

2. 每次开始重复测量时，都必须将保护电阻 R_w 放到最大值处，以保护检流计。

3. b 有两个接触点，实验时只用其中一个，且不能将接触点在电阻线上滑着找平衡点，以免磨损电阻线。

4. 电阻值随温度变化，故通电时间不能过长，不测量时，关掉电源。

5. 用箱式电桥测电阻时，要先按下“B”按键，后按下“G”按键，测量结束后先放开“G”后放开“B”。“B”按键和“G”按键不能长时间按住或锁住。测量结束后，一定要仔细检查“B”按键是否放开了。

观 察 思 考

1. 试证明板式电桥实验中，滑动触头 b 在靠近中间位置时，实验测量的误差最小。

2. 电路中的滑线电阻 R_w起什么作用？测量时应该如何调节？

3. 测定的串联电阻值与测定的单个电阻值之和相比较，有什么区别？为什么？

4. 若在实验过程中，无论怎么调节检流计指针都一直向同一个方向偏转，试分析可能是什么原因？

拓展阅读

1. 直流电桥的其他用法

电桥电路测电阻是要在电桥平衡的条件下进行测量。若是在电桥已平衡的情况下稍微改变任一个桥臂的电阻值，哪怕只是微小值，电桥也会失衡，A、B 电势不再相等，检流计支路就会有电流通过。那么我们可以设想一下，能不能利用该特性进行某些实验或者测量？

例如，电阻的阻值会随温度变化而变化，电阻与温度的关系式为：

$$R_t = R_0(1+\alpha t)$$

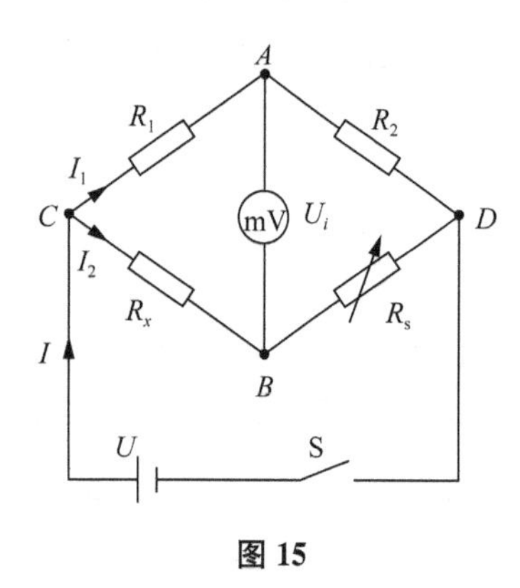

图 15

上式中，R_t、R_0 分别是 t ℃和 0 ℃时候的电阻值，α 是电阻温度系数（一般为常数，不同金属的温度系数不一样）。在电桥平衡的条件下，将检流计支路改成接 mV 表，如图 15 所示。

若是其中一个桥臂受温度影响电阻值发生变化，则 A、B 电势不等，桥上电压为：

$$U_i = U\left(\frac{R_2}{R_1+R_2} - \frac{R_s}{R_x+R_s}\right)$$

假设电桥平衡之后随温度变化的桥臂是 R_x，电源电压一定的情况下，U_i 会随 R_x 变化，但这种变化是非均匀的。若是选择合适的电路参数进行定标，将 mV 表零刻度线对应 0 ℃，满刻度对应 100 ℃，每隔 5 ℃标一刻度，那么可以制成电子温度计。

同样，其他一些会发生电阻值微小改变的实验也同样可以利用单臂电桥的原理特性来测量，比如测量杨氏模量等。

2. 交流电桥

除了以惠斯通电桥和开尔文双臂电桥为代表的直流电桥之外还有交流电桥。直流电桥是测量电阻的基本仪器之一，交流电桥是测量各种交流阻抗的基本仪器，如电容、电感等。还可以利用交流电桥平衡条件与频率的相关性来测量与电容、电感有关的其他物理量，如互感、磁性材料的磁导率、电容的介质损耗、介电常数和电源频率等，用途十分广泛。

交流电桥其桥臂均由阻抗元件（即电阻、电容、电感）或它们的组合所构成。多采用波形为正弦的交流电源供电，而检测仪表的选择则随电源频率而不同。常用的交流电桥电路有：电感电桥、麦克斯韦（Maxwell）电桥、海氏（Hay's）电桥、电容电桥。

对于交流电桥，电学量一般用复数形式表示，采用复数形式之后，其平衡条件与直流电桥类似。

如图 16 所示，为交流电桥原理图。由图可知平衡时

$$\widetilde{U}_{AB}=\widetilde{U}_{AD},\widetilde{U}_{BC}=\widetilde{U}_{DC}$$

所以有：

$$I_1Z_1=I_4Z_4$$

$$I_2Z_2=I_3Z_3$$

因为平衡时 $I_1=I_2$，$I_3=I_4$，所以上两式相除得到与直流电桥时相似的公式：

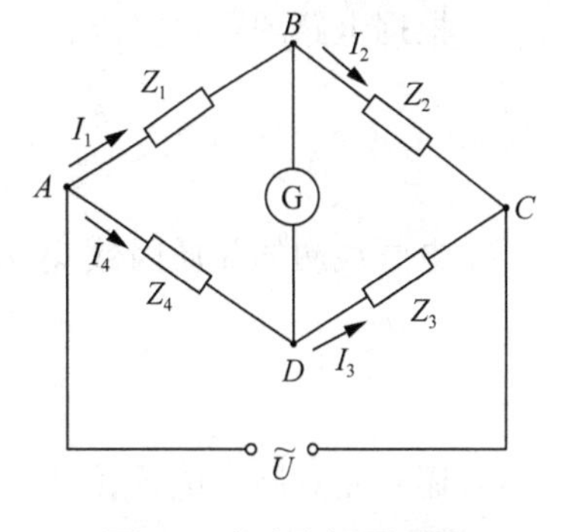

图 16　交流电桥原理图

$$Z_1=\frac{Z_4}{Z_3}Z_2$$

1）电容电桥

对于电容电桥而言，电容对交流电的阻抗作用需要用两个参数来确定，可以用复数表示。

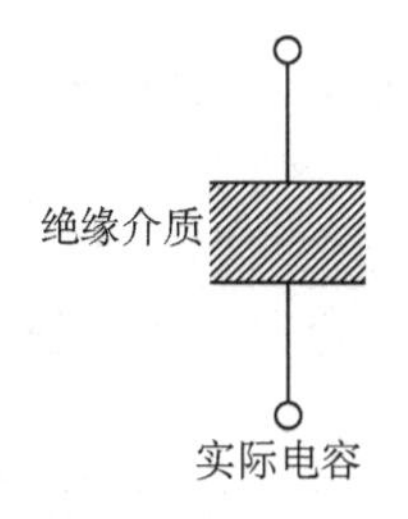

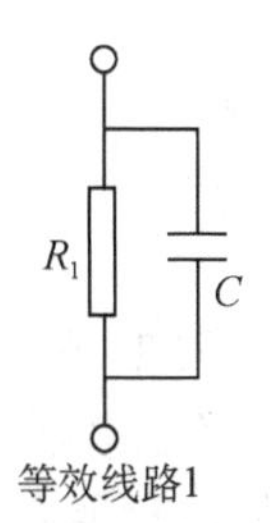

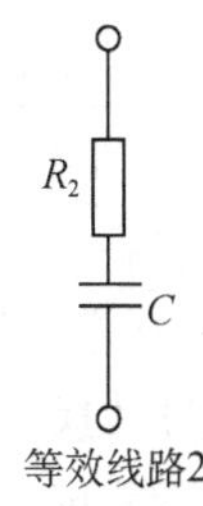

图 17　实际电容及其等效电路

电容电桥原理图如图 18 所示。

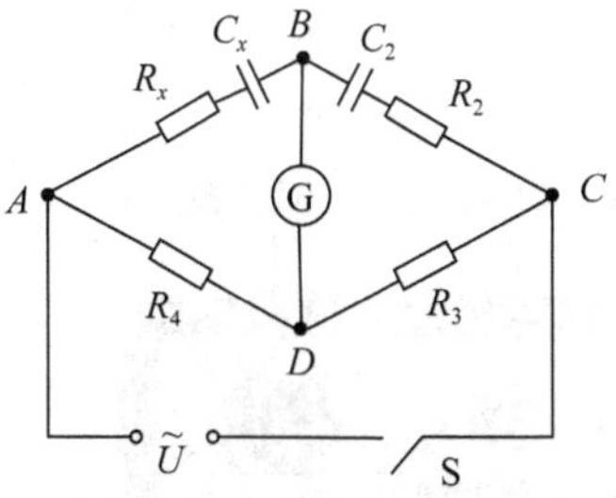

Z_x 为待测电容，Z_2 取为纯电阻与纯电容的串联，Z_3 和 Z_4 取为两个纯电阻记为 R_3 和 R_4，有：

$$Z_x=R_x+\frac{1}{\mathrm{j}\omega C_x}$$

图 18　电容电桥原理图

根据电路图解出：

$$R_x=\frac{R_4}{R_3}R_2,\ C_x=\frac{R_3}{R_4}C_2$$

其被测电容的损耗因数 D 为：

$$D=\tan\delta=\omega R_xC_x$$

2）电感电桥

电感电桥与电容电桥类似，只是将电容换成电感，如图 19 所示。

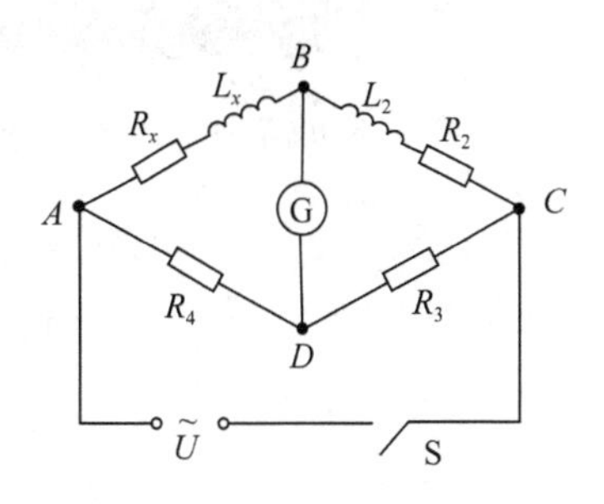

图 19　电感电桥原理图

根据电路图可以得出：

$$R_x=\frac{R_4}{R_3}R_2,\ L_x=\frac{R_4}{R_3}L_2$$

电感线圈的品质因数 Q 为：

$$Q=\frac{\omega L_x}{R_x}=\frac{\omega L_2}{R_2}$$

还有麦克斯韦电桥、海氏电桥等，如图 20 所示。

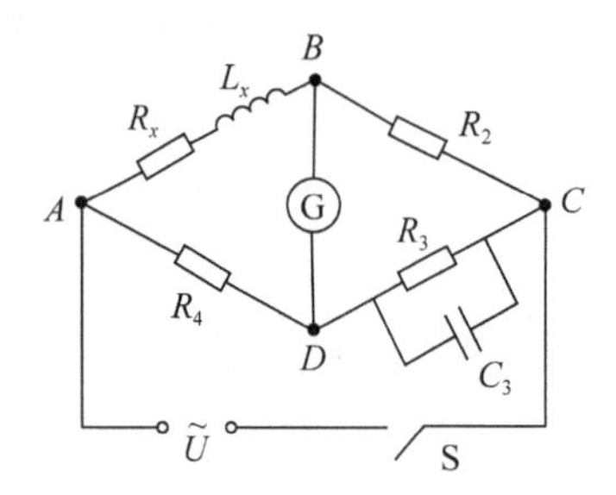

图 20(a) 麦克斯韦电桥

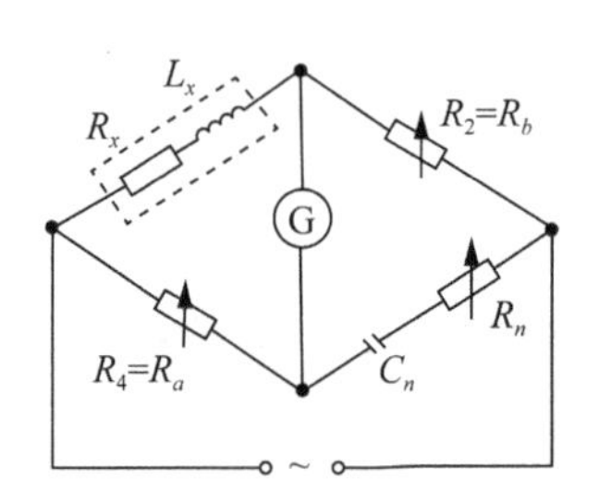

图 20(b) 海氏电桥

3. 万能电桥

现在还有一种万能电桥，即在制造时把多种电桥电路综合在一起。基本的原理电路是相同的，测量时通过转换开关或者按钮选择不同的测量对象。

随着科技的发展，现在的数字万能电桥拥有携带方便、操作简单、功能强大、测量精确等特点，是工矿企业和电气修理部门进行一般测量的良好设备。如图 21 所示优利德(UNI-T) UTR2830 台式数字电桥。可以自动识别电阻、电容、电感并进行参数测量。可以灵活配置不同的显示参数，在 LCD 上同时显示多达四种参数组合。测量结果还可以导出保存等。

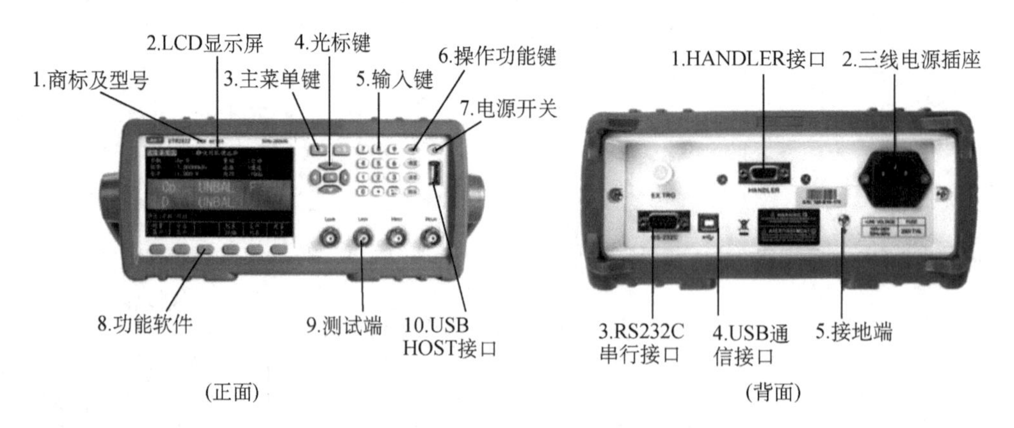

图 21 优利德(UNI-T)UTR2830 台式数字电桥

实验 11　分压电路和制流电路的特性研究

知识介绍

电磁学测量中，常用可变电阻（Rheostat，又称可调电阻）来改变电路中的电流和电压值。可变电阻是人为调节电阻阻值的大小以满足电路所需的一类电阻。理论上，可变电阻的阻值可以在 0 与标称值以内的任意阻值之间调整，但因为实际的结构与设计精度，不容易完全达到预期，只是“基本”做到在允许的范围内调节。

选用可变电阻器时要注意其阻值范围和允许通过的最大电流值（或功率）是否满足要求，否则易于烧毁电阻器。一般实验室常用的可变电阻器有：电阻箱、滑线变阻器。在电子线路中常用的可变电阻是电位器。

1. 电阻箱

电阻箱如图 1 所示，旋转电阻箱上的旋钮，可以得到不同的电阻值（具体详见“实验 10　惠斯通电桥测电阻”的介绍）。

图 1　电阻箱图示

图 2　滑线变阻器示意图

2. 滑线变阻器

滑线变阻器如图 2 所示。通过 3 个接头接入电路达到调节电阻的目的（具体结构详见“实验 10　惠斯通电桥测电阻”的介绍）。

滑线变阻器在电路中常用作限流器或者分压器。本实验即是对分压电路和制流电路的特性进行分析，从而说明在实际应用中变阻器应该怎么使用以达到最终目的。

3. 电位器

电位器也是可变电阻器的一种。通常是由电阻体与转动或滑动系统组成，即靠一个动触点在电阻体上移动，获得部分电压输出。电位器的形状多种多样，如图 3 所示。

电位器的电阻体有两个固定端，通过手动调节转轴或滑柄，改变动触点在电阻体上的位置，则改变了动触点与任一个固定端之间的电阻值，从而改变了电压与电流的大小。

图 3　多种多样的电位器

电位器广泛用于电子设备中，生活中常常能见到。例如一般用在音箱音量开关和激光头功率大小调节的可调电子元件就是电位器。

虽然电位器的基本结构与可变电阻器基本一样，但某些方面也存在着不同，主要有以下几点：

（1）电位器操作方式不同，电位器设有操作柄；

（2）电位器电阻体的阻值分布特性与可变电阻器的分布特性不同，有直线式电位器（呈线性关系）、函数电位器（呈曲线关系）；

（3）电位器有多联的，而可变电阻器没有；

（4）电位器的体积大，结构牢固，寿命长。

除了常见的这几种可变电阻之外，还有对温度较敏感的电阻，可通过改变温度来达到改变阻值的目的，这叫作热敏电阻；对光敏感的电阻，可通过改变光照强度达到改变阻值的目的，这叫光敏电阻；另外还有压敏电阻、湿敏电阻等。

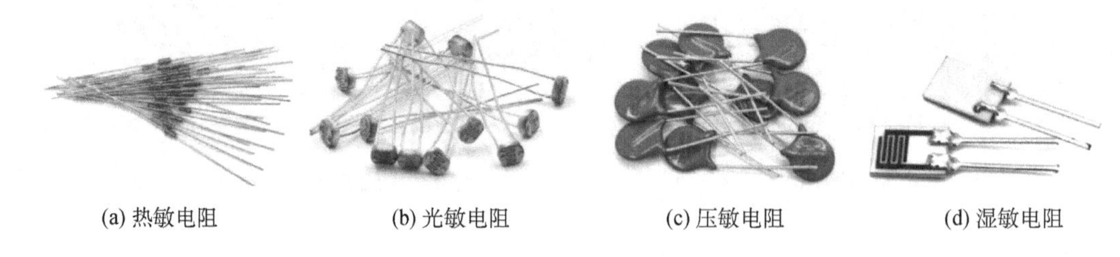

(a) 热敏电阻　(b) 光敏电阻　(c) 压敏电阻　(d) 湿敏电阻

图 4　各式可变电阻

实 验 目 的

1. 了解滑线变阻器的用途和使用方法；
2. 学习分压电路和制流电路的使用，了解其特性；
3. 练习按电路图正确连接电路；
4. 学会利用作图法分析问题。

实验原理

1. 滑线电阻的分压特性研究

图 5 是滑线变阻器作为分压器时的电路连线图。如图所示，滑线电阻 R_w 的两个固定端 A、B 分别接到直流电源 E 的正、负极。滑动头 C 将滑线电阻 R_w 分成 R_1 和 R_2 两部分。滑动头 C 和固定端 B 之间接了一个负载电阻 R_L 用以分压，分压大小 U 可以用电压表来测量。

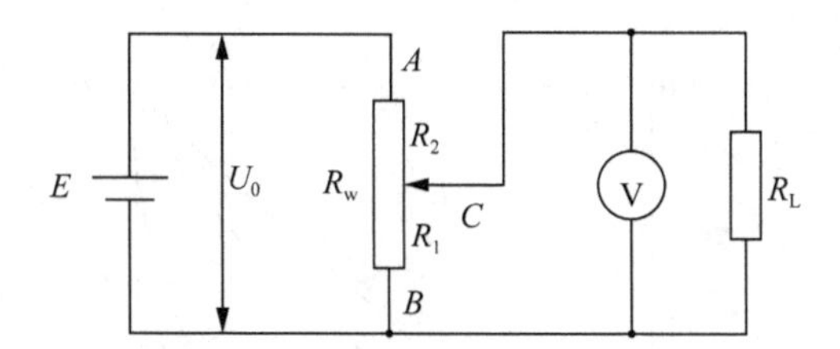

图 5　滑线电阻作分压器电路

由图可知，当滑动头在 A、B 之间滑动时，B、C 之间的电压 U 也会随之变化。若记电路的总电阻为 R，则由电路可以得到总电阻 R 为：

$$R=R_2+\frac{R_LR_1}{R_L+R_1}$$

所以总电流 I 为：

$$I=\frac{U_0}{R}=\frac{U_0}{R_2+\dfrac{R_LR_1}{R_L+R_1}}$$

其中 U_0 是滑动头移到 A 端(即 $R_2=0$)时电压表测得的电压值。U_0 不等于电源电动势 E。

负载 R_L 上的电压 U 则为：

$$U=I\ \frac{R_LR_1}{R_L+R_1}=\frac{R_LR_1U_0}{R_2(R_L+R_1)+R_LR_1}$$

又因为 $R_w=R_1+R_2$，所以上式可以写成：

$$U=I\ \frac{R_LR_1}{R_L+R_1}=\frac{R_LR_1U_0}{R_wR_L+R_wR_1-R_1^2}$$

R_1 可以从零变到 R_w，所以负载上的电压 U 可以从零到 U_0 连续可调。

上式的分子分母各除以 R_w^2，得：

$$U=\frac{\dfrac{R_L}{R_w}\cdot\dfrac{R_1}{R_w}U_0}{\dfrac{R_L}{R_w}+\dfrac{R_1}{R_w}-\dfrac{R_1^2}{R_w^2}}$$

令 $K=\frac{R_L}{R_w}$,这是负载电阻阻值相对于滑线电阻阻值大小的参数。又令 $X=\frac{R_1}{R_w}$,这是滑线电阻 R_w的滑动端 C 相对于低电位端 B 的位置参数。则上式又可改写为:

$$\frac{U}{U_0}=\frac{KX}{K+X-X^2}$$

对于不同的参数 K(R_w和 R_L 给定的情况下,K 为某一定值),滑动头 X 和分压比$\frac{U}{U_0}$的关系曲线如图 6 所示。

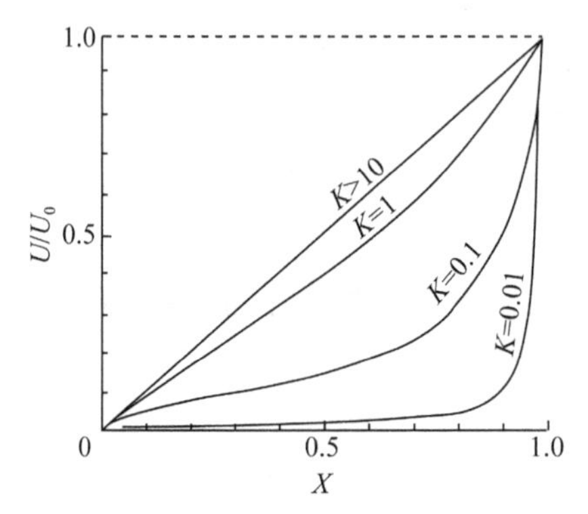

图 6　分压特性曲线

由分压特性曲线可以看出,分压电路有以下特点:

① 不论 R_w的阻值多大,负载电阻 R_L 两端的电压均可在 $0\sim U_0$ 之间调节。

② K 值越小,电压调节越不均匀,也即 R_L 两端电压线性越差;K 值越大,电压调节越均匀。当 $K\geqslant 2$ 时,可以认为电压 U 在 $0\sim U_0$ 之间可均匀调节。

2. 滑线电阻的制流特性研究

图 7 是滑线变阻器作为制流器时的电路连线图。如图所示,滑线电阻 R_w的一个固定端 B 悬空,不接入电路,另一个固定端 A 接到电源正极,滑动头 C 串联一个负载电阻 R_L 后接到电源负极。整个电路可以看成是 R_2 与 R_L 的串联电路。滑动头移动到不同位置,流过负载的电流 I 大小不同,可以在电路中串联一个电流表测量。

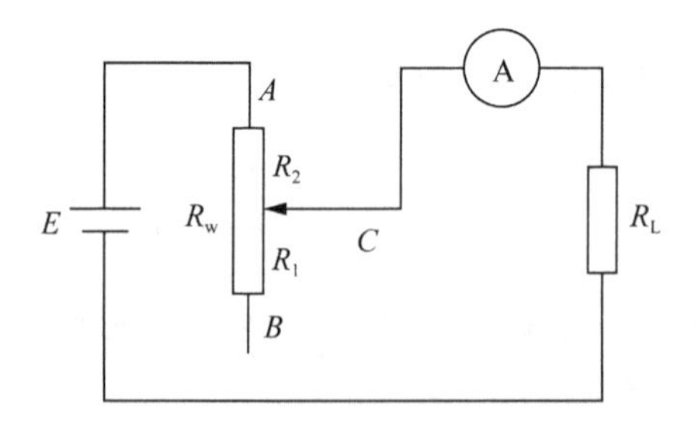

图 7　滑线电阻作制流器电路

由电路图可以推导出此时流过负载 R_L 的电流 I 为:

$$I=\frac{U_0}{R_L+R_2}=\frac{U_0}{R_L+R_w-R_1}$$

上式的分子分母各除以 R_w，并令 $K=\frac{R_L}{R_w}$ 和 $X=\frac{R_1}{R_w}$ 得：

$$I=\frac{\frac{U_0}{R_w}\cdot\frac{R_L}{R_L}}{\frac{R_L}{R_w}+1-\frac{R_1}{R_w}}=\frac{K\frac{U_0}{R_L}}{1+K-X}$$

又 $I_0=\frac{U_0}{R_L}$，即 I_0 为 $R_2=0$ 时流经负载 R_L 的电流。则有：

$$\frac{I}{I_0}=\frac{K}{1+K-X}$$

同样可以得到$\frac{I}{I_0}$与 X 的关系曲线，也即制流特性曲线，如图 8 所示。

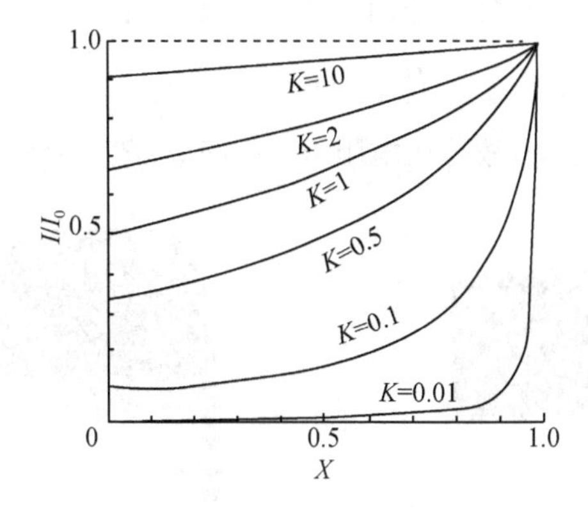

图 8　制流特性曲线

从图中可以看出，制流电路有如下特点：

① 流经负载电阻 R_L 的电流不可能为零，$X=0$ 时，$I_{min}=\frac{U_0}{R_L+R_w}$。

② K 值越大，电流可以调节的范围越小；反之 K 越小，电流可调范围越大。

③ $K\geqslant 1$ 时，电流调节的线性较好，容易调到需要的电流值；K 值较小时，当 X 接近 1 时电流变化很大，这种情况称为细调程度不够。

④ 负载电阻 R_L 两端的电压调节范围为 $\frac{R_L}{R_L+R_w}U_0\sim U_0$。

实验仪器

直流稳压电源，滑线变阻器(50 Ω、400 Ω)，电阻(10 Ω、50 Ω)，电压表，电流表，导线。

1. 电阻(10 Ω、50 Ω 左右)(如图 9)

图 9　电阻

2. 电表

1) 电压表

电压表可分为毫伏表(mV)、伏特表(V)、千伏表(kV)等。电压表是在表头上串联一个分压高电阻 R_m 而成,如图 10(a)所示。

总电压 U 中的大部分电压 U_m 将降落在 R_m 上,只有小部分电压 U_g 降落在表头的内阻 R_g 上。如果表头电压读数要扩大 m 倍,即 $U = mU_g$,则:

$$R_m = (m-1)R_g$$

通常 m 取 10 倍、100 倍等,故分压电阻 R_m 一般取 $9R_g$、$99R_g$ 等值。

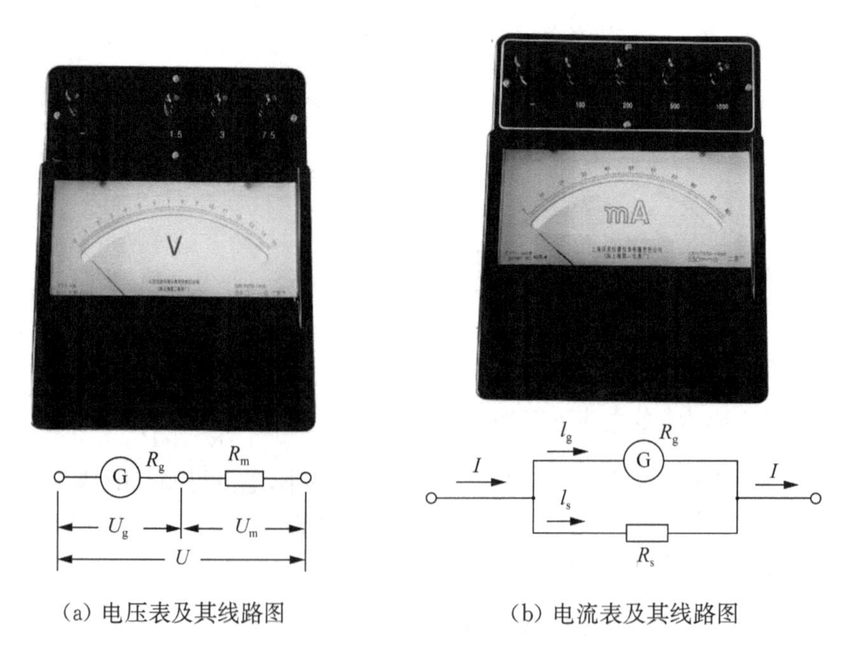

(a) 电压表及其线路图　　(b) 电流表及其线路图

图 10　电表及其线路图

2) 电流表

电流表可分为微安表(μA)、毫安表(mA)、安培表(A)等。电流表是在表头上并联一个分流低电阻 R_s 而成,如图 10(b)所示。

总电流 I 中的大部分电流 I_s 将流过 R_s,小部分电流 I_g 流过表头 G。如果表头的读数要

扩大 m 倍，即 $I=mI_g$，则

$$R_s=\frac{1}{m-1}R_g$$

式中 R_g 为表头的内阻。通常取 m 为 10 倍、100 倍等，故分流电阻 R_s 一般为 $\frac{1}{9}R_g$、$\frac{1}{99}R_g$ 等值。

3）电表的使用

首先，正确选择准确度等级和量程。选用电表时不应单纯追求准确度，而应根据被测量的大小及相对误差 E 的要求选择准确度等级和量程。为了充分利用电表的准确度等级，电表指针偏转读数应大于量程的 2/3。在不知道被测量大小的情况下，应先选用电表的最大量程，再根据指针偏转情况逐渐调到合适的量程。

其次，正确接入电路。通电前检查并调节表头指针零点。电流表串接在电路中，电压表与被测电压两端并联。电表“+”端表示电流流入，电势为高；“−”端表示电流流出，电势为低。切不可接错极性，以免损坏电表。

然后要正确读数。指针式电表读数时应减少视差，即视线垂直于刻度表面。有镜面的电表，当指针的像与指针相重合时，所对准的刻度才是电表的准确读数。一般电表读数估读到最小刻度的 1/10～1/2。

最后，注意电表接入给测量结果带来的影响。磁电式仪表都有一定的内阻，电表接入线路后，将使原电路的参数发生变化，因而给测量结果带来误差（想一想，属于哪种误差）。合理地接入电表可明显降低误差，再进一步对测量结果进行修正。

4）认识表盘上的符号

表 1　电表上的标记符号及意义

名称/意义	符号	名称/意义	符号	名称/意义	符号
直流表	—	绝缘试验电压为 2 kV	2 kV	仪表垂直放置	↑
交流表	~		☆2		⊥
交直流表	≂	Ⅱ级防御外磁场能力	Ⅱ	仪表水平放置	→
电流表	Ⓐ				⊓
电压表	Ⓥ	磁电式仪表		与外壳相连接的端钮	
功率表	Ⓦ	整流式仪表		公共端钮	✱
0.5 级表	0.5	调零器		接地端钮	

3. 滑线变阻器(见图 11)

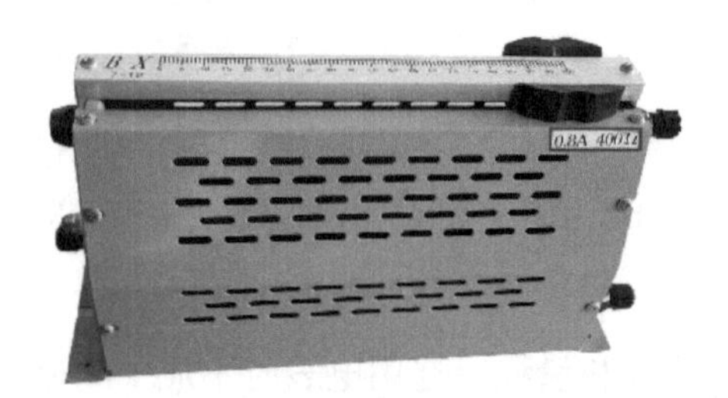

图 11 滑线变阻器

4. 直流稳压电源(见图 12)

图 12 直流稳压电源

实验内容

1. 分压特性研究

(1) 用 50 Ω 的滑线电阻作分压器,负载电阻取 50 Ω ($K=1$),按图 5 连接电路,测出滑线电阻滑动头的位置参数 X 与分压比$\frac{U}{U_0}$,填入表 2,作出 X-$\frac{U}{U_0}$的关系曲线。

(2) 换用 400 Ω 的滑线电阻作分压器,负载电阻取 10 Ω ($K=0.025$),按图 5 连接电路,测出滑线电阻滑动头的位置参数 X 与分压比$\frac{U}{U_0}$,填入表 2,作出 X-$\frac{U}{U_0}$的关系曲线。(注:两种电阻组合方式作出的曲线绘入同一坐标系。)

表 2 分压特性

① $R_w=50\ \Omega$, $R_L=50\ \Omega$, $K=R_L/R_w=1$, $U_0=$ ________ V

② $R'_w=400\ \Omega$, $R'_L=10\ \Omega$, $K=R'_L/R'_w=0.025$, $U'_0=$ ________ V

K	项目	X											
		0.00	0.10	0.20	0.30	0.40	0.50	0.60	0.70	0.80	0.90	0.95	1.00
1	U/V												
	U/U_0												

（续表）

K	项目	X											
		0.00	0.10	0.20	0.30	0.40	0.50	0.60	0.70	0.80	0.90	0.95	1.00
0.025	U'/V												
	U'/U'_0												

2. 制流特性研究

（1）用 50 Ω 的滑线电阻作制流器，负载电阻取 50 Ω（$K=1$），按图 7 连接电路，测出滑线电阻滑动头的位置参数 X 与$\frac{I}{I_0}$，填入表 3，作出 $X-\frac{I}{I_0}$的关系曲线。

（2）换用 400 Ω 的滑线电阻作制流器，负载电阻取 10 Ω（$K=0.025$），按图 7 连接电路，测出滑线电阻滑动头的位置参数 X 与$\frac{I}{I_0}$，填入表 3，作出 $X-\frac{I}{I_0}$的关系曲线。（注：两种电阻组合方式作出的曲线绘入同一坐标系。）

表 3　制流特性

① $R_w=50\ \Omega$，$R_L=50\ \Omega$，$K=R_L/R_w=1$，$I_0=$ ______ mA；
② $R'_w=400\ \Omega$，$R'_L=10\ \Omega$，$K=R'_L/R'_w=0.025$，$I'_0=$ ______ mA

K	项目	X											
		0.00	0.10	0.20	0.30	0.40	0.50	0.60	0.70	0.80	0.90	0.95	1.00
1	I/mA												
	I/I_0												
0.025	I'/mA												
	I'/I'_0												

3. 分析实验结果

结合实验结果，讨论 K 值对滑线电阻分压特性和制流特性的影响。

注意事项

1. 电压表、电流表使用时应水平放置，使用前注意调零，注意读数的有效位数。
2. 实验时，直流稳压电源电压不能大于 3 V。

观察思考

1. 分压、制流电路的区别和特点是什么？
2. 什么情况适合选择分压电路？什么情况适合选择制流电路？

拓展阅读

在电磁学实验中有不少仪器都有“粗调”和“微调”两个功能的旋钮。用“粗调”定大致范围,用“微调”定精确数值。分压电路和制流电路实验中同样有这两个功能的设置。

以分压电路为例,见图 5。当滑线电阻滑动端位置 X 发生微小变化 ΔX 时,负载上的电压会也产生变化,设电压变化量为 ΔU。比值$\dfrac{\Delta U}{\Delta X}$反映了滑线电阻滑动端位置的变化而引起电压变化的程度。若变化的数值过大,则会给调节带来困难。由于滑线变阻器是由电阻丝一圈一圈绕制而成的,ΔX 的最小值约为电阻丝的直径。此时,分压电路调节的粗细程度不够,可以再串联一个变阻器,阻值大的变阻器起粗调作用,阻值小的变阻器起细调作用,见图 13。这样一来既能精确调节又能兼顾调节范围。

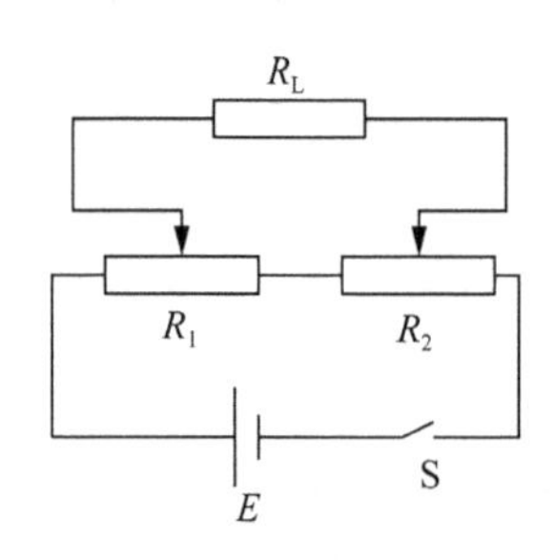

图 13　分压电路的粗细调节

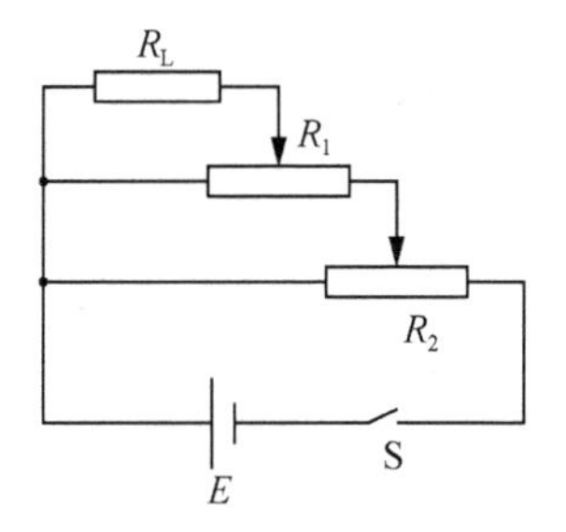

图 14　两个滑线变阻器分压连接后接入电路

设 $R_1 > R_2$,在调节时先调节 R_1(粗调),使其初步达到所要求的精确值,再调节 R_2(细调),使其进一步达到所要求的精确值。此外,也可以按图 14 所示接入电路,试想一下这时哪一个滑线电阻是粗调?哪一个是细调?

对于制流电路,也可以将两个滑线变阻器串联使用,一个粗调(R_1),一个细调(R_2),构成图 15 所示的电路。另外还可以如图 16 所示两个滑线变阻器并联使用,试想此时哪个粗调?哪个细调?

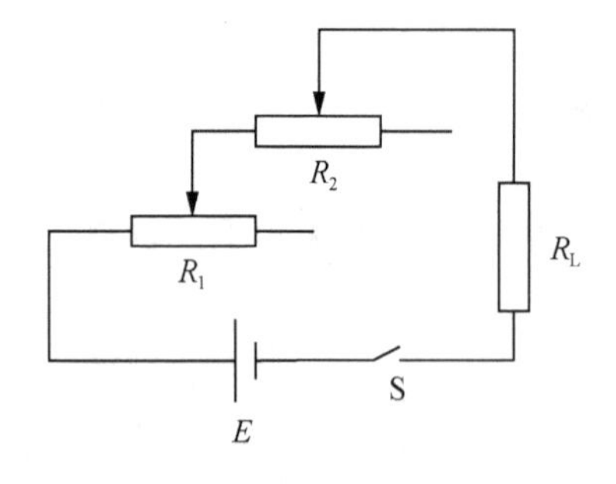

图 15　制流电路的粗细调节

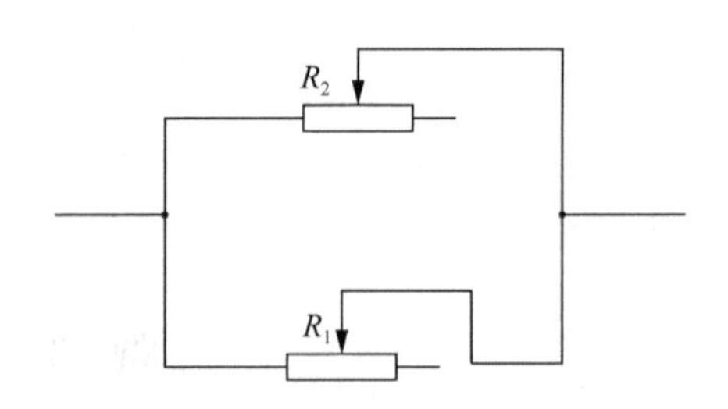

图 16　两个滑线变阻器并联后使用

实验 12　数字示波器的使用

知识介绍

示波器是一种用途十分广泛的电子测量仪器，它能把看不见的电信号变换成直观的图像，便于人们对各类电信号进行观察和分析。示波器的应用不仅局限于电子领域，但凡能转换成电信号的物理量都可以用示波器进行观察和测量，如声音、机械压力、光和热，甚至脑电波。用多踪示波器还可以比较不同信号的波形和时序。

随着科技的进步，示波器也已经经历了数代的改良，现如今已经到了多功能的数字示波器时代。

1. 手工绘制波形

示波器的历史可以追溯到 19 世纪 20 年代，使用检流计与机电装置配合，通过观察不同时刻检流计的偏转角度确定电流的数据，由技术人员记录下来，手工绘制出波形。不过这个过程非常烦琐耗时，同时也只能作出非常粗糙的近似波形。

法国科学家 Jules Francois Joubert 将装置做了改进，如图 1 所示。该装置左边的发电机作为信号源，单刀双掷开关和检流计作为示波器的主要部分。通过刻度调节测量的精确度，将电压或电流在不同时刻的信息输出在检流计上，检流计与笔相连，可以自动将检流计偏转角度绘制出来。不过这仍然需要技术人员在仪器绘制过程中进行辅助控制，算不上真正意思上的全自动。

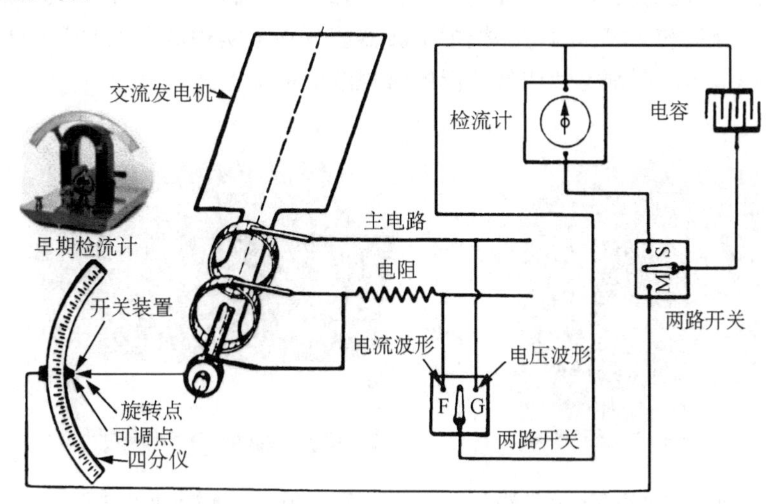

图 1　Joubert 发明的波形绘制装置及电路

2. 自动绘制波形

第一台真正的全自动电流信号绘制装置由法国工程师 Hospitalier 在 1902 年发明，被称为 Hospitalier 波形记录器，如图 2 所示。该装置除了使用检流计和记录笔相配合之外，还有一个表面覆纸的滚筒。通过驱动一支铅笔在滚筒表面的纸上绘制信号波形。

该装置是通过一个不断重复测量的过程绘制电流波形的。它首先通过电容将电能存储起来，然后通过电容对检流计进行放电，通过检流计转子的偏转角度控制绘图铅笔的位置，最后逐点描绘出电流波形。

Hospitalier 波形记录器由于是通过机械传动绘图，机械部件反应时间较慢，所以无法对变化速度快的电流信号进行实时测量，只能测量一些低频信号。但其绘制出的结果比之前手绘波形图要更为准确。

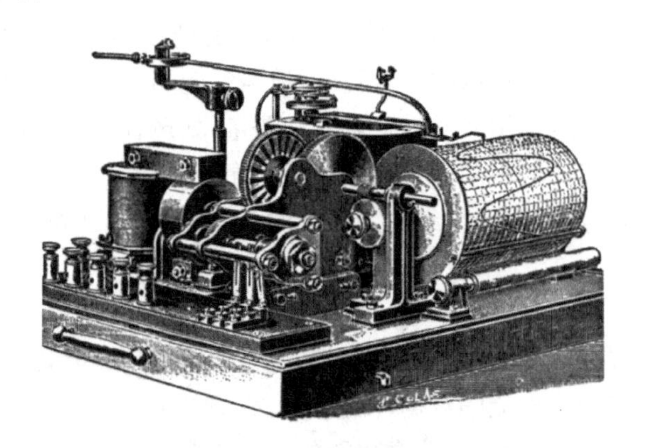

图 2　Hospitalier 波形记录器

3. 模拟示波器

1931 年，美国通用无线电公司研制出了第一台模拟示波器，随后，1946 年，泰克研制出第一台商用模拟示波器 Vollumscope，开启了商业示波器的时代。它是一款 10 MHz 带宽的同步示波器，是当时速度最快、精度最高和最便携的示波器，由于使用了大量晶体管，当时"最便携"也有 65 磅(约 29.5 kg)重。模拟示波器能真正地实现波形的自动绘制，一直到 20 世纪 80 年代，模拟示波器都是使用最广泛的常规波形观察工具。

图 3(a)　单通道模拟示波器

图 3(b)　双通道模拟示波器

1）模拟示波器的结构

模拟示波器一般由示波管、衰减器和放大系统、扫描与触发系统及电源等部分组成。结构框图如图 4 所示。

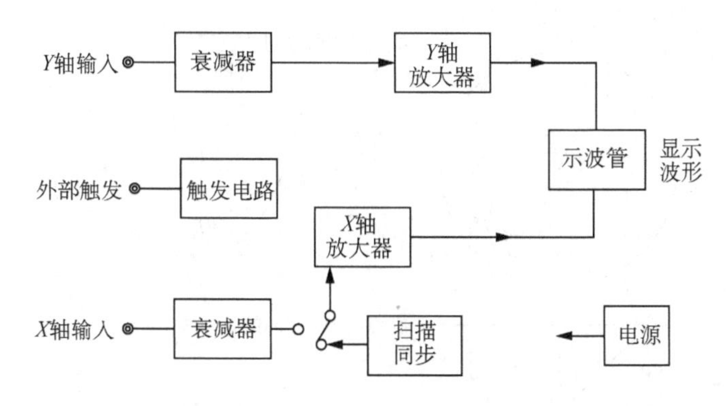

图 4　模拟示波器结构图

示波管是示波器的主要部件，包括电子枪、偏转系统（X、Y 偏转板）、荧光屏三部分，其内部被抽成真空。阴极被灯丝加热发射电子，电子束通过栅极，在加速电场作用下以很高的速度向阳极运动，形成高速电子射线撞击荧光屏。荧光屏上涂有发光物质，当它受到高速电子撞击时发出荧光，在荧光屏上就可以看到一个“亮点”。在阳极和荧光屏之间是两组相互垂直的 X 偏转板和 Y 偏转板。改变加在这两对偏转板上的电压，就能改变电子束在荧光屏上所产生亮点的位置。这是示波器能观测电信号的原理。

由于示波器偏转板的灵敏度不是很高，所以当加在偏转板上的电压信号较小时，电子束不能发生足够的偏转，致使荧光屏上的光点位移过小，不便观察，所以需要利用放大系统将微小信号放大之后再加到偏转板上。

衰减器的作用是使过大的输入信号减小，以适应放大器的要求，否则放大器不能正常工作，甚至损坏。

扫描与触发系统控制电子束的偏转，以便形成稳定的波形。

2）模拟示波器的显形原理

若示波器的两对偏转板上不加任何电压信号，从阴极发出的电子束将聚焦于荧光屏的中间一点，在荧光屏上只能看见一个光点。

当偏转板加上一定的电压后，电子束受到电场的作用而偏转。例如，仅在 Y 偏转板上加正弦电压，则看到荧光屏上的光点做上下方向的来回振动。如果振动频率较快，看起来就是一条竖直的亮线，如图 5(a)所示。

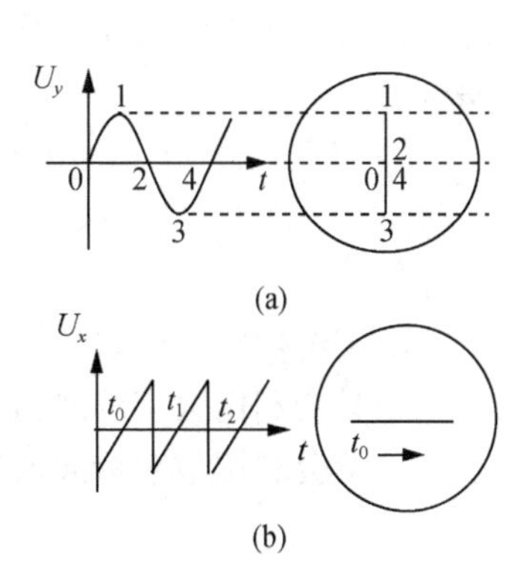

图 5　不同情形波形的显示

这条竖直亮线的长度与所加电压信号的峰—峰值相当。但是，并不能确定所加电压信号的波形，也不能确定电压信号的频率。为了在荧光屏上显示出正弦波形，需要在 Y 偏转板上加上正弦电压后，再在 X 偏转板上加一个随时间周期性变化的电压(锯齿波电压),将光点沿 X 轴展开,如图 6 所示。(如果仅在 X 偏转板上加上一个锯齿波,则能看到光点沿水平方向左右往返运动。若频率较快,能看到一条水平亮线,如图 5(b)所示。)

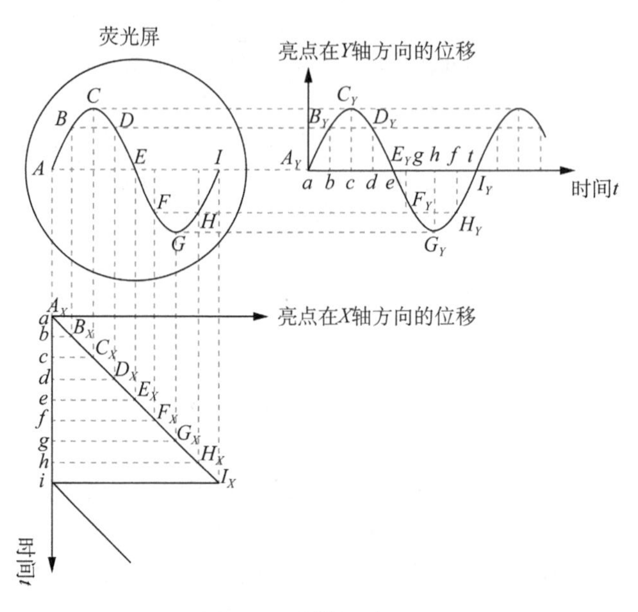

图 6 示波器显形原理

光点沿 X 轴周期性的运动称为扫描。可以看出,只有被测电压信号与扫描电压的周期相同(或两者频率成整数比)时,荧光屏上才显示稳定的正弦曲线。因此,模拟示波器上都设有相应旋钮用来调节扫描时间和锯齿波的周期。

20 世纪 70 年代,模拟示波器的技术达到了顶峰,随着各类需求的提高,对示波器的带宽提出了更高的要求。模拟示波器要提高带宽,需要示波管、垂直放大和水平扫描全面推进,技术和成本要求更高。而在 1971 年 LeCroy 发明了第一台数字示波器,数字示波器要改善带宽只需要提高前端的 A/D 转换器的性能,对示波管和扫描电路没有特殊要求。由于数字示波管能充分利用记忆、存储和处理,以及具有多种触发和预前触发能力,因此 20 世纪 80 年代开始数字示波器逐渐一统天下,模拟示波器随之退出历史舞台。

实验目的

1. 了解数字示波器的基本结构和工作原理;
2. 学会利用数字示波器观察波形,并测量它们的电压、周期和频率;
3. 学会利用数字示波器观察两个相互垂直的谐振动的合成。

实验原理

数字示波器是数据采集、A/D 转换、软件编程等一系列的技术制造出来的高性能示波器。一般支持多级菜单,能提供多种选择,多种分析功能。还可以实现对波形的保存和处理。

1. 基本结构

数字示波器与模拟示波器结构不同,它以微处理器(CPU)为核心,再配以 ADC、DAC、数据采集系统、时基电路、显示电路等,如图 7 所示。

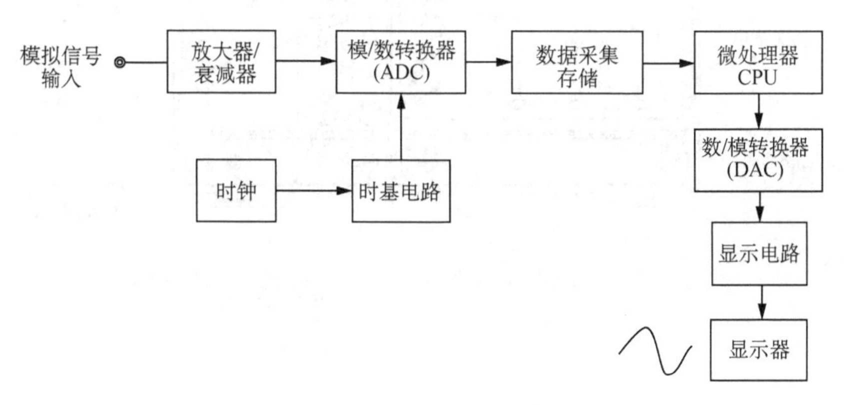

图 7 数字示波器原理框图

2. 示波原理

模拟信号输入之后,经过放大或衰减,变成适合于采集的信号。再经过模/数转换器(ADC)转变成数字信号,存入存储器中。这部分由时钟控制时基电路来实现。数字信号存入存储器之后可以由微处理器(CPU)实现多种复杂的计算分析等操作。之后再经过数/模转换器(DAC)转换成模拟信号,经由显示电路在显示器上显示输出。

数字示波器不仅可以观察连续的波形(如正弦波等),还可以捕捉单个脉冲信号,利用存储功能观察上一时刻波形的静止状态。

另外,数字示波器还有多种外部接口可以连接相应外设,如标准 USB 接口、RS232 接口、GPIB 接口等。可以直接连接打印机进行波形打印,也可以通过 U 盘等存储设备存储,或者将图形直接输入电脑终端进行进一步的处理分析。

实验仪器

GDS-1102B 数字示波器、MDS-6 型多波信号发生器、AFG-2225 任意波形信号发生器、连接线若干。

1. GDS-1102B 数字示波器

本实验所用示波器的面板如图 8 所示,其中 LCD 显示屏为 7 英寸 WVGA TFT 彩色 LCD,800×480 的分辨率,宽视角显示模式。屏幕右侧的 5 个“侧边菜单”键和底部的 7 个“底部菜单”键用于选择 LCD 屏上对应的界面菜单中的变量或选项。其他主要的按键和旋钮的详细功能见表 1。

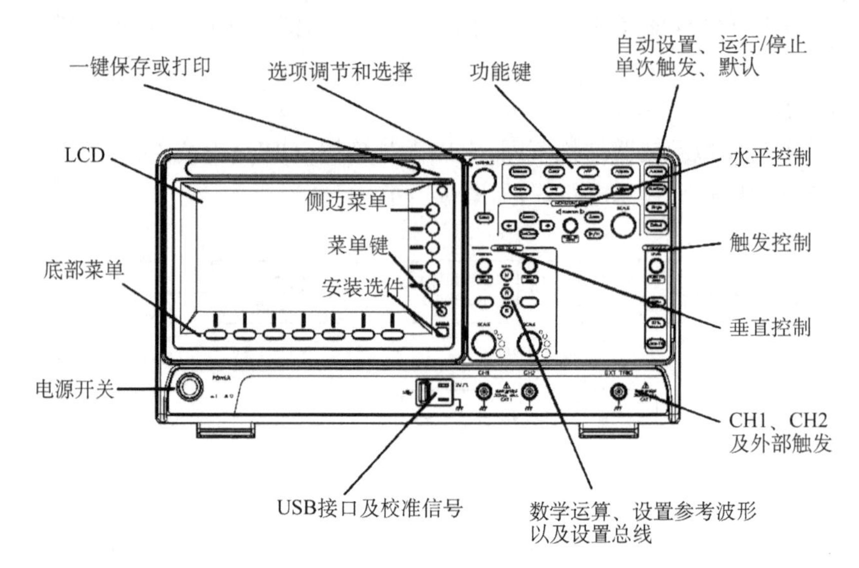

(a) 前面板示意图

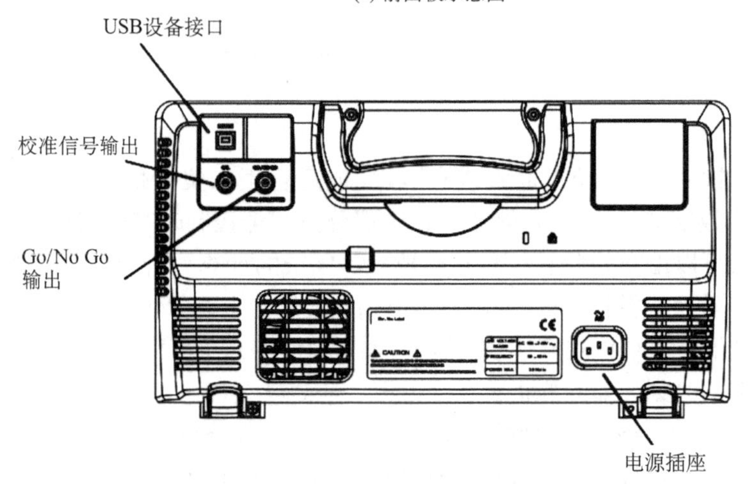

(b) 后面板示意图

图 8　GDS-1102B 示波器

表 1　GDS-1102B 面板按键说明

按键或旋钮名称	面板图示	功能说明
Menu off	MENU OFF	隐藏显示屏上的系统菜单
Option	OPTION	使用已安装选件(本型号该按键无用)
Hardcopy	HARDCOPY	一键保存或打印

（续表）

按键或旋钮名称	面板图示	功能说明
Variable	VARIABLE 	可调旋钮，用于增加/减少数值或选择参数（配合 Select 使用）
Select	Select	确认选择（配合 VARIABLE 使用）
功能按键区域		
Measure	Measure	设置和运行自动测量项目
Cursor	Cursor	设置和运行光标测量
APP	APP	设置和运行 GW Instek App
Acquire	Acquire	设置捕获模式，包括分段存储功能
Display	Display	显示设置
Help	Help	显示帮助菜单
Save/Recall	Save/Recall	用于存储和调取波形、图像、面板设置
Utility	Utility	可设置 Hardcopy 键、显示时间、语言、探棒补偿和校准。进入文件工具菜单
Autoset	Autoset	自动设置触发、水平刻度和垂直刻度
Run/Stop	Run/Stop	运行或停止信号捕获
Single	Single	设置单次触发模式
Default	Default	恢复初始设置

（续表）

按键或旋钮名称	面板图示	功能说明
水平控制区域		
Position	 POSITION PUSH TO ZERO	用于调整波形的水平位置。按旋钮将水平位置重设为零
Scale	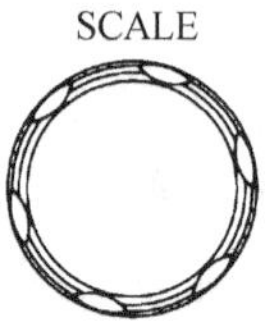 SCALE	用于改变水平刻度(即扫描时间因数 TIME/DIV)
Zoom	 Zoom	Zoom 与水平位置旋钮结合使用
Play/Pause	 ▶/II	查看每一个搜索事件。也用于在 Zoom 模式播放波形
Search	 Search	进入搜索功能菜单(本型号该按键无用)
Search Arrows	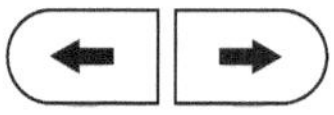 ⬅ ➡	用于引导搜索事件(本型号该按键无用)
Set/Clear	 Set/Clear	当使用搜索功能时,用于设置或清除感兴趣的点(本型号该按键无用)
触发控制区域		
Level	 LEVEL	设置触发准位。按旋钮将准位重设为零
Trigger Menu	 Menu	显示触发菜单
50%	 50 %	触发准位设置为 50%
Force-Trig	 Force-Trig	立即强制触发波形

（续表）

按键或旋钮名称	面板图示	功能说明
垂直控制区域		
Position	 POSITION	设置波形的垂直位置。按旋钮将垂直位置重设为零
Scale	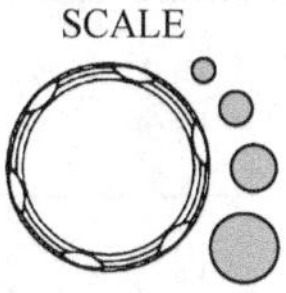 SCALE	设置通道的垂直刻度(即垂直偏转因数 VOLTS/DIV)
Channel Menu	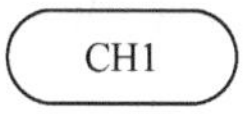 CH1	按 CH1/CH2 键设置通道
外部触发区域		
External Trigger	 EXT TRIG	接收外部触发信号
Math	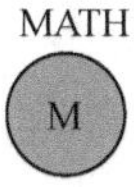 MATH M	设置数学运算功能
Reference	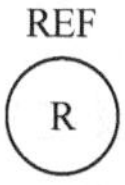 REF R	设置或移除参考波形
BUS	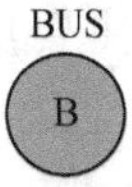 BUS B	设置并行和串行总线(本型号该按键无用)
Channel Inputs	 CH1	接收输入信号(输入阻抗:1 MΩ;电容:16 pF;CAT I)
USB Host Port	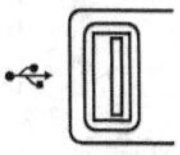	TypeA,USB1.1/2.0 兼容,用于数据传输
Ground Terminal	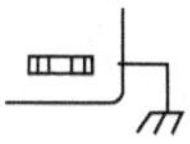	连接待测物的接地线,共地

（续表）

按键或旋钮名称	面板图示	功能说明
Probe Compensation Outputs	2V	用于探棒补偿。它也具有一个可调输出频率。默认情况下，该端口输出 $2V_{pp}$，方波信号，1 kHz 探棒补偿
Power Switch		开机/关机

2. MDS-6 型多波信号发生器

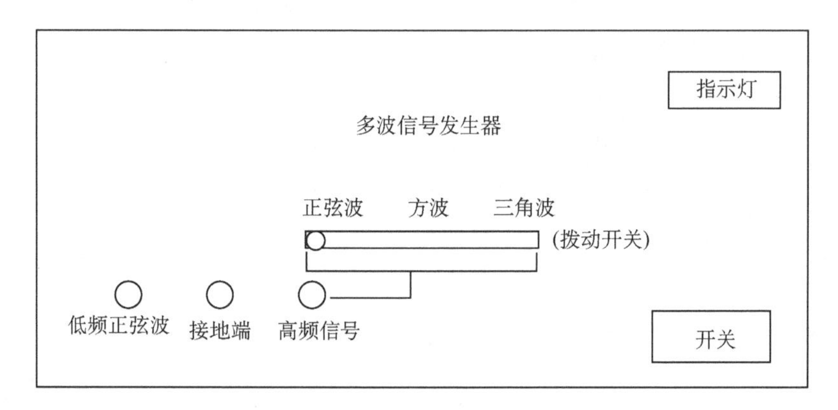

图 9　多波信号发生器

该多波信号发生器提供实验所需要的 4 种电压信号：低频的正弦波和高频的正弦波、方波、三角波。

3. AFG-2225 任意波形信号发生器

AFG-2225 任意波形信号发生器面板如图 10 所示。该信号发生器能提供不同频率的正弦波、方波、斜波等多种波形。功能按键位于 LCD 屏右侧，对应选择屏上的各种功能选项。操作键共 10 个位于面板下方，其中常用的几个按键的主要功能见表 2。

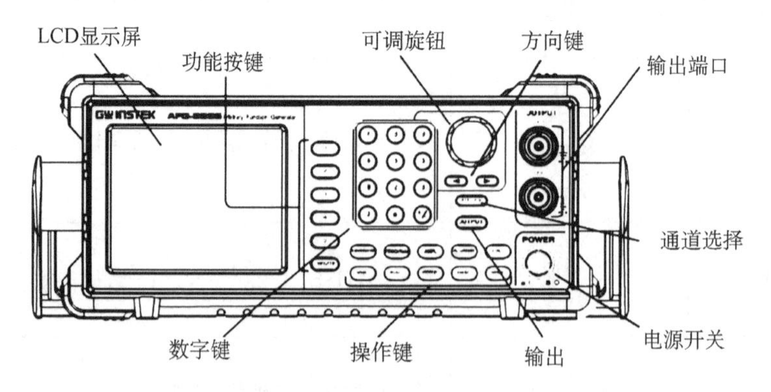

图 10　任意波形信号发生器

表 2　AFG-2225 常用操作键说明

按键名称	面板图示	功能说明
Waveform	Waveform	用于波形选择(开机默认正弦波)
Frequency/Rate	FREQ/Rate	设置频率或采样率
Amplitude	AMP	用于设置波形幅值
DC Offset	DC offset	设置直流偏置
Preset	Preset	用于调取预设状态

实验内容

1. 熟悉数字示波器的基本操作,观测波形

(1) 接通示波器和信号发生器的电源,将多波信号发生器的低频正弦波输入示波器的 1 通道或 2 通道。用示波器观察正弦波。练习用三种方法测量待测信号的频率 f、周期 T 和峰峰值 U_{pp}。

① 估测法测量

在显示屏上读出待测信号一个完整周期的水平方向的格数D_x,波峰到波谷之间垂直方向的格数D_y,扫描时间因数以及垂直偏转因数,填入表 3,估测正弦波信号的周期 T 和峰峰值 U_{pp},计算频率 f。

$$T = D_x \times \text{扫描时间因数}$$

$$U_{pp} = D_y \times \text{垂直偏转因数}$$

$$f = 1/T$$

② 光标法测量

按"Cursor"键,使用光标测量功能。按第一次出现两条垂直光标,按第二次出现两条水平光标,再按光标消失,如图 11 所示。

1——显示垂直光标所对应的值,第一排的值对应垂直光标 1,第二排的值对应垂直光标 2。通过调节垂直光标位置,让它们间隔一个完整周期,就可以通过光标代表的数值求出周期 T。再计算出频率 f。

2——显示水平光标所对应的值,第一排的值对应水平光标 1,第二排的值对应水平光标 2。通过调节水平光标位置,让它们分别位于波峰和波谷处,就可以通过光标代表的数值求出 U_{pp}。

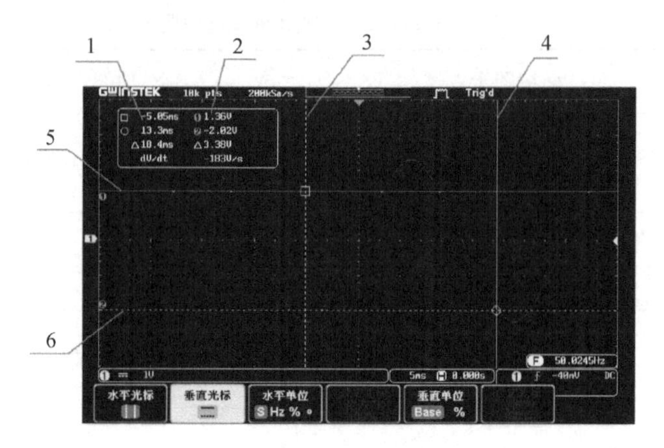

图 11　有光标的屏幕界面

3——水平光标 1。

4——水平光标 2。

5——垂直光标 1。

6——垂直光标 2。

将测量值填入表 4，并计算。

③ 自动测量

用“Measure”键配合底部菜单和侧边菜单完成自动测量。如图 12 所示。“Measure”按下之后会出现底部菜单，选“增加测量项”之后会出现侧边菜单，可以根据需要选择要测量的选项。测量值填入表 5。

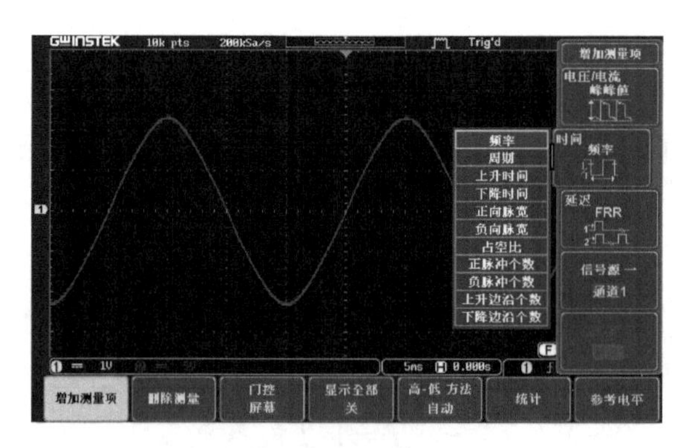

图 12　自动测量

(2) 将多波信号发生器的波形依次换成高频的正弦波、方波、三角波输入示波器进行观察，同样用上述三种测量方法进行测量，所测数据分别填入表 3、表 4、表 5。

2. 用示波器观察两个相互垂直的谐振动的合成

如果示波器的 X 轴和 Y 轴偏转板上输入的都是正弦电压，荧光屏上亮点的运动将是两个相互垂直的谐振动的合成。当两个正弦电压信号的频率相等或成简单整数比时，荧光屏上亮点的合成轨迹为一稳定的闭合曲线，叫李萨如图形。例如，当V_Y的频率f_y为V_X的频率f_x的两倍时，亮点的轨迹如图 13 所示。

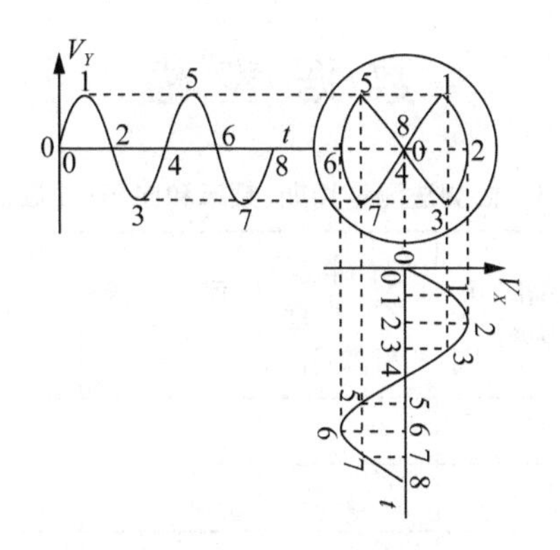

图 13　李萨如图形原理

图 14 是频率比成简单整数时形成的若干李萨如图形。利用李萨如图形可以比较两个电信号的频率。如果其中的一个电信号的频率是已知的，即可用此法测定另一个电信号的频率。

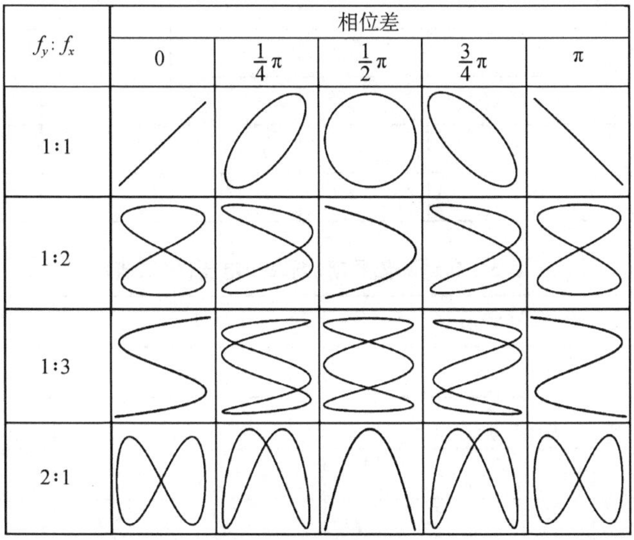

$f_y : f_x$	相位差				
	0	$\frac{1}{4}\pi$	$\frac{1}{2}\pi$	$\frac{3}{4}\pi$	π
1:1					
1:2					
1:3					
2:1					

图 14　李萨如图形

将被测信号V_Y(多波信号发生器的正弦信号)由示波器 Y_2 通道输入，任意信号发生器的正弦波作为标准信号V_X 由 Y_1 通道输入(示波器作 $X—Y$ 显示)，观察 $f_y : f_x$ 为 1∶1，2∶1，1∶2 及 1∶3，四种情况下的李萨如图形，可根据任意信号发生器显示的频率测定被测信号的频率。数据填入表 6。

数字示波器合成李萨如图形，利用“Acquire”按键配合底部和侧边菜单实现，按下“Acquire”后选择“XY”，之后“开启 XY”。

3. (选做)数字示波器有存储功能，可以将图形保存后从 USB 接口导出，用电脑进行图像处理和分析。

数据表格

表 3 估测法测量周期、频率和电压(峰峰值)

待测波形	一个完整周期的水平格数D_x	扫描时间因数	波峰到波谷之间垂直格数D_y	垂直偏转因数	周期 T/s	频率 f/Hz	峰峰值 U_{pp}/V
低频正弦波							
高频正弦波							
方波							
三角波							

表 4 光标法测量周期、频率和电压(峰峰值)

待测波形	垂直光标 1 位置	垂直光标 2 位置	峰峰值 U_{pp}/V	水平光标 1 位置	水平光标 2 位置	周期 T/s	频率 f/Hz
低频正弦波							
高频正弦波							
方波							
三角波							

表 5 自动测量周期、频率和电压(峰峰值)

待测波形	峰峰值 U_{pp}/V	周期 T/s	频率 f/Hz
低频正弦波			
高频正弦波			
方波			
三角波			

(* 注:单位根据屏显确定。)

表 6 观察李萨如图形

$f_y : f_x$	1:1	2:1	1:2	1:3
描绘李萨如图形		(自行描绘)	(自行描绘)	(自行描绘)
f_x/Hz				
f_y/Hz				

待测信号$\overline{f_y}$=________Hz

注 意 事 项

1. 实验开始前请按示波器面板上的【Default】，使仪器恢复初始设置。
2. 按要求接入信号线，信号线不可硬拽。
3. 注意接入信号的通道与显示屏显示的通道相匹配。

观 察 思 考

1. 数字示波器与模拟示波器的区别。
2. 如何利用数字示波器捕获脉冲信号？
3. 合成李萨如图形时，X 信号从示波器 1 通道输入，Y 信号从示波器 2 通道输入，与 X 信号从 2 通道输入，Y 信号从 1 通道输入是否一样？

拓 展 阅 读

数字示波器除了可以观测电压周期、频率、峰峰值之外，还有多种用途。比如我们可以利用压电陶瓷片配合数字示波器观测实验者的脉搏信号。

压电陶瓷片是可以将振动信号转换成电信号的一种元器件，如图 15 所示。将压电陶瓷片紧贴实验者的脉搏跳动明显处，两根电极引线与示波器的信号线相接，输入示波器的一个端口观察。调节示波器的相关按键旋钮，就可以在显示屏上观察到实验者的脉搏信号，如图 16 所示。而且我们还可以根据观察到的波形算出实验者的心率。

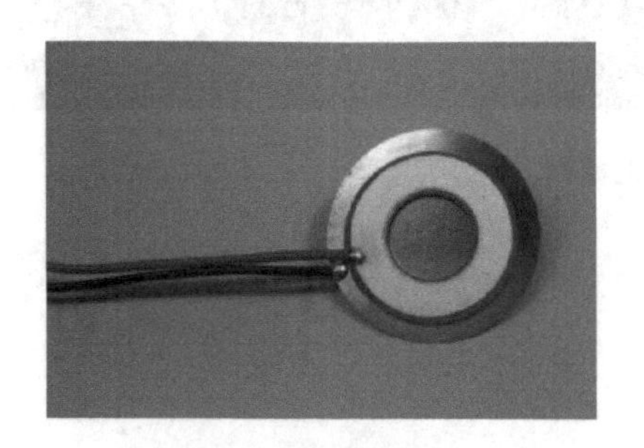

图 15　压电陶瓷片

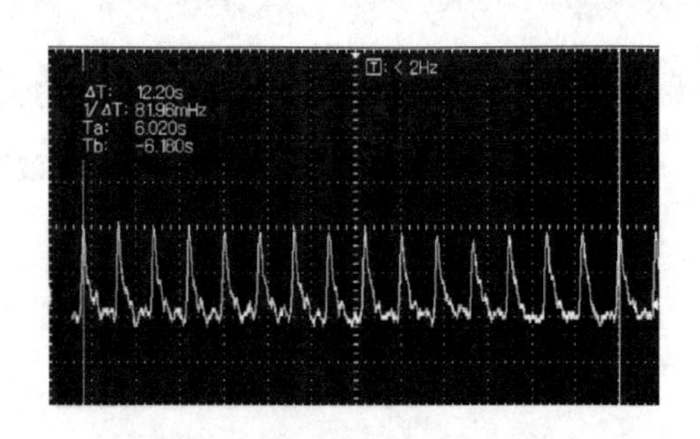

图 16　利用压电陶瓷片测脉搏

数字示波器在测量脉冲信号方面很有优势，而且还可以选择从脉冲的上升沿触发或者从脉冲的下降沿触发。可以选择不同的触发方式得到想要的波形进行分析。因为数字示波器的带宽可以很大，所以可以测量频率为几十兆赫兹甚至百兆赫兹的时钟(时钟 Clock，集成电路中常用的控制信号)，因此常常在集成电路方面得到广泛的使用。比如 FPGA 或者 IC 设计之后的测试阶段，常常用示波器观察信噪比，观察信号是否有“毛刺”，还常常用来观察信号的“Setup”时间或者“Hold”时间是否满足设计需求等。如图 17 所示，Setup 时间指在时钟有效沿(图中是上升沿)之前数据至少要保持多长的稳定时间。Hold 时间指在时钟有效沿之后数据至少要保持多长时间。

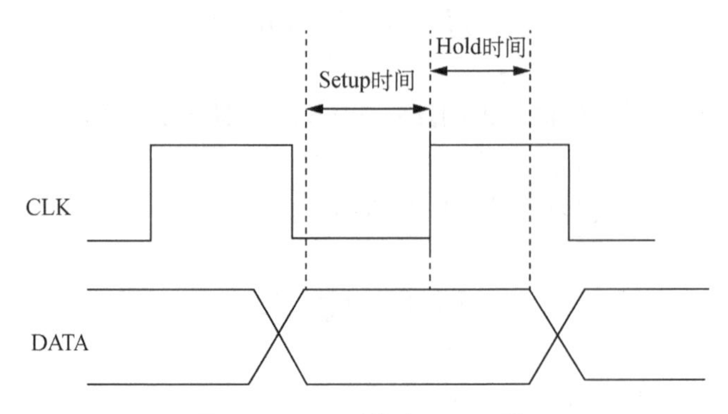

图 17 Setup 时间和 Hold 时间

另外,部分数字示波器还有“眼图”功能,如图 18 所示。眼图的分析是高速互联系统信号完整性分析的核心。体现了数字信号整体特征,反映出信号的码间串扰和噪声的影响,从而估计系统的优劣程度。一般眼图的“眼睛”睁得越大,眼图眼高越高,代表信号质量越好。

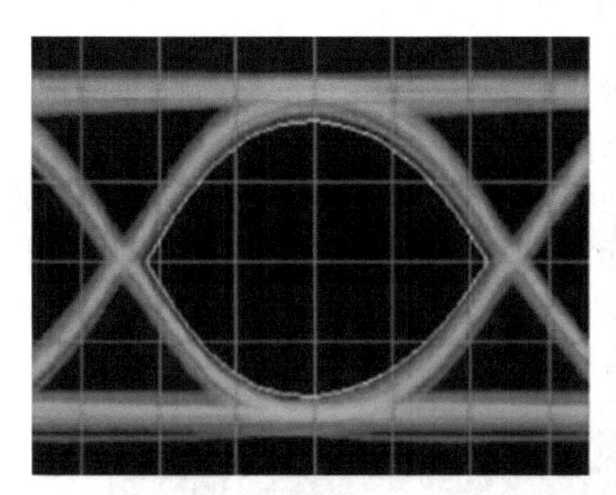
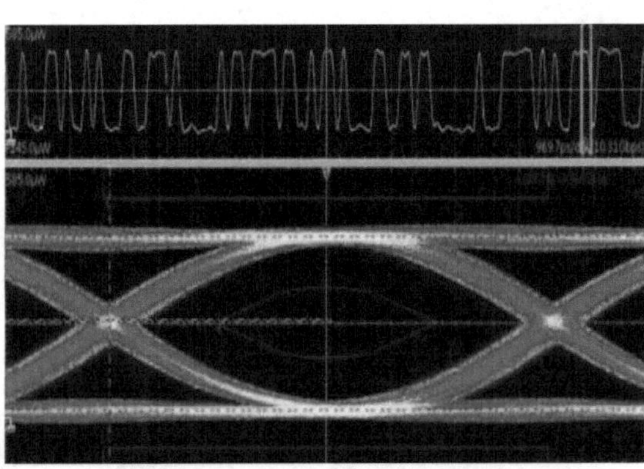

图 18 示波器的眼图

实验 13　空气中声速的测量

知识介绍

1. *声波的定义*

物体振动时激励着它周围的空气质元振动，由于空气具有可压缩性，在质元的相互作用下，振动物体四周的空气就交替地产生压缩与膨胀，并且逐渐向外传播，从而形成声波。声波传播方式不是物质的移动，而是能量的传播。也就是说质元并不随声波向前扩散，而仅在其原来的平衡位置附近振动，靠质元之间的相互作用影响邻近的质元振动，因此，振动得以向四周传播，形成波动。

质元振动方向平行于传播方向的波，称为纵波。质元振动方向垂直于波传播方向的波，称为横波。声波在空气中传播时只能发生压缩与膨胀，空气质元的振动方向与声波的传播方向是一致的，所以空气中的声波是纵波。声波在液体中传播一般也为纵波，但在固体中传播则既有纵波又有横波。

图 1　纵波

通常说来，声波可以在弹性媒介中传播，如气体、液体和固体等，但不能在真空中传播。声波的传播速度 v(m/s)依赖于弹性介质的物理特性，通常是

$$v_{固体} > v_{液体} > v_{气体}$$

对于空气和大多数气体而言，声波的传播速度受气体的密度、压强、温度、比热容和黏滞系数等因素的影响。

2. *声速的测量*

从 17 世纪开始，人们为声速的测量做了很多努力。早期的声速测量其实都是在比较光速和声速，一般都是用枪炮来同时发出光和声音，在较远的距离测量闪光和爆炸声的间隔时间来计算声速。鉴于光的传播时间完全可以忽略，且枪炮声基本上是与一般声音的速度相同(实际上比一般声音稍快)，这种方法是没有问题的。在克服了计时装置的简陋、风以及空气的温度和湿度等的不确定性影响后，在 18 世纪后半叶，声速测量值的误差已经缩小到了 0.5 m/s 以内。

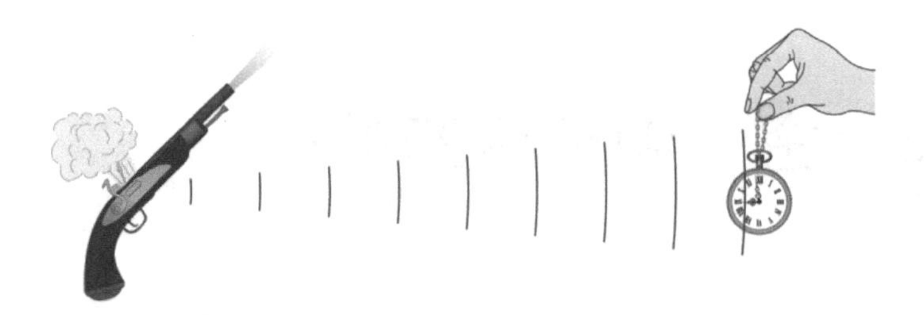

图 2

要消除大气环境中的风速以及空气不纯净等影响，更精确的测量必须在实验室内进行。测量方法则更多地利用了声波的特性，用波长和频率等来计算声速。1942 年，宾夕法尼亚州立大学的研究者们使用声波干涉仪得出了一个大气压、0 ℃下的干空气中的声速为 331.45 m/s，这是目前广泛使用的声速标准值。1984 年有人发现了其中的一个数学错误，并把该数值修正为 331.29 m/s。采用现代声速公式 $v=\sqrt{\gamma RT/M}$ 计算出的同等条件下的声速为 331.60 m/s，与实验值有千分之一的误差。实际上，声速的理论公式和实验结果都不是完全精确的，很难说哪个更准确。

3. 声速的计算

第一个从理论上推导出声速公式的是牛顿。他在 1687 年出版的《自然哲学的数学原理》中指出，声速取决于空气压力随密度的变化。并应用等温条件得出了声速的数值为 295 m/s，这比当时的测量值低了 20%。数学家欧拉和拉格朗日都曾经进行过声速的推导，得出了和牛顿差不多的结果。

图 3　牛顿

图 4　拉普拉斯

1802 年，拉普拉斯指出，声音的传播过程中伴随着气体的轻微的压缩和膨胀，温度会有变化，并不是个等温过程，而是一个绝热过程。1823 年，拉普拉斯采用当时空气热特性的测量数据，计算出声速为 337.15 m/s，与当时的测量值 340.89 非常接近，因此拉普拉斯是公认的第一个正确推导出声速的科学家。

然而科学界对此的争议并没有消失，因为当时气体的分子运动理论还没有建立，热量和温度等性质也没有完全确定。1857 年克劳修斯把牛顿的气体分子质点模型修改为弹性球模型，初步描绘了气体分子的碰撞规律。1859 年麦克斯韦发展了这一理论，提出气体分子的热运动速率满足某一分布规律。1866 年玻耳兹曼在他的博士论文中进一步发展了气体动理论，并在后来提出了统计力学方法，使气体运动论得以完善。然而，直到 20 世纪初，气体运动论才被广泛接受，声速的理论公式也终于完全被科学界所接受。

实 验 目 的

1. 学习测量超声波在空气中传播速度的方法；
2. 进一步掌握示波器的使用；
3. 了解压电换能器的功能及发射和接收超声波的方法；
4. 学习逐差法处理数据。

实 验 原 理

声速是描述声波在介质中传播快慢的物理量，通常可理解为在一定时间 Δt 内声波传播的路程 Δs。在波的传播过程中，波速 v、波长 λ 和周期 T（或频率 f）之间存在下列关系：

$$v=\frac{\lambda}{T}=f\cdot\lambda \tag{1}$$

于是，我们可以通过测定声波的波长 λ 和频率 f 来求得声速 v。测定声波波长的方法分别是利用驻波原理和比较相位差。

1. *利用驻波原理*

驻波是由两列传播方向相反，振幅、频率、波速都相同，且相位差恒定的简谐波叠加而成的。

相邻两波节（或波腹）之间的距离为波长的一半，如图 5 所示。

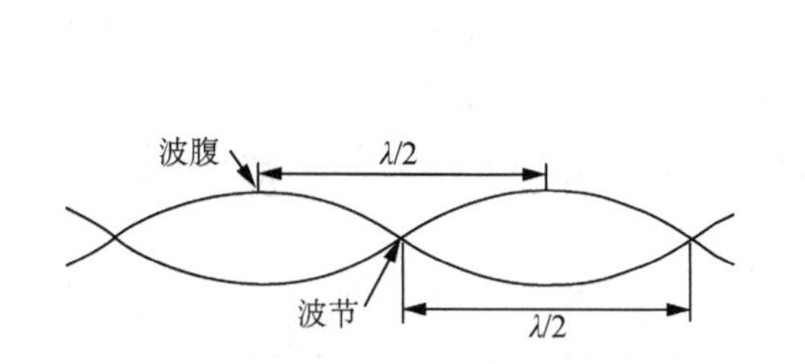

图 5 两振动合成后振动幅度包络曲线

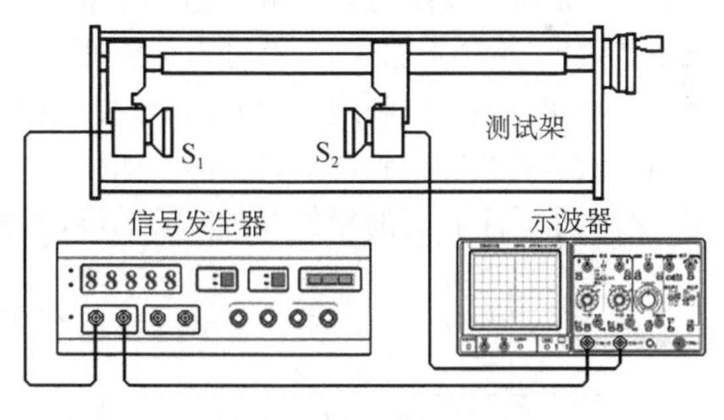

图 6 实验装置连线图

实验装置如图 6 所示，图中 S_1 和 S_2 为压电陶瓷超声换能器。S_1 作为超声发射头，信号发生器输出的正弦交变电压信号接到换能器 S_1 上，使 S_1 发出一平面声波。S_2 作为超声波接收头，把接收到的声压转换成交变的正弦电压信号后输入到示波器观察。S_2 在接收超声波的同时还反射一部分超声波。这样，由 S_1 发出的超声波和由 S_2 反射的超声波在 S_1 与 S_2 之间的区域干涉而形成驻波。改变 S_1 与 S_2 之间的距离，在一系列的特定位置处，接收面 S_2 上的声压有极大值（驻波波腹处）或者极小值（驻波波节处）。相邻两极大值或者极小值之间的距离，为半个波长 $\lambda/2$。为了测出驻波相邻波腹（或波节）之间半波长的距离，可以改变 S_1 与 S_2 的间距。在改变 S_1 与 S_2 间距的过程中，示波器荧光屏上显示的波形幅度的大小发生周期性变化，即由一个极大，变到极小，再变到极大。幅度每经一次周期性变化，就相当于 S_1 与 S_2 之间的距离改变了半个波长 $\lambda/2$。S_1 与 S_2 间距的变化用螺旋测微装置测得，超声波源的振动频率 f 由仪器显示，这样即可求得声速 v。

2. 比较相位差

从超声源 S_1 发出的超声波通过介质到达接收头 S_2，在发射波和接收波之间就产生了相位差。分别将发射波和接收波输入示波器的“CH1”和“CH2”通道，可以观察到如图 7 所示的波形。图中的 $\Delta\varphi$ 就是两者之间的相位差，改变 S_1 和 S_2 之间的距离，可以观察到 $\Delta\varphi$ 的变化。此相位差 $\Delta\varphi$ 和角频率 ω（$\omega=2\pi f$）、传播时间 Δt、声速 v、S_1 和 S_2 之间的距离 l、波长 λ 之间有如下关系：

$$\Delta\varphi=\omega\Delta t=2\pi\cdot f\cdot\frac{l}{v}=2\pi\frac{l}{\lambda} \tag{2}$$

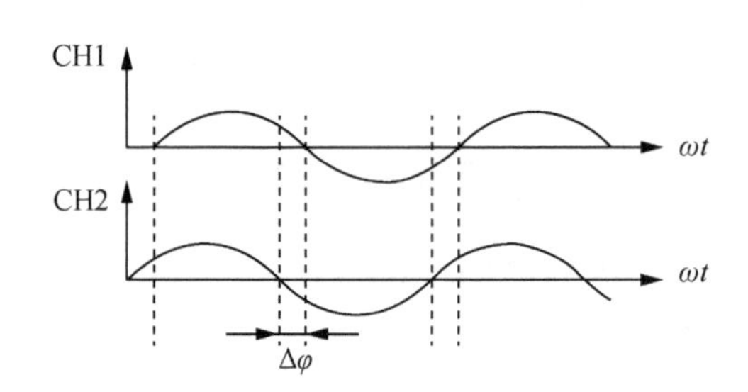

图 7　两振动间的相位差

由上式可知，若要使相位差 $\Delta\varphi$ 改变 2π，那么 S_1 和 S_2 的间距 l 就要相应地改变一个波长 λ。于是，根据相位差的变化，测出 S_1 和 S_2 的间距，便可以得出波长。声波频率 f 由信号发生器读出，这样根据式(1)便可求得声速 v。

判断相位差可以利用李萨如图形。在前面的示波器实验中我们已经观察到两个相互垂直的谐振动的叠加得到李萨如图形。如果这两个谐振动的频率相同，李萨如图形就很简单。图 8 给出了几个特定的相位差对应的图形，当相位差为零或 π 时，椭圆变成倾斜的直线。

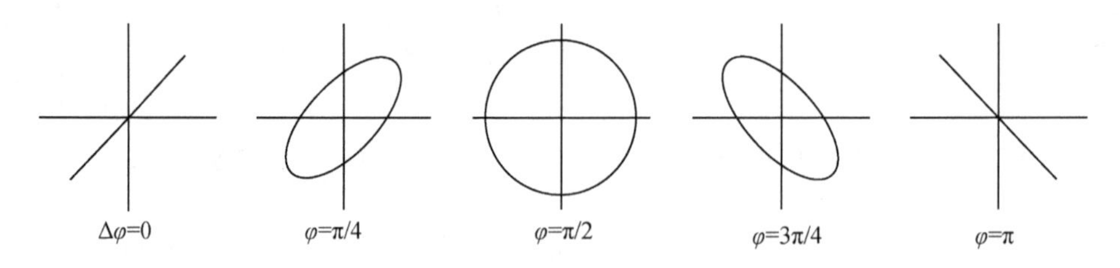

图 8　几个特定的相位差值对应的图形

将示波器的工作方式设置成“X-Y”方式，则发射波和接收波就分别加到示波器的“X”和“Y”偏转板上，这样就实现了两个谐振动相互垂直的叠加，从而在荧光屏上形成李萨如图形。如果在同一方向连续移动 S_2，改变 S_1 和 S_2 之间的距离，两个振动的相位差也随之变化。在两个振动的相位差从 0 变化到 π 的过程中，荧光屏上可以看到图形从斜率为正的直线变为椭圆再变到斜率为负的直线。测量时应选择比较灵敏的图形（如李萨如图形为直线）

作为测量的起始位置，S_2 每移动一个波长的距离就会重复出现同样斜率的直线（即图像由“/”变到“\”，再变回到“/”）。

实验仪器

声速测试仪（SV-DH-7 型）和通用双踪示波器（已于示波器实验中使用过，不再赘述）。

声速测试仪由物理通用实验双通道信号发生器和声速测试架组成。AFG-2225 型信号发生器的面板如图 9 所示。该信号发生器可输出频率范围从 1 μHz 到 25 MHz 的正弦波、方波信号，信号的电压幅度可调。

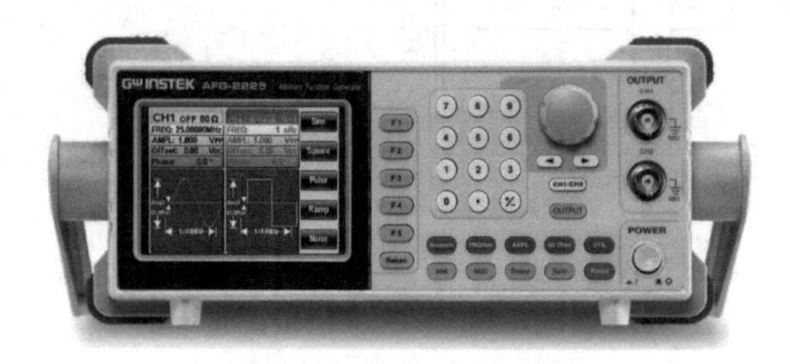

图 9　AFG-2225 型双通道信号发生器

表 1　AFG-2225 型信号发生器按键功能

面板标志	名称	功能
$F_1 \sim F_5$	功能选择按键	用于功能激活
Waveform	波形键	用于选择波形类型
FREQ/Rate	频率键	用于设置频率或采样率
AMP	幅值键	用于设置波形幅值
DC Offset	直流偏置	用于设置直流偏置
Preset	复位键	用于调取预设状态
Output	输出键	用于打开或关闭波形输出
CH1/CH2	通道切换	用于切换两个通道
可调旋钮		用于编辑值和参数
数字键盘		用于键入值和参数，常与可调旋钮一起使用

声速测试架如图 10 所示。它包含两个换能器和一个螺旋测微装置。换能器 S_1 用于发射声波，固定在测试架上。换能器 S_2 是用于接收声波，它随丝杆的旋转而移动，从而改变两者之间的距离。S_1 和 S_2 之间的距离由毫米分度尺与测微鼓轮的组合读出。

两个换能器的性能完全相同，由压电陶瓷片和轻重两种金属组成，实现声压和电压之间的转换，其结构如图 11 所示。压电陶瓷片（如钛酸钡等）是由一种多晶结构的压电材料做成的，在一定温度下经极化处理后，具有压电效应，即在压电陶瓷片的两底面加上正弦交变电压，它就会按正弦规律发生纵向伸缩(厚度按正弦规律产生形变)，从而发出超声波；同样压电陶瓷可以在声压的作用下把声波信号转化为电信号，转化过程中信号频率保持不变。在压电陶瓷片的头尾两端胶粘两块金属，组成夹心型振子。头部用轻金属(铝)做成喇叭形、尾部用重金属(钢)做成圆柱形，中部为压电陶瓷片，三者紧固组合在一起。这种结构增大了辐射面积，增强了振子与介质的耦合作用，发射的超声波方向性强，平面性好。

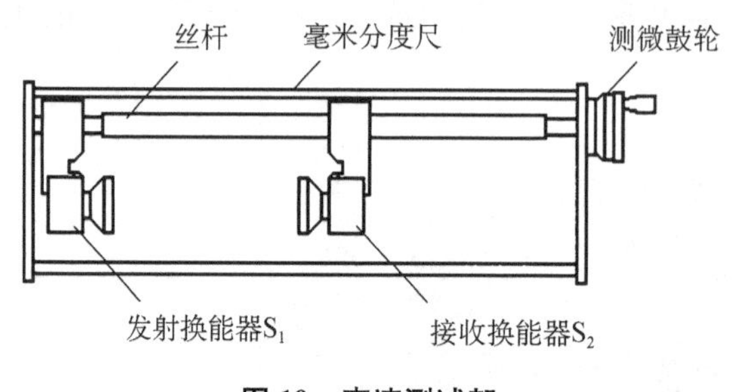

图 10 声速测试架

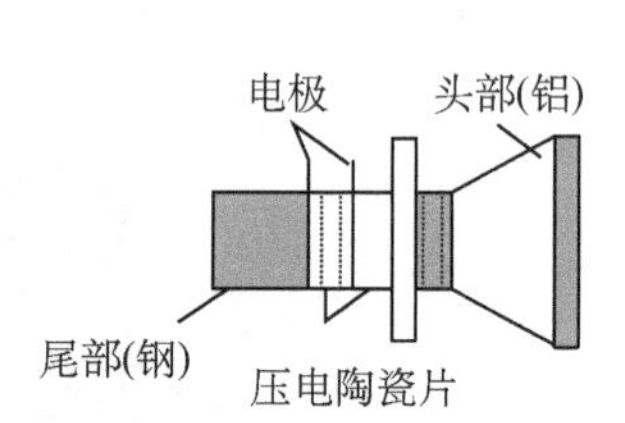

图 11 换能器结构示意图

实验内容

1. 共振干涉法

(1) 按图 6 连接好仪器。将信号发生器的输出与固定换能器 S_1 及示波器的 CH1 通道相连，将可动换能器 S_2 与示波器的 CH2 通道相连。开启电源预热 15 min。同时熟悉仪器各旋钮、按键的功能。

(2) 根据实验要求调整好示波器。调整信号发生器，点击信号发生器的波形按钮，选择正弦波信号，点击信号发生器的频率按钮，将输出信号的频率粗调至 36 kHz 附近，使示波器上显示出正弦波形。

(3) 测定压电陶瓷换能器最佳工作频率

压电陶瓷换能器有自身的谐振频率，只有外加驱动信号频率与该谐振频率一致时，换能器才能较好地进行声能和电能的相互转换，得到较好的实验效果。

测定换能器最佳工作频率的方法如下：首先调节输出信号，使信号发生器幅度在 8～10V_{pp}之间，再仔细调节输出信号的频率，同时观察接收波的幅度变化，当接收波的幅度达到最大，此频率即是换能器 S_1 和 S_2 相匹配的频率，记录这一频率值 f。改变换能器 S_1 和 S_2 间的距离，重新调整频率，使接收幅度最大，记录此时的频率值 f。依此重复测量 5 次，取其平均值作为压电陶瓷换能器的最佳工作频率。

表 2 换能器最佳工作频率测量数据表

测量次数	1	2	3	4	5	平均值
频率 f/kHz						

(4) 声波波长 λ 的测量。旋转测微鼓轮，缓慢移动 S_2，使换能器 S_1 和 S_2 间的距离由小

变大(反之测量亦可,但中途不得倒转鼓轮,以免引起空程差),连续记录第1, 2, 3, …, 19, 20个出现接收波幅度最大的对应位置 l_1, l_2, l_3, …, l_{19}, l_{20},这些值由毫米分度尺和测微鼓轮组合读出。将所测数据记入表3中。

表3 共振干涉法测量声速数据表

测量次数 i	位置读数 l_i /mm	测量次数 i	位置读数 l_i /mm	$\lvert l_{i+10}-l_i \rvert$	声波波长 λ/mm $\left(\lambda=\frac{1}{5}\lvert l_{i+10}-l_i\rvert\right)$
1		11			
2		12			
3		13			
4		14			
5		15			
6		16			
7		17			
8		18			
9		19			
10		20			
平均值					

(5) 数据处理。用逐差法处理数据并计算出声波波长 λ;按式(1)计算出声波在空气中的传播速度 v 及其误差。记录实验室的室温,按式(3)计算此温度下声波在空气中传播速度的理论值 v_t,并将实验值与该结果比较,计算百分误差。

$$v_t = 331.45\sqrt{1+\frac{t}{273.15}} \tag{3}$$

2. 相位比较法

(1) 压电陶瓷换能器的工作频率仍用干涉法中测得的结果。

(2) 用示波器观察图8所示的波形。改变换能器 S_1 和 S_2 间的距离,观察所显示的波形有何变化。记录观察结果。

(3) 将示波器设置为"X-Y"功能方式,使换能器 S_1 和 S_2 间的距离大于6 cm;改变换能器 S_1 和 S_2 间的距离,观察示波器荧光屏上李萨如图形的变化。

(4) 测量声波波长 λ 。在换能器 S_1 和 S_2 间的距离大于6 cm状态下,旋转测微鼓轮,使换能器 S_1 和 S_2 间的距离由小变大(反之测量亦可),连续记录第1, 2, 3, …, 19, 20个相同斜率直线出现的对应位置 l_1, l_2, l_3, …, l_{19}, l_{20}。将测得值记入表4中。

(5) 数据处理。用逐差法计算出声波波长 λ;按式(1)计算出声波在空气中的传播速度 v。

将实验结果与计算的室温下声波在空气中传播速度的理论值比较,计算百分误差。

表4 相位法测量声速数据表

测量次数 i	位置读数 l_i /mm	测量次数 i	位置读数 l_i /mm	$\lvert l_{i+10}-l_i \rvert$	声波波长 λ/mm $\left(\lambda=\frac{1}{10}\lvert l_{i+10}-l_i \rvert\right)$
1		11			
2		12			
3		13			
4		14			
5		15			
6		16			
7		17			
8		18			
9		19			
10		20			
平均值					

注意事项

1.在实验测相关位置前，一定要先测出压电陶瓷换能器的最佳工作频率，否则示波器的响应会不灵敏。

2. 实验中移动 S_2 时要缓慢，并时刻注意示波器上图形的变化，不能因图形变化过度而回转丝杆。

3. 测量声波的波长时，若换能器 S_1 和 S_2 间的距离由小变大，则开始时换能器 S_1 和 S_2 间的距离应大于 6 cm，若换能器 S_1 和 S_2 间的距离由大变小，则测量第一次读数位置要事先配合好，避免在测量了一部分数据后，发现 S_1 和 S_2 靠太近，无法继续准确测量。

观察思考

1. 声速测量中共振干涉法、相位比较法有何异同?

2. 为什么在谐振频率条件下进行声速测量? 如何调节和判断测量系统是否处于谐振状态?

3. 为什么发射换能器的发射平面与接收换能器的接受平面要保持相互平行? 如果二者不平行，结果会怎样?

4. 声音在不同介质传播有何区别? 在不同介质中声速为什么会不同?

拓展阅读

1. 超声波

通常我们人的耳朵只能听到频率在20～20 000 Hz之间的声音，频率高于20 000 Hz的声音就叫作超声波。超声波的特点：①几乎呈直线传播，具有较强的穿透能力和良好的反射性能；②探测距离远，定位精度高；③检测灵敏度高，可获得丰富的探测信息；④对人体危害很小。超声波的技术应用，概括起来主要包括以下方面：超声探伤、测厚、测距、医学诊断和成像。在工业生产中常常运用超声透射法对产品进行无损探测。超声波发生器发射出的超声波能够透过被检测的样品，被对面接收器所接收。如果样品内部有缺陷，超声波就会在缺陷处发生反射，这时，接收器便收不到或者不能全部收到发生器发射出的超声波信号。这样，就可以在不损伤被检测样品的情况下，检测出样品内部有无缺陷。

在医疗诊断中则常采用回声法：将弱超声波透入人体内部，当超声波遇到脏器的界面时还会再次发生反射和透射。透射入脏器内部的超声波，遇到界面时还会再次发生反射和透射，超声波接收器专门接收各层次上的反射波。医务人员根据所收到的各层次反射波的时间间隔和波的强弱，就能够了解到脏器的大小、位置及其内部的病变等。

超声处理主要是利用它的功率特性和空化作用，改变或加速改变物质的某些物理、化学、生物特性或状态。利用强超声波进行加工、清洗、焊接、乳化、粉碎、脱气、医疗、种子处理等，已经广泛地应用于工业、农业医疗卫生等各个部门。

在工业上，利用强超声波对钢铁、陶瓷、宝石、金刚石等坚硬物体进行钻孔和切削加工。平时我们用锤子和钢钎也可以一下一下地将坚硬的岩石打出洞来，超声加工也是这个道理。

2. 次声波

频率低于20 Hz的声音就叫作次声。次声发生时所产生的波动叫次声波。它的频率范围大约在0.001～20 Hz之间。在自然界里，次声波到处存在。许多自然现象，如火山爆发、地震、龙卷风、雷电、台风、海洋波浪、流星和极光等，都会发出次声波。就连人的心脏，除了平时我们熟悉的脉动之外，也会发出12 Hz的次声波。人的肺同样如此，它在呼吸的同时，会产生0.25～0.3 Hz的次声波。人类许多活动，如核爆炸、火箭发射、超音速飞机飞行、机器运转和桥梁振动等，也都会产生次声波。

虽然人耳听不见次声，但可以用仪器检测它的存在。科学家在研究过程中发现，次声波有独特的性质。它不容易被大气、水和地层等物质吸收，因此传播距离远，穿透性强。次声波可以在大气中传播几千千米，其衰减吸收还不到万分之几分贝。1883年，印尼喀拉喀托火山爆发产生的次声波绕地球转了3圈。1961年，苏联在新地岛进行了1 500万t当量的核爆炸试验，产生的次声波足足绕了地球5周。1968年，苏联一艘核潜艇在水下发生爆炸，千里之外的美国也能收到它产生的次声波，并且相当准确地判断出发生爆炸的水域。

次声波产生的影响不可忽视。研究表明，1～3 Hz的次声波可以使人产生恐惧，地震前动物的不安，就是这个频带次声波引起的；3～6 Hz的次声波能使人精神失常，失去理智；8～12 Hz的次声波可以使人思维集中，增强记忆力；但太强的次声波却使人感到烦躁、耳鸣、头痛、失眠、恶心和心悸。人的晕船和晕车，就是由于机器振动空气和海浪摩擦发生的次声波引起的。特别强烈的次声波还会使人四肢麻木、耳聋、鼻孔出血、内脏破裂直至死亡。因此，一些国家为了保证人们的健康，规定了环境次声的声级，如美国和挪威等国规定在120 dB以下，瑞典等国规定在100 dB以下。

人类一方面努力防治次声波的危害，另一方面积极利用次声波的特性造福于社会。因为次声波传播远、速度快，所以能利用它及早探测到各种有害的自然现象的发生。风暴移动的速度远远小于次声波传播的速度，因此，若设立监测站，就可以及早收到风暴产生的次声波，并准确地发布警报。同样，地震研究人员可以利用地震发出的次声波测量出较大范围内地面的位移量，医生用仪器检测人体器官发出的次声波，可以帮助确诊疾病的位置，地质工作者在地面上有计划地定点爆破，让它发出的次声波穿透地层，从而获得地下构造的信息，军事上，人们建立次声监测站，可以有效地监视导弹卫星发射的情况。

图12 地震

图13 风暴

随着现代科学技术的发展，人们对次声波的研究越来越深入。次声学已成为现代声学中的一门新兴分支学科。许多国家利用计算机技术建立了次声监测网络，科学家还设计出各种灵巧的次声波接收器。次声波从不同入口处进入接收器后叠加，可有效地排除干扰，大大提高了信噪比。接收器收到次声波后，立即通过压电晶体转换成电信号，再由电缆线路传输到中心站，可以用磁带或纸带记录下来分析。若用录音机以慢速度收录，再以快速度播放，就相当于使次声波频率成倍放大，人耳可以直接听清鉴别。当把电信号送入计算机后，可以定量分析得出结论。总之，人们研究次声波、利用次声波的热情日益高涨，次声波将会给人类带来更多的福音。

实验 14　模拟静电场的描绘

知 识 介 绍

大多数人都有过这样的生活经验，在干燥和多风的天气里，晚上脱衣服（特别是毛织衣）睡觉时，黑暗中常听到噼啪的声响，而且伴有蓝光，这是摩擦静电的“放电”的现象。究其原因，在正常状况下，物质中的一个原子的质子数与电子数量相同，正负平衡，所以一般物质对外不表现出带电。但因某种原因会使电子从一个物体转移到另一个物体上，这会使某些物质因失去电子而带有正电；得到多余电子的物质则带负电；物体所带的电若保持空间相对静止，则称静电。而摩擦恰是这种原因之一。

带有静电的物体周围有电场，由静止电荷激发的电场称为静电场。自然界中的电荷只有两种，即正电荷和负电荷。如：丝绸摩擦过的玻璃棒所带的电荷是正电荷；用干燥的毛皮摩擦过的硬橡胶棒所带的电荷是负电荷。同种电荷相斥，异种电荷相吸。静电场是电荷周围空间存在的一种特殊形态的物质，其基本特征是对置于其中的静止电荷有力的作用，这个力的大小满足库仑定律公式：

$$F=\frac{Q_1 Q_2}{4\pi\varepsilon_0 r^2} \tag{1}$$

其中 $\varepsilon_0=8.854\ 187\ 817\times10^{-12}\ \mathrm{C^2/(N\cdot m^2)}\approx8.854\ 2\times10^{-12}\ \mathrm{C^2/(N\cdot m^2)}$。

1. 电场及电场线

电场强度 E 是一个矢量，在电场中某一场点电场强度的数值和方向等于置于该点处单位正点电荷所受到的电场力。为了直观形象地描述电场，法拉第引入了电场线的概念，电场线虽然是假想的图线，但可以很方便地用图示的方法表示电场。在任何电场中，每一点的场强 E 都有确定的大小和方向，因此可以设想在电场中画出一系列曲线，使曲线上每一点的切线方向与该点场强 E 的方向一致，如图 1 所示，这些曲线称为电场线。为了使电场线同时能表示各点场强的大小，绘制的曲线必须有疏密。通常规定场强大处电场线较密，场强小处电场线较疏。此外电场线还有如下重要性质：

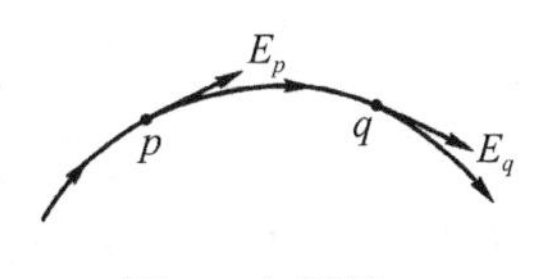

图 1　电场线

(1) 电场线始于正电荷，终止于负电荷，不会在无电荷处中断；

(2) 任意两条电场线不会相交；

(3) 静电场中的电场线不形成闭合曲线。

2. 电势及等势线

电势 U 是一个标量，在数值上等于将单位正电荷从该点移动到无穷远处（零电势处）电场力所做的功。电场强度与电势大小在数值上有如下关系：

$$U_a=\int_a^{\infty}\vec{E}\cdot \mathrm{d}l \tag{2}$$

$$\vec{E}=-\nabla U=-\left(\frac{\partial U}{\partial x}\vec{i}+\frac{\partial U}{\partial y}\vec{j}+\frac{\partial U}{\partial z}\vec{k}\right) \tag{3}$$

式中“—”号表示电场强度的方向总是指向电势降低的方向。

一般说来，静电场中电势的数值是逐点变化的，但总存在许多电势值相等的点，将电势值相等的点连成的曲面称为等势面。在画等势面图时，通常规定两相邻等势面间的电势差相同。我们可以通过绘制等势面的方法形象化地描述电场中电势的分布。图 2 是按此规定画出的三种电场中的等势面与电场线，其中虚线表示等势面，实线表示电场线。分析各种等势面图可以知道，等势面和电场线具有如下联系和性质：

（1）等势面与电场线保持处处正交。

（2）等势面密集的地方电场强度大，稀疏的地方电场强度小。

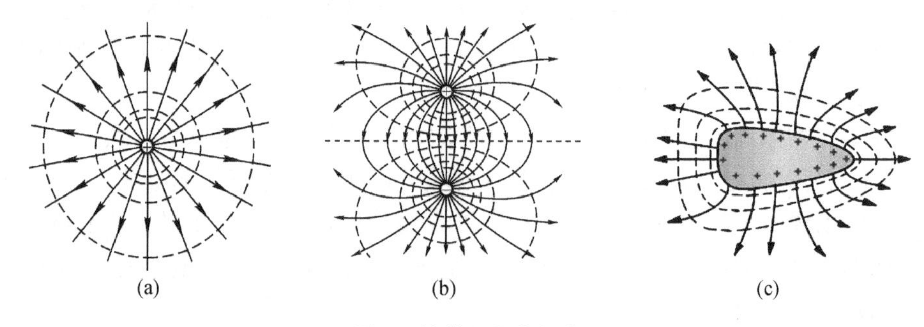

图 2　等势面和电场线

等势面与电场线正交的性质具有实用意义。对于一些理论上难以计算的不规则带电体产生的电场，可以采用实验方法测量电势差，先绘制一系列等势面，再画出电场线，电场的分布便形象地显示出来了，本实验就是据此而生。

实 验 目 的

1. 了解描绘静电场的原理和方法，学习测绘静电场的实验技巧；
2. 考察一些特殊电极产生的静电场的分布，加深和巩固对电场强度和电势概念的理解；
3. 练习用作图法描绘不同电极产生的静电场的等势线和电场线。

实 验 仪 器

模拟法测绘静电场，目前在电介质的选取上有两类：一类是用水作为导电介质；另一类是用电导率很小的导电纸或导电微晶作为导电介质。本实验采用导电微晶作为电介质进行电场描绘仪及测量。

GVZ-3 型导电微晶静电场描绘仪［包括导电微晶、双层固定支架、同步探针、电源（直流输出范围为 7.00～13.00 V，分辨力为 0.01 V)]，如图 3 所示，支架采用双层式结构，下层为制作好的导电微晶，上层对应放置垫板与记录纸。电极已直接制作在导电微晶上，并将电极引线接出到外接线柱上，电极间制作有导电率远小于电极且各向均匀的导电介质，接通直流电源(10 V)就可进行实验。

图 3 GVZ-3 型导电微晶静电场描绘仪

在导电微晶和记录纸上方各有一探针，上层探针较为尖锐，通过金属弹性探针臂把两探针固定在同一手柄座上，两探针相对位置固定且始终保持在同一铅垂线上。以保证在移动手柄座时，两探针的运动轨迹同样。利用下层探针找到待测点，然后按下上层探针，在准备好的记录纸上留下一个对应的印记。移动同步探针在导电微晶上找出若干电位相同的点，即可描绘出等势线。

注意：由于导电微晶的面积有限，边缘处电流只能沿边缘流动，等势线必然与边缘垂直，使该处的等势线和电力线严重畸变。也就是说，用有限大的“模拟模型”去模拟无限大的空间电场时，必然会受到“边缘效应”的影响(如要减小这种影响，则要使用“无限大”的导电微晶进行实验，或者人为地将导电微晶的边缘切割成电力线的形状，这样做显然不符合实际)。

实 验 原 理

在科学研究及实际应用中，常常需要确定带电体周围的静电场分布，这些任意形状的带电体在空间的电场分布较为复杂，一般很难写出它们的数学表达式，理论计算非常困难。而直接对静电场进行测量也相当困难，对于静电场，测量仪器只能采用静电式仪表，而实验中一般采用磁电式仪表，磁电式仪表需要有电流才能有反应。静电场中无电流，磁电式仪表不起作用，且一旦将仪器放入静电场中，金属探针上就会产生感应电荷。这些电荷产生的磁场将叠加到原待测静电场中，使原静电场产生畸变，影响测量结果。

为了解决上述问题，我们采用稳恒电流场来模拟静电场的方式完成对静电场的描绘。静电场与稳恒电流场本是两种不同的场，但两者之间在一定条件下具有相似的空间分布，静电场遵守的基本规律(如高斯定理、环路定理等)对稳恒电流场也适用，因此可以用稳恒电流场来模拟静电场(从理论上可以导出稳恒电流场与静电场的电势分布函数完全相同)。只要这两种电场中的电极(或导体)具有相同的形状、位置和电势差，具有相同的边界条件，则它们就有相同的方程和解，也就是说静电场的电场线和等势线与稳恒电流场的电流密度矢量和等势线具有相似的分布。

我们可以从电荷产生场的观点加以分析。如果在导电介质中没有电流通过,其中任一体积元(宏观小,微观大,即其内仍包含大量原子)内正负电荷数量相等,没有净电荷,呈电中性。当有电流通过时,单位时间内流入和流出该体积元内的正或负电荷数量相等,净电荷也为零,仍然呈电中性。因而,整个导电介质内有电流通过时也不存在净电荷。应该看到,真空中静止电荷(电极)产生的静电场和导电介质中通有稳恒电流时产生的电场都是由电极上的电荷产生的。事实上,真空中电极上的电荷是不动的,在有电流通过的导电介质中,电极上的电荷一边流失,一边由电源补充,在动态平衡下保持电荷的数量不变。所以这两种情况下电场分布是相同的,也就是说,我们可以用稳恒电流场模拟静电场,下面就举例进行分析。

1. 平行长直均匀带电直线的电势分布

两长直平行线如图 4(a)所示放置,采用两根假想的带等量异号电荷(本例分析等量异号电荷情况)的无限长平行直线来代替两带电圆柱体,圆柱导体外空间的电场就等于两带电直线在该空间产生的电场。如图 4(b)上图所示,设两长直平行线所带电荷线密度分别为$+\tau$及$-\tau$,相距为 $2b$,若以坐标原点为电势参考点,则任意点 P 处的电势为:

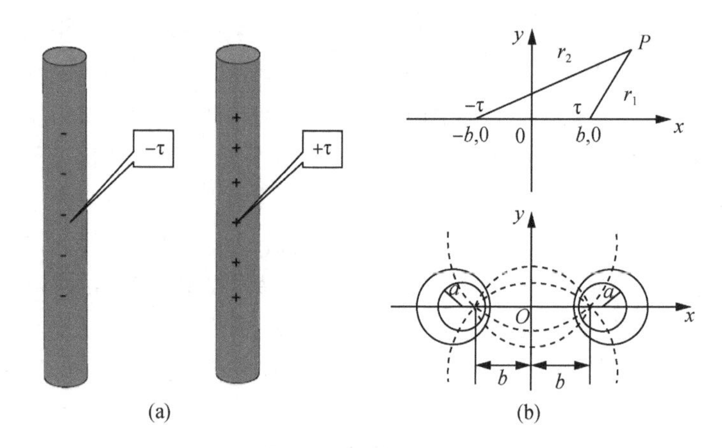

图 4 两根平行长直均匀带电直线的静电场分布

$$U=\frac{\tau}{2\pi\varepsilon_0}\cdot\ln\frac{r_2}{r_1} \tag{4}$$

令 $\frac{r_2}{r_1}=k=$常数,可得等势线方程为:

$$\left(\frac{r_2}{r_1}\right)^2=k^2=\frac{(x+b)^2+y^2}{(x-b)^2+y^2} \tag{5}$$

推导可得:

$$\left(x-\frac{k^2+1}{k^2-1}b\right)^2+y^2=\left(\frac{2kb}{k^2-1}\right)^2 \tag{6}$$

由上式可看出,在 xOy 平面内,等势线是以 $\left(\frac{k^2+1}{k^2-1}b,\ 0\right)$ 为圆心,半径为 $a=\left|\frac{2kb}{k^2-1}\right|$ 的一簇偏心圆,如图 4(b)下图所示,k 取不同的值可以得到不同的等势线。

2. 无限长同轴电缆的静电场分布

(1) 模拟依据

对于静电场，电场强度在无源区域内满足以下积分关系：

$$\oiint \vec{E} \cdot d\vec{S} = 0$$

$$\oint_l \vec{E} \cdot d\vec{l} = 0$$

而对于稳恒电流场，电流密度矢量$\vec{j}$在无源区域中也满足类似的积分关系：

$$\oiint \vec{j} \cdot d\vec{S} = 0$$

$$\oint_l \vec{j} \cdot d\vec{l} = 0$$

在边界条件相同时，二者的解是相同的，下面就电场及电势分布分别进行描述。

(2) 同轴电缆静电场电势分布

同轴电缆(Coaxial Cable)是指有两个同心导体，而导体和屏蔽层又共用同一轴心的电缆，如图 5。最常见的同轴电缆由绝缘材料隔离的铜线导体组成，在里层绝缘材料的外部是另一层环形导体及其绝缘体。

在计算过程中，我们将同轴电缆的模型简化为如图 6(a)所示的示意图。圆柱形导体和环形导体同心放置，分别带有等值异号电荷，其间为真空。由高斯定理可知，其电场线沿径向由 A 向 B 辐射分布。取任一垂直于轴的横截面电场分布为例进行分析。

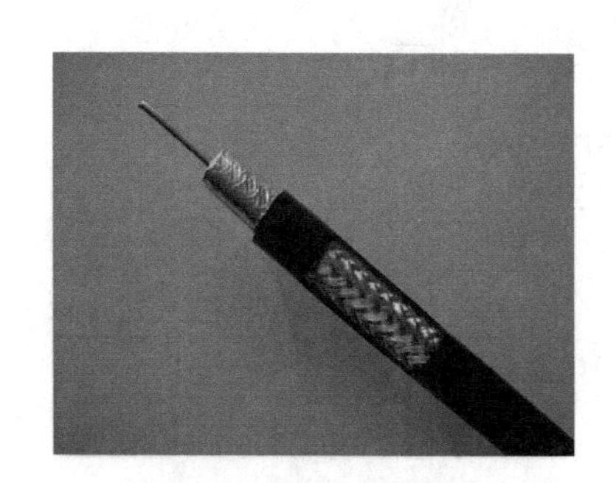

图 5　同轴电缆解剖图

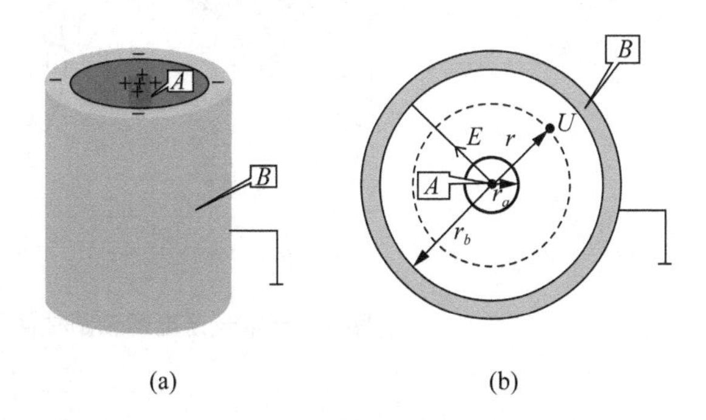

图 6　无限长同轴圆柱面的静电场分布

如图 6(b)所示，设内圆柱半径为 r_a，电势为 U_a，外圆柱的内半径为 r_b，电势为 U_b，则电场中距离轴心半径为 r 处的电势 U_r 可表示为：

$$U_r = U_a - \int_{r_a}^{r} \vec{E} \cdot d\vec{r} \tag{7}$$

圆柱内 r 点的场强大小为：

$$E = \frac{K}{r} (r_a < r < r_b) \tag{8}$$

式中 K 与圆柱体上电荷密度有关，将式(8)代入式(7)则：

$$U_r = U_a - \int_{r_a}^{r} \frac{K}{r} \cdot \mathrm{d}r \tag{9}$$

令 $r = r_b$ 可得：

$$U_b = U_a - K\ln(r_b/r_a) \tag{10}$$

所以：

$$K = \frac{U_a - U_b}{\ln(r_b/r_a)} \tag{11}$$

令 $U_b = 0$，将 K 代入式(9)可得：

$$U_r = U_a \frac{\ln(r_b/r)}{\ln(r_b/r_a)} \tag{12}$$

(3) 同轴电缆稳恒电流场电势分布

若 A、B 间填充电阻率为 ρ 的一种不良导体，且 A 和 B 分别与直流电源的正极和负极连接，如图 7 所示，则 A、B 间形成径向电流，即可建立一个稳恒电流场。同样分析垂直于轴的任一横截面，取厚度为 h 的同轴圆柱片来研究。半径为 $r \sim r + \mathrm{d}r$ 之间的圆柱片的径向电阻为：

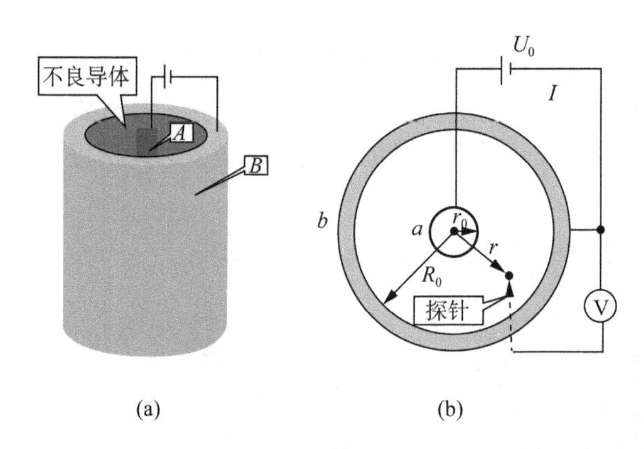

图 7　无限长通电同轴圆柱面的稳恒电流场分布

$$\mathrm{d}R = \frac{\rho}{2\pi h} \frac{\mathrm{d}r}{r} \tag{13}$$

从而可求得距中心 r 处的电势：

$$U'_r = IR_{rb} = U_a \frac{\ln(r_b/r)}{\ln(r_b/r_a)} \tag{14}$$

式中 R_{rb} 为半径 $r \sim b$ 之间的圆柱片的径向电阻，I 为径向电流，计算过程请同学们根据欧姆定律自行完成。上式与式(12)具有相同的形式，说明稳恒电流场与静电场的电势分布是相同的，而电场是电势的负梯度函数，因此，稳恒电流的电场与静电场的分布也相同。

通过上面特例，证明了用稳恒电流场模拟静电场的可行性与等效性。

实验内容

1. 描绘两根平行长直均匀带电直线的静电场分布

（1）静电场专用稳压电源输出＋（红）接线柱用红色电线连接描绘架（红）、－（黑）接线柱用黑色电线连接描绘架（黑）接线柱。专用稳压电源探针输入＋（红色）接线柱用红色电线连接探针架接线柱。将探针架好，并使探针下探头置于导电微晶电极上，打开电源，将选择开关拨至“校正”挡，调节电压调节旋钮使电表指示为10.00 V，再将选择开关拨至“测量”挡准备测量。

（2）将报告纸放在固定支架的上层并用压条压好，移动同步探针先找出电缆的正负极并在报告纸上用“＋”和“－”号来标注。然后从1 V开始，平移同步探针，用导电微晶上放的探针找到等势点后，按一下报告纸上方的探针，测出一系列等位点，共测5条等势线（同轴电缆$U=1$ V、3 V、…、9 V），每条等势线上找8个以上均匀分布的点。将电势相等的点连成光滑的曲线即成为一条等势线。根据电场线与等势线正交原理，再作出电场线。

作电场线时要注意以下几点：电场线与等势线正交，导体表面是等势面，电场线垂直于导体表面，电场线发自正电荷而中止于负电荷，电场线的疏密要表示出场强的大小，根据电极正、负画出电场线方向，得到一张完整的电场分布图（参见表1）。

2. 描绘同轴电缆的静电场分布

（1）用实验内容1相同的方法找到不同的等势点（$U=1$ V、3 V、…、9 V、10 V），相同电势的等势点应均匀分布，并不少于8个。以所有相同电势的等势点到原点的平均距离为半径画出该电势的等势线，将若干等势线组成同心圆簇。

（2）根据电场线与等势线正交原理，再画出电场线，并指出电场强度方向，得到一张完整的电场分布图（参见表1）。

（3）测量各等势圆半径，根据式（15）计算相应各等势线圆半径的理论值，求出百分误差，分析误差原因。式中r_a和r_b分别为同轴电缆的内、外半径（如图6所示）。

$$r_{\text{理}}=e^{\left[\ln r_b-\frac{U_r}{U_a}\ln\left(\frac{r_b}{r_a}\right)\right]} \tag{15}$$

3. 描绘其他形状电极的静电场分布

描绘实验室提供的其他形状电极的静电场分布（参见表1），实验步骤自拟。

表1　几种典型静电场的模拟电极形状及相应的电场分布

极型	模拟板形式	等位线、电场线理论图形
平行长直均匀带电直线	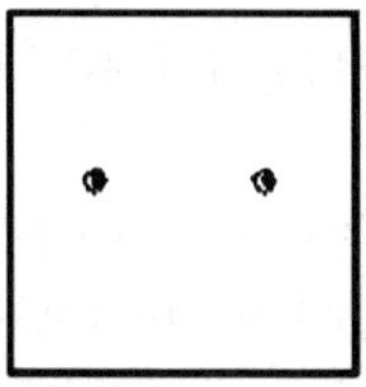	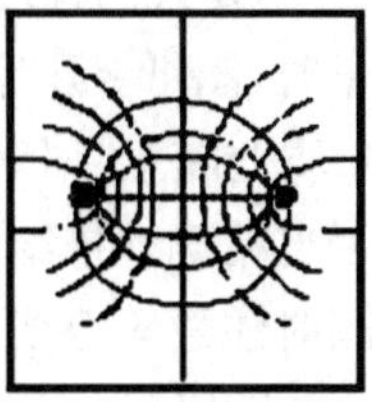

（续表）

极型	模拟板形式	等位线、电场线理论图形
同轴电缆	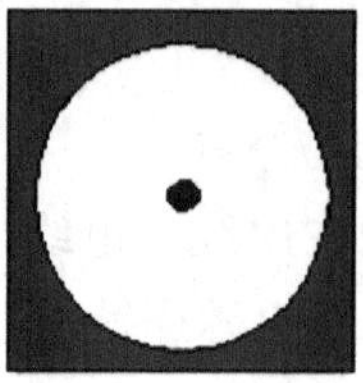	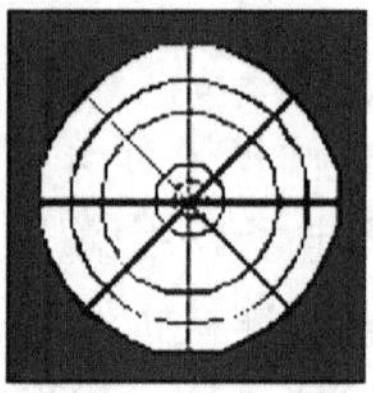
劈尖加长条		
模拟聚焦电极	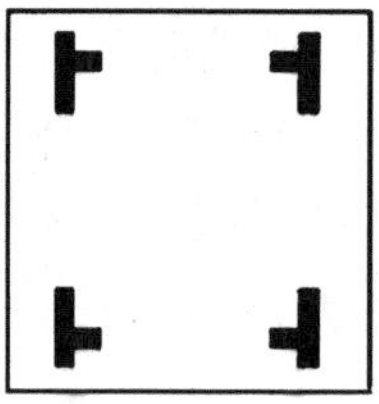	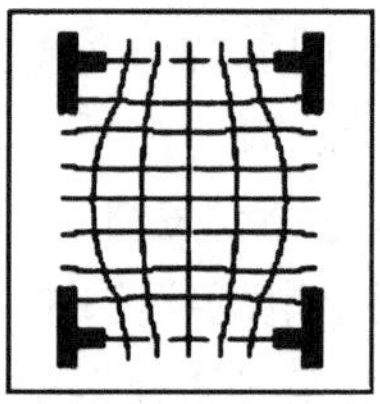

表 2 相关测量数据

$r_a=$______ cm，$r_b=$______ cm，$U_b=$______ V

U_r/V	0	1.00	3.00	5.00	7.00	9.00	10.00
U_r/U_a	0	0.10	0.30	0.50	0.70	0.90	1.00
$r_{理}/cm$							
$r_{实}/cm$							
百分误差 $E/\%$							

（注：灰色区域为待测量，请保证测量数据的完整性与正确性。）

注 意 事 项

1. 测量时，电势探针应该沿着一个方向（从外向里或从里向外）轻微缓慢移动，测量到某一点时，探针不要来回移动。

2. 测量时，图纸要压紧以免产生移动，按压探针用力不可太猛以免损伤探针尖。勿将探针在导电介质上随意“划动”。

3. 为了更精确地描绘等势线的形状，所取的等势点应该均匀分布。

4. 绘图时注意等势线与电场线垂直，场强方向指向电势降低的方向，每条等势线都必须注明相应的电压值。

5. 等势线与电场线垂直,场强方向由高电势指向低电势。每条等势线必须注明相应电压值。

6. 实验结束时应将电源关闭,同时将探针从导电微晶板上挪开。

观察思考

1. 用电流场模拟静电场的理论依据是什么? 用电流场模拟静电场的条件是什么?

2. 等势线与电力线之间有何关系? 试用电势梯度的概念解释实验中观察到的一些现象。

3. 如果电源电压增加一倍,等势线和电力线的形状是否发生变化? 电场强度和电位分布是否发生变化? 为什么?

4. 试举出一对带等量异号线电荷的长平行导线的静电场的“模拟模型”。这种模型是否是唯一的?

5. 如果电极与导电介质接触不良,对实验有何影响? 如果导电介质不均匀,对实验结果有何影响?

拓展阅读

1. 静电的危害与防护

静电现象是一种自然现象。静电会给人们带来麻烦和危害,静电火花会点燃易燃物质而引起爆炸。它的一种危害来源于带电体的互相作用,例如:在飞机机体与空气、水气、灰尘等微粒摩擦时会使飞机带电,如果不采取措施,将会严重干扰飞机无线电设备的正常工作,使飞机无法与地面控制点联系;在印刷厂里,纸页之间的静电会使纸页黏合在一起,难以分开,给印刷带来麻烦;在制药厂里,由于静电吸引尘埃,会使药品达不到标准的纯度。

另一种危害,是有可能因静电火花点燃某些易燃物体而发生爆炸。夜晚,我们脱尼龙、毛料衣服时,会发出火花和“叭叭”的响声,这对人体基本无害,但在手术台上,静电火花会引起麻醉剂的爆炸,伤害医生和病人;在煤矿,则会引起瓦斯爆炸造成巨大的伤害。

清除静电危害的方法有多种,如:加速工艺过程中的泄漏或中和;限制静电的积累使其不超过安全限度;控制工艺流程,限制静电的产生,使其不超过安全值等,具体操作如接地、增湿、加入抗静电添加剂等,使已产生的静电电荷泄漏、消散、避免静电的积累等。

然而,任何事物都有两面性,静电也有它有利的一面,在工业及生活中有很多的应用场景。

2. 静电的应用

(1) 静电除尘

静电除尘是气体除尘方面的一种。含尘气体经过高压静电场时被电分离,尘粒与负离子结合带上负电后,趋向阳极表面放电而沉积。在冶金、化学等工业中用以净化气体或回收有用尘粒。

如图 8 所示,高压电源的正极接到金属圆筒上,负极接到悬挂在管芯的金属线上,它们之间有很强的电场,距管芯的金属线越近,场强越大。因此,金属线附近的气体分子被强电场电离而成为电子和正离子。在电场力的作用下,正离子被吸引到金属线上,电子向着金属圆筒正极运动的过程中,附着在空气中的尘埃上,从而使灰尘被吸附到金属圆筒上,尘埃累积到一定程度,在重力作用下落入下侧漏斗中。该装置既可以清洁环境,也可以回收尘埃中的有用物质。

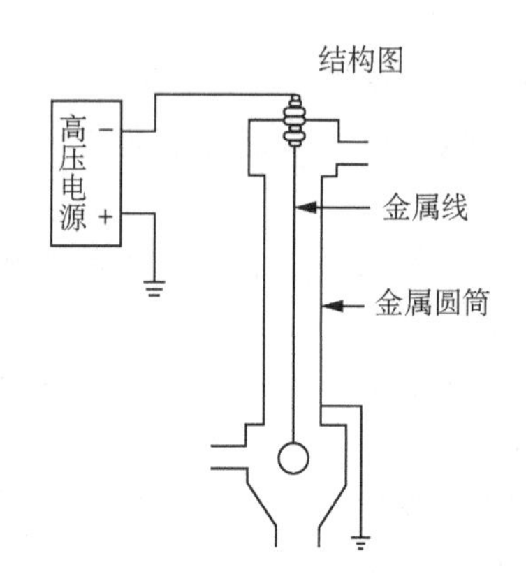

图 8 静电除尘装置及其结构图

(2) 静电植绒

静电植绒是利用电荷同性相斥异性相吸的物理特性,使绒毛带上负电荷,把需要植绒的物体放在零电位或接地条件下,绒毛受到异电位被植物体的吸引,呈垂直状加速飞升到需要植绒的物体表面上,由于被植物体涂有胶黏剂,绒毛就被垂直粘在被植物体上,因此静电植绒是利用电荷的自然特性产生的一种生产新工艺。其工艺过程如图 9 所示。

这种静电植绒产品具有立体感强、颜色鲜艳、手感柔和、豪华高贵、华丽温馨、形象逼真、保温防潮、不脱绒、耐摩擦、平整无隙等特点,如图 10 所示。

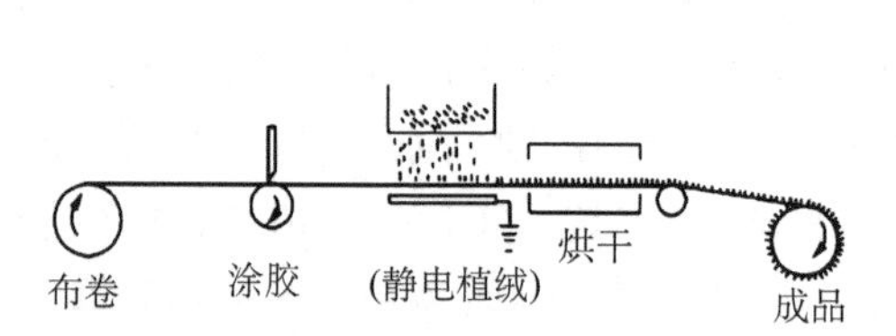

图 9 静电植绒流程图

图 10 植绒粉扑

实验 15　组合线圈的磁场

知识介绍

带电粒子在磁场中运动会受到磁场力的作用。这是荷兰物理学家洛伦兹(Hendrik Antoon Lorentz，1853—1928)在 1895 年建立经典电子论时，作为基本假定而提出的，后来被大量实验所证实，人们为了纪念他，以他的名字为这种力命名，称为洛伦兹力。

图 1　荷兰物理学家洛伦滋

洛伦兹是经典电子论的创立者。他认为电具有“原子性”，电的本身是由微小的实体组成的，后来这些微小实体被称为电子。他以电子概念为基础来解释物质的电性质。从电子论推导出运动电荷在磁场中要受到力的作用，即洛伦兹力。

一电荷量为 q，质量为 m 的粒子，以速度 $\boldsymbol{v}$ 在电场和磁场同时存在的空间运动，受到的电场力和洛伦兹力分别为：

$$\boldsymbol{F}_{\mathrm{e}}=q\boldsymbol{E}\quad \boldsymbol{F}_{\mathrm{m}}=q\boldsymbol{v}\times\boldsymbol{B}$$

带电粒子在电场和磁场中的运动会发生许多重要的物理现象，有着广泛的应用。如速度选择器、汤姆孙管和霍尔效应等。

1. 速度选择器

速度选择器是质谱仪的重要组件，其基本构造如图 2 所示。两块平行金属板分别连接在电源的两极形成匀强电场，内部有垂直于电场方向的均匀磁场，S_1 和 S_2 为两个狭缝，其中心连线与金属板平行。由粒子源发出的不同初速度的粒子(假设为带负电荷的粒子)，经过狭缝 S_1 进入有均匀磁场和均匀电场同时存在的区域。在该区域受到方向相反的电场力 $\boldsymbol{F}_{\mathrm{e}}$

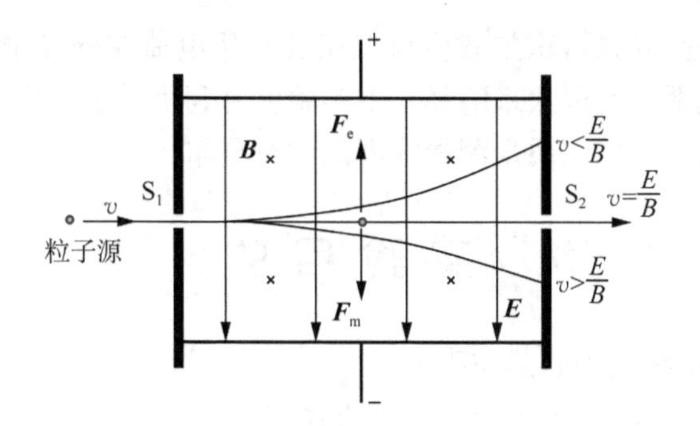

图 2　速度选择器

和洛伦兹力 $\boldsymbol{F}_m$的同时作用。显然，只有当 $qE=qvB$ 时，粒子才能从狭缝 S_2穿出。即只有速度满足

$$v=\frac{E}{B}$$

的粒子才能顺利通过两狭缝之间的区域，所以称为速度选择器。改变 E 或 B 的值就可以得到所需速度的粒子。

2. 汤姆孙管

1897 年，英国物理学家汤姆孙(Joseph John Thomson, 1856—1940)在剑桥大学从事稀薄气体放电的研究工作，在实验中证实了电子的存在，测定了电子的荷质比，轰动了整个物理学界。他当时使用的仪器后来被称为汤姆孙管，如图 3 所示。

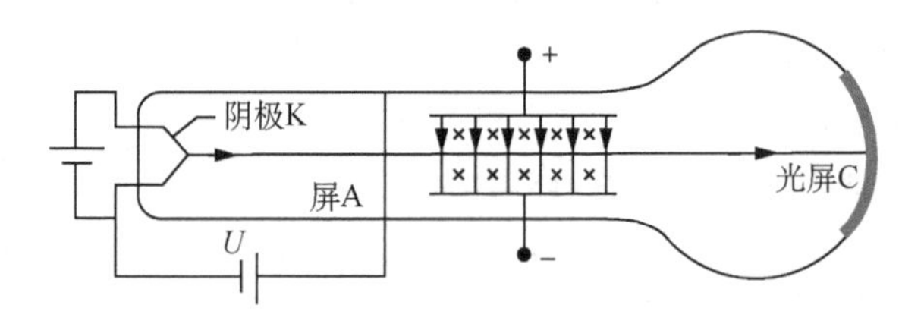

图 3 汤姆孙管

在真空管中，从阴极 K 发射出来的电子，经过电势差为 U 的电场加速后从屏 A 的狭缝中射出，进入电场和磁场方向互相正交的区域，最后射到荧光屏 C 上，调节 E 和 B 的大小和方向，可以控制荧光屏上光斑的位置。通过该实验，汤姆孙第一次测得了电子的荷质比。

当时虽然已经有了大西洋电缆，但是人们对什么是电尚不清楚，有人认为电是以太的活动。汤姆孙通过实验得出这种射线不是以太波而是粒子的运动，他声称这些粒子在一切物质中都能找到，甚至断言，它们比已知的最轻的原子的 1/1 000 还要轻。他的断言以及对 e/m 的测定，被称作是“电子的发现”。

3. 霍尔效应

1879 年，美国物理学家霍尔(E. H. Hall, 1855—1938)在研究金属的导电机制时发现，处于均匀磁场中的通电导体薄板，当电流方向与磁场方向垂直时，在垂直于磁场和电流方向的薄板的前、后两端之间会出现电势差，如图 7 所示。这一现象被称为霍尔效应，相应的电势差被称为霍尔电压。

在洛伦兹力的概念提出后，霍尔效应可以很容易用电荷在磁场中受到洛伦兹力而导致偏转，正负电荷在两侧聚集的现象来解释。本实验就是利用霍尔效应这种现象，通过霍尔电压与工作电流、磁感应强度的关系来测量线圈的磁场分布。

实 验 目 的

1. 测量单个通电圆线圈中磁感应强度；
2. 测量亥姆霍兹线圈轴线上各点的磁感应强度；
3. 测量两个通电圆线圈不同间距时的线圈轴线上各点的磁感应强度；

4. 测量通电圆线圈轴线外各点的磁感应强度。

实 验 原 理

1. 圆线圈的磁场

载流线圈在轴线(通过圆心并与线圈平面垂直的直线)上的磁场分布如图 4 所示，根据毕奥-萨伐尔定律，轴线上某点的磁感应强度为：

$$B=\frac{\mu_0 R^2}{2(R^2+x^2)^{3/2}}NI \tag{1}$$

式中 I 为通过线圈的电流强度，N 为线圈的匝数，R 为线圈平均半径，x 为圆心到该点的距离，μ_0 为真空磁导率。因此，圆心处的磁感应强度 B_0 为：

$$B_0=\frac{\mu_0}{2R}NI \tag{2}$$

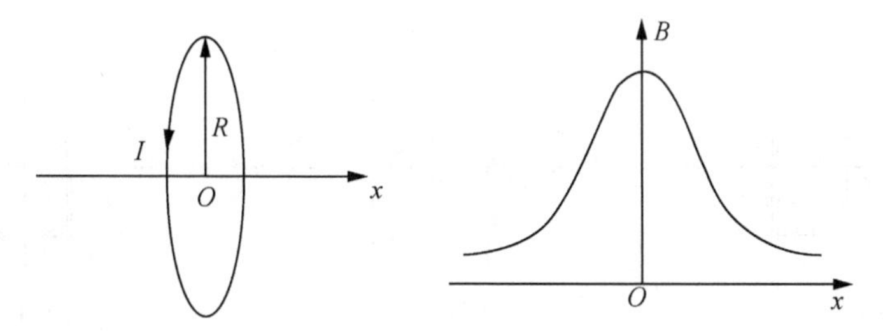

图 4　单个圆线圈轴线上的磁场

2. 共轴双线圈的磁场

两个圆线圈(匝数相同、半径相同)共轴放置，两线圈距离为 a，O 点为轴线中点，如图 5 所示，在轴线上的磁场可由两个圆线圈轴线上的磁场叠加求得。若两线圈中电流的大小、方向均一致，则两线圈在轴线上任意一点 P 处产生的磁感应强度 $\boldsymbol{B}_1$和 $\boldsymbol{B}_2$的方向一致，因此 P 点的磁感应强度为$\boldsymbol{B}_P=\boldsymbol{B}_1+\boldsymbol{B}_2$。以 O 点为坐标原点，$\boldsymbol{B}_1$和 $\boldsymbol{B}_2$的大小分别为：

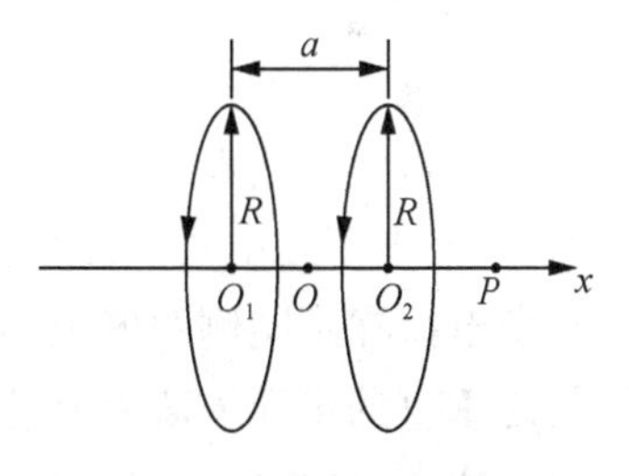

图 5　共轴双线圈

$$B_1=\frac{\mu_0 R^2}{2\left[R^2+\left(x+\frac{a}{2}\right)^2\right]^{3/2}}NI \quad B_2=\frac{\mu_0 R^2}{2\left[R^2+\left(x-\frac{a}{2}\right)^2\right]^{3/2}}NI$$

则 P 点的总磁感应强度大小为：

$$B_P=\frac{\mu_0 NIR^2}{2}\left\{\frac{1}{\left[R^2+\left(x+\frac{a}{2}\right)^2\right]^{3/2}}+\frac{1}{\left[R^2+\left(x-\frac{a}{2}\right)^2\right]^{3/2}}\right\} \tag{3}$$

当 $a=R$ 时，在线圈组轴线上中心 $O(x=0)$ 点处的磁感应强度大小为：

$$B_0=\frac{\mu_0 NI}{R}\frac{8}{5^{3/2}}=0.716\frac{\mu_0 NI}{R} \tag{4}$$

此时，在 $O_1(x=-R/2)$ 和 $O_2(x=R/2)$ 处的磁感应强度大小相等，都是

$$B_{O_1}=B_{O_2}=\frac{\mu_0 NI}{2R}\left(1+\frac{1}{2\sqrt{2}}\right)=0.677\frac{\mu_0 NI}{R} \tag{5}$$

由此可见，当两个线圈间距 a 正好等于圆线圈的半径 R 时，在两线圈的轴线上中点附近的磁场是近似均匀的，如图 6(b)所示。而这样一对匝数和半径相同，间距正好等于圆线圈半径的平行放置的共轴线圈组合称为亥姆霍兹线圈。这种线圈的特点是能在其公共轴线中点附近产生均匀磁场区，故在生产和科研中有较大的实用价值，常用来制造小范围的均匀磁场。

而如果这对共轴线圈之间的距离不等于 R，轴线上的磁场分布就不均匀。共轴圆线圈在不同间距时轴线上的磁场分布如图 6 所示。其中的虚线对应着每个线圈产生的磁场分布。

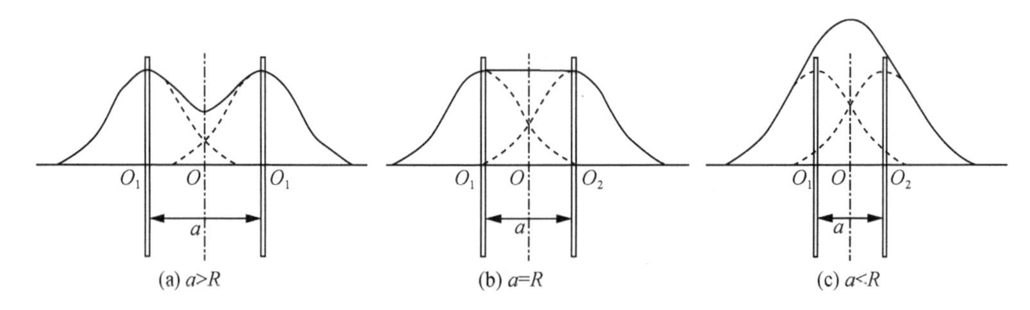

图 6　共轴双线圈轴线上的磁场

3. 霍尔效应测磁场

霍尔效应从本质上讲，是运动的带电粒子在磁场中受洛伦兹力的作用而引起偏转，当带电粒子(电子或空穴)被约束在固体材料中，这种偏转就导致在垂直电流和磁场方向上产生正负电荷在不同侧的聚积，从而形成附加的横向电场。如图 7 所示，磁场 $\boldsymbol{B}$ 位于 z 的正向，与之垂直的半导体薄片上沿 x 正向通以电流 I_S(称为工作电流)，假设载流子为电子，它沿着与电流 I_S 相反的 x 负向运动。

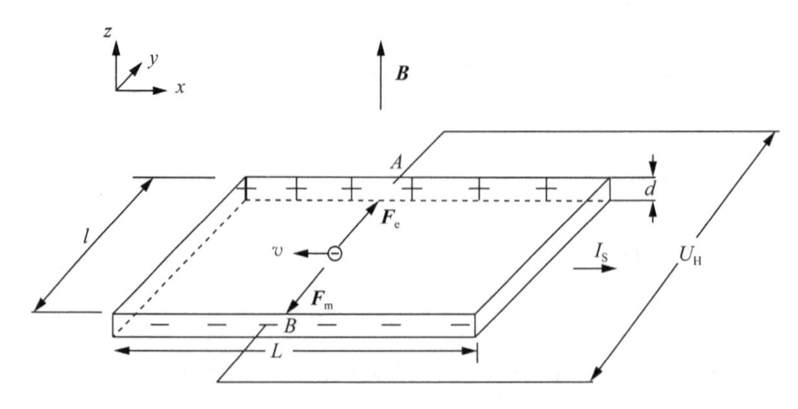

图 7　霍尔效应示意图

由于洛仑兹力 $\boldsymbol{F}_m$ 的作用，电子向 y 轴负方向的 B 侧偏转，在 B 侧积累，而相对的 A 侧形成正电荷的积累。由于正、负电荷在两侧的积累，在 A、B 之间建立起电场 $\boldsymbol{E}$。因此，电子还受到与 $\boldsymbol{F}_m$ 方向相反的电场力 $\boldsymbol{F}_e$ 的作用。随着电荷积累的增加，当两力大小相等即 $F_m = F_e$ 时，电荷积累达到动态平衡。这时在 A、B 两侧面之间建立起的附加电场称为霍尔电场 $\boldsymbol{E}_H$，相应的电势差称为霍尔电压 U_H。这个现象就叫作霍尔效应。由于 $F_m = F_e$，所以

$$qvB = qE_H \tag{6}$$

其中，q 是电子所带电荷量，v 是电子的平均漂移速度，B 是磁感应强度，E_H 是霍尔电场强度。又 $E_H = U_H/l$，则上式可化为：

$$vB = U_H/l \tag{7}$$

其中，U_H 是霍尔电压，l 是霍尔元件宽度。

设载流子浓度为 n，霍尔元件厚度为 d，考虑速度与工作电流 I_S 的关系有：

$$I_S = qnvS = qnvld \tag{8}$$

由(7)、(8)两式就可以得到：

$$U_H = \frac{I_S B}{qnd} \tag{9}$$

定义霍尔系数 $R_H = \frac{1}{nq}$，则上式可以写成：

$$U_H = R_H \frac{I_S B}{d} \tag{10}$$

表明，霍尔电压 U_H 的大小与电流 I_S 及电磁感应强度 $\boldsymbol{B}$ 大小成正比，而与霍尔元件沿 $\boldsymbol{B}$ 方向的厚度 d 成反比。其中 R_H 是一常量，仅与材料本身有关(严格来说，对于半导体材料，在弱磁场下应引入一个修正因子 $\alpha = \frac{3\pi}{8}$，从而有 $R_H = \frac{3\pi}{8}\frac{1}{nq}$)。

当霍尔元件的材料和厚度确定时，设：

$$K_H = R_H/d \tag{11}$$

其中 K_H 称为霍尔灵敏度，将式(11)代入式(10)中，霍尔电压可以表示为：

$$U_H = K_H I_S B \tag{12}$$

由此可以看出，若是已知霍尔片的霍尔灵敏度 K_H，只要测出霍尔电压 U_H 和工作电流 I_S，就可以计算出磁场 $\boldsymbol{B}$ 的大小，即

$$B = \frac{U_H}{K_H I_S} \tag{13}$$

这就是利用霍尔效应测磁场的原理。

实 验 仪 器

DH4501S 三维亥姆霍兹线圈磁场实验仪(包括测试架和信号源)如图 8 所示。

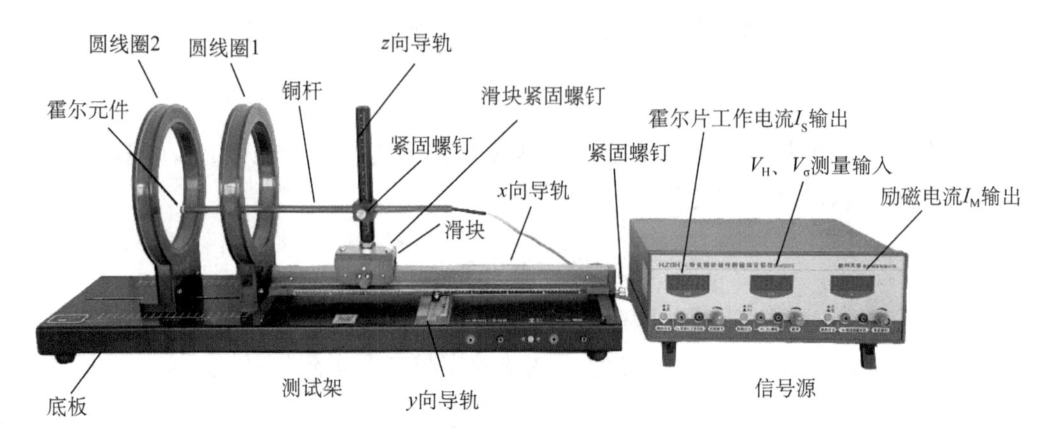

图 8 DH4501S 三维亥姆霍兹线圈磁场实验仪

1. 三维亥姆霍兹线圈磁场实验仪信号源

信号源的背部为 220 V 交流电源插座和开关,以及配套测试架的专用插座。

信号源的前面板主要分为三个部分,如图 8 右所示:

1) 霍尔片工作电流 I_S 输出:位于前面板左侧,三位半数显电流表,显示输出电流值 I_S(mA),直流恒流输出可调,用于提供霍尔片的工作电流。对应的转换开关进行正反向换向控制。

2) 励磁电流 I_M 输出:位于前面板右侧,三位半数显电流表,显示输出电流值 I_M(A),直流恒流输出可调,接到测试架的励磁线圈,提供实验用的励磁电流。对应的转换开关进行正反向换向控制。

注意:以上两组直流恒流源只能在规定的负载范围内恒流。同时只有在接通负载时,恒流源才有电流输出,数显表上才有相应显示。

3) U_H、U_σ 测量输入(仪器面板上显示的是 V_H、V_σ):位于前面板中部,三位半数显表显示输入值(mV),用于测量霍尔片的霍尔电压 U_H 及霍尔片长度 L 方向的电压降 U_σ。使用前将两输入端接线柱短路,用调零旋钮调零。U_H 与 U_σ 通过转换开关进行切换。

注意:连接测试架时,I_S 霍尔片工作电流输出端及 U_H、U_σ 测量输入端,与测试架上对应的接线端子一一对应连接(红接线柱与红接线柱相连,黑接线柱与黑接线柱相连)。励磁电流 I_M 输出端连接到测试架线圈时,可以选择接单个线圈或双线圈。接双线圈时,将两线圈串联,即一个线圈的黑接线柱与另一线圈的红接线柱相连。另外两端子接至实验仪的 I_M 端。

信号源各项技术参数如下,

I_S 输出范围:直流 0～5.00 mA;调节细度:10 μA;负载电阻范围:0～1 kΩ。

I_M 输出范围:直流 0～0.500 A;调节细度:1 mA;负载电阻范围:0～40 Ω。

U_H 显示：±0～19.99 mV；分辨力 10 μV。

U_σ 显示：±0～1 999 mV；分辨力 1 mV。

2. 三维亥姆霍兹线圈磁场实验仪测试架

测试架如图 8 左，两个圆线圈竖直安置于底板上，其中线圈 1 固定，线圈 2 的位置可以沿底板移动。移动范围为 50～200 mm。

励磁电流通过线圈后面的插孔接入，可以分别测单线圈和双线圈的磁场分布。滑块沿 x 向导轨移动用于改变霍尔元件 x 方向的位置，沿 y 向导轨移动用于改变霍尔元件 y 方向的位置。铜杆沿 z 向导轨上下移动，用于改变霍尔元件 z 方向的位置。装置的 x、y、z 向均配有位置标尺，在三维测量磁场时，可以方便地测量空间磁场的三维坐标。

本实验仪采用的是砷化镓霍尔元件，特点是灵敏度高，温度漂移小。霍尔元件安装于铜杆的左前端，导线从铜管中引出，连接到测试架后面板上的专用插座。

铜杆上有位置刻度，改变圆线圈 2 的位置进行磁场分布实验时，可松开铜杆上的紧固螺钉，移动铜杆至 R、$2R$ 或 $R/2$ 的位置，对应于圆线圈 2 在 R、$2R$ 或 $R/2$ 的位置，这样做的优点是移动滑块时，x 向的读数是以 0 位置为对称的。如果不改变铜杆的位置，则应对 x 向位置读数进行修正。

注意：实验中不要扯拉霍尔传感器的引出线，以防损坏！

测试架各项技术参数如下，

线圈等效半径：100 mm；线圈匝数：500 匝(单个)；线圈电阻：约 14 Ω。

砷化镓霍尔元件：四端引出，灵敏度>140 mV/(mA · T)；霍尔片的厚度 d 为 0.2 mm；宽度 l 为 1.5 mm，长度 L 为 1.5 mm。

三维可移动装置：x 向移动距离 ± 200 mm；y 向移动距离 ± 70 mm；z 向移动距离±70 mm。

实验内容

实验前准备：

在开机前先将工作电流 I_S 和励磁电流 I_M 调节到最小，即逆时针方向将电位器调节到最小，以防冲击电流将霍尔传感器损坏。

将两个线圈的距离设为 R，即 100 mm 处；铜杆位置置于 R 处；y 向导轨、z 向导轨均置于 0，并紧固相应的螺母，这样使霍尔元件位于线圈轴线上。

1. 测量单个通电圆线圈 1(或者 2)轴线上的磁感应强度

(1) 用连接线将励磁电流 I_M 输出端连接到圆线圈 1，霍尔传感器的信号插头连接到测试架后面板的专用四芯插座。其他连接线一一对应连接好。

(2) 开机，预热 10 min。调节 I_S =5.00 mA、I_M =0 A，再调节面板上的调零电位器旋钮，使毫伏表显示为 0.00 mV。这样做是消除不等电势对测量的影响，实测的数据表明，不等电势在几种负效应中对测量的结果影响最大。

(3) 再调节励磁电流 I_M=0.5 A，移动 x 向导轨，测量圆线圈 1 通电时，轴线上的各点处的霍尔电压，可以每隔 10 mm 测量一个数据。将测量的数据记录在表 1 中，再根据 $B=$

$\frac{U_H}{K_H I_S}$ 计算出各点的磁感应强度大小 B，并绘出 B-X 曲线图，即圆线圈轴线上 B 的分布图。

(4) (选做)将测得的圆线圈轴线上(x 向)各点的磁感应强度大小与理论公式(1)计算的结果相比较。

2. 测量亥姆霍兹线圈轴线上的磁感应强度

(1) 将亥姆霍兹线圈的距离设为 R，即 100 mm 处；铜杆位置置于 R 处；y 向导轨、z 向导轨均置于 0。

(2) 用连接线将圆线圈 2 和圆线圈 1 同向串联，连接到信号源励磁电流 I_M 输出端。其他连接线一一对应连接好。调节工作电流使 $I_S=5.00$ mA，调节 I_M 电流为零，再调节面板上的调零电位器旋钮，使毫伏表显示为 0.00 mV。

(3) 调节励磁电流 $I_M=0.5$ A，移动 x 向导轨，测量亥姆霍兹线圈通电时，轴线上的各点处的霍尔电压，每隔 10 mm 测量一个数据。将测量的数据记录在表 2 中，再根据公式 $B=\frac{U_H}{K_H I_S}$ 计算出各点的磁感应强度 $B_{(R)}$，并绘出 $B_{(R)}$-X 图，即亥姆霍兹线圈轴线上 $B_{(R)}$ 的分布图。

(4) (选做)将测得的亥姆霍兹线圈轴线上各点的磁感应强度与理论公式计算的结果相比较，并验证磁场叠加原理。

3. 测量两个通电圆线圈不同间距时轴线上的磁感应强度

(1) 调整圆线圈 2 与圆线圈 1 的距离为 50 mm，铜杆置于“$R/2$”处。重复以上实验内容 2 的测量过程，得到 $B_{(R/2)}$ 数据，并绘制出 $B_{(R/2)}$-X 曲线图。(表格自拟，与表 2 类似)

(2) 调整圆线圈 2 与圆线圈 1 的距离为 200 mm，铜杆置于“$2R$”处。重复以上实验内容 2 的测量过程，得到 $B_{(2R)}$ 数据，并绘制出 $B_{(2R)}$-X 曲线图。(表格自拟，与表 2 类似)

(3) 将绘制出的 $B_{(R)}$-X 图、$B_{(R/2)}$-X 图和 $B_{(2R)}$-X 图进行比较，分析和总结通电圆线圈轴线上磁场的分布规律。

4. (选做)测量通电圆线圈轴线外各点的磁感应强度

(1) 测量亥姆霍兹线圈 y 方向上 B 的分布

调整圆线圈 2 与 1 的距离为 100 mm，铜杆置于“R”处。x 向导轨、z 向导轨均置于 0。调节工作电流使 $I_S=5.00$ mA，调节励磁电流 $I_M=0.5$ A，松开紧固螺钉，沿 y 向移动，测量亥姆霍兹线圈通电时，y 向各点处的霍尔电压，每隔 10 mm 测量一个数据。

根据公式 $B=\frac{U_H}{K_H I_S}$ 计算出各点的磁感应强度 B，并绘出 $B_{(R)}$-y 图，即亥姆霍兹线圈 y 方向上 B 的分布图。

(2) 测量亥姆霍兹线圈 z 方向上 B 的分布

圆线圈 2 与 1 的距离、铜杆位置及 I_S、I_M 不变，x 向导轨、y 向导轨均置于 0。松开紧固螺钉，沿 z 向移动，测量亥姆霍兹线圈通电时，z 向各点处的霍尔电压，每隔 10 mm 测量一个数据。

根据公式 $B=\frac{U_H}{K_H I_S}$ 计算出各点的磁感应强度 B，并绘出 $B_{(R)}$-z 图，即亥姆霍兹线圈 z 方向上 B 的分布图。

(3) 根据前述内容，测量圆线圈 2 与 1 不同距离、任意点处的 B 值。

调节 x、y、z 向导轨，使霍尔传感器位于需要测量的位置，测出霍尔电压，即可求得磁感应强度 B。

注意：距离轴线较远及亥姆霍兹线圈外侧位置，由于霍尔元件与 B 并不完全垂直，存在角度偏差，所以会引入测量误差。

数据表格

表 1　测量单个圆线圈轴线上的磁感应强度

x/mm	U_1/mV	U_2/mV	U_3/mV	U_4/mV	$U_H=\frac{U_1-U_2+U_3-U_4}{4}$/mV	B_1/mT
	$+I_S$、$+I_M$	$+I_S$、$-I_M$	$-I_S$、$-I_M$	$-I_S$、$+I_M$		
−200						
−190						
⋮						
−20						
−10						
0						
10						
20						
⋮						
190						
200						

表 2　测量亥姆霍兹线圈轴线上的磁感应强度

x/mm	U_1/mV	U_2/mV	U_3/mV	U_4/mV	$U_H=\frac{U_1-U_2+U_3-U_4}{4}$/mV	$B_{(R)}$/mT
	$+I_S$、$+I_M$	$+I_S$、$-I_M$	$-I_S$、$-I_M$	$-I_S$、$+I_M$		
−200						
−190						
⋮						
−20						
−10						
0						
10						
20						
⋮						
190						
200						

注 意 事 项

1. 仪器使用前应预热 10～15 min，并避免周围有强磁场或磁性物质；

2. 仪器采用分体式设计，使用时要正确接线，勿扯拉霍尔传感器的引出线，以防损坏。

3. 仪器采用三维移动设计，可移动的部件很多，一定要细心合理使用，不可用力过大，以防影响使用寿命；铜管的机械强度有限，切不可受外力冲击，以防变形，影响使用。

观 察 思 考

1. 如果所加磁场和霍尔元件平面不完全正交，实验测得值比实际值大还是小？要准确测量磁感应强度 B 应如何进行？

2. 本实验所述霍尔探头能否用来测量磁铁缝隙中的磁场，为什么？能否测量交变磁场？

3. 实验测得的一对共轴线圈的磁场有什么特性？实验中证实了亥姆霍兹线圈中的磁场最均匀吗？为什么？

拓 展 阅 读

霍尔效应是霍尔在研究金属的导电时发现的，后来人们发现半导体、导电流体也有这种效应，而且半导体的霍尔效应比金属强得多。随着半导体技术的发展，利用半导体制成的各类霍尔器件大量出现并被广泛应用。

霍尔传感器就是根据霍尔效应制作的一种霍尔器件。主要分为线性型霍尔传感器和开关型霍尔传感器两种。开关型霍尔传感器由稳压器、霍尔元件、差分放大器、斯密特触发器和输出级组成，它输出数字量。线性型霍尔传感器由霍尔元件、线性放大器和射极跟随器组成，它输出模拟量。

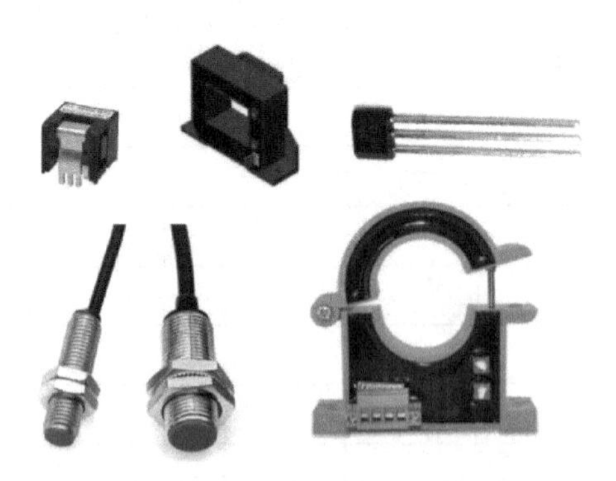

图 9 各式各样的霍尔传感器

霍尔器件具有许多优点，如结构牢固，体积小，质量轻，寿命长，安装方便，功耗小，频率高（可达 1 MHz），耐震动，不怕腐蚀等，因此用途很广。以磁场为媒介，霍尔器件可以将诸多的非电、非磁的物理量例如力、力矩、压力、位移、速度、角度等转变成电量来进行检测和控制。如下述三个方面的应用。

1. 测微小位移

如图 10 所示，将磁场强度相同的两块永久磁铁同极性相对放置，线性型霍尔传感器置于中间，其磁感应强度为零，这个点可作为位移的零点，即 $x=0$。因为 $B=0$，所以 $U_{\mathrm{H}}=0$。当霍尔传感器在 x 轴上移动 Δx 位移时，因为 $B\neq 0$，则传感器有一个电压输出，电压大小与位移大小成正比。以此来测定微小位移量。

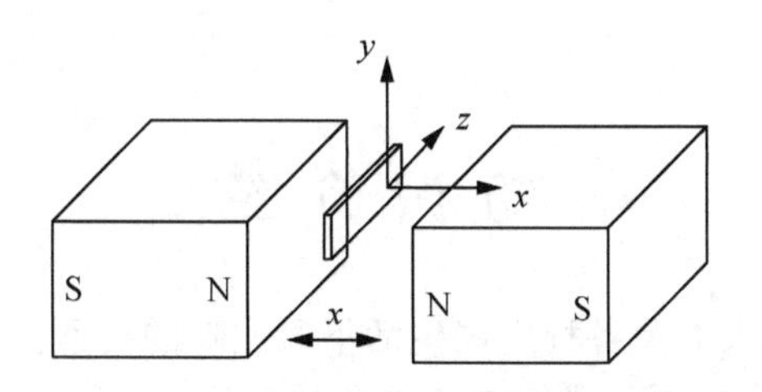

图 10　霍尔传感器测位移

2. 测量力

按测量位移原理，将拉力、压力等参数转换成位移变量，则可以测出拉力及压力的大小。

3. 点火、开关电路

霍尔器件在汽车行业也有很多应用，如汽车点火系统、开关电路等。设计者将霍尔传感器放在分电器内取代机械断电器，用作点火脉冲发生器。这种霍尔式点火脉冲发生器随着转速变化的磁场在带电的半导体层内产生脉冲电压，控制电控单元(ECU)的初级电流。相对于机械断电器而言，霍尔式点火脉冲发生器无磨损、免维护，能够适应恶劣的工作环境，还能精确地控制点火时刻，能够较大幅度提高发动机的性能，具有明显的优势。

用作汽车开关电路上的功率霍尔电路，具有抑制电磁干扰的作用。我们知道，轿车的自动化程度越高，微电子电路越多，就越怕电磁干扰。而在汽车上有许多灯具和电器件，尤其是功率较大的前照灯、空调电机和雨刮器电机在开关时会产生浪涌电流，使机械式开关触点产生电弧，产生较大的电磁干扰信号。采用功率霍尔开关电路可以减小这些现象。

除此之外，霍尔器件还在工业自动控制、信号处理、电力系统等多个领域有着广泛应用，在此不一一赘述。

实验 16　分光计的调节与三棱镜材料折射率的测量

知识介绍

光(主要指自然光)是人类及各种生物生活不可或缺的要素。我们常称赞大自然的美丽神奇,是因为光的色彩和形状给了我们美轮美奂的感受。而我们之所以能看到客观世界中丰富多彩的景象,是因为眼睛接收到物体发射、反射或散射的光。

光的研究历史与力学的一样悠久。在西方,光的反射定律早在欧几里得(Euclid,公元前330—275)时代已经闻名。在中国,据文献记载,对光的研究更早,可以追溯到两三千年以前的春秋战国时期,墨家学说的创始人墨子(墨翟,约公元前476—前390)进行了光学史上的第一个光学实验,其弟子所著的《墨经》中就记载了小孔成像的实验(对光的直线传播的认识)、光在镜面的反射等现象,奠定了几何光学的基础,建立了中国的光学体系。

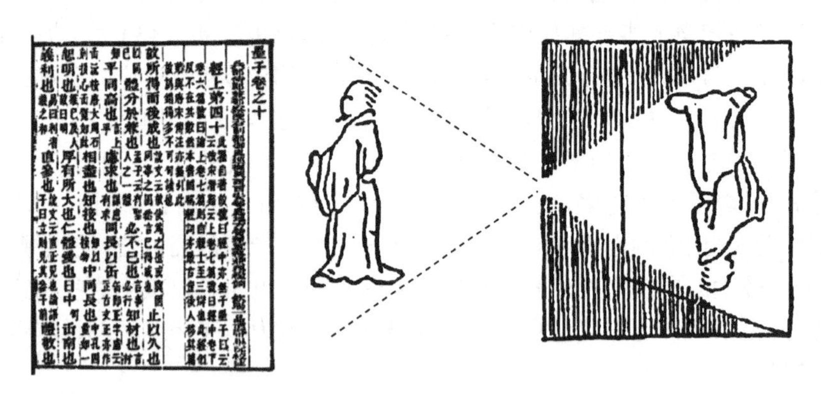

图1　《墨经》和小孔成像

从墨子之后的两千多年构成了光学发展的萌芽期,此段时间光学发展较为缓慢。1266年,英国科学家培根(R. Bacon,1214—1294)首次提出透镜矫正视力和采用透镜组构成望远镜的可能性,并描述了透镜焦点的位置。1299年佛罗伦萨人阿玛蒂(Armati)发明了眼镜,从而解决了视力矫正问题。波特(G.B.D.Porta,1535—1615)研究了附有凸透镜的暗箱成像,讨论了透镜组合,发明了简易照相机。并在1589年的论文《自然的魔法》中讨论了复合面镜以及凸透镜和凸透镜组的组合。综上所述,到15世纪末和16世纪初,凹面镜、凸面镜、眼镜、透镜以及暗箱和幻灯等光学元件相继出现。

随后进入了光学发展的转折期。1608年,荷兰商人李普塞(Lippershey,1587—1619)在制造镜片时,把一块凸透镜和一块凹透镜组合在一起往外看时,发现远处的景物就变近了,造出了第一架望远镜。伽利略(Galileo Galilei，1564—1642)对此很感兴趣，他用数学计算研究了用什么样的镜片组合在一起效果比较好，经过反复的实验，1609 年造出了人类历史上第一架按照科学理论制造出来的望远镜，如图 2 所示。他用自己造出的望远镜进行天文观测，获得了许多有重大意义的发现。

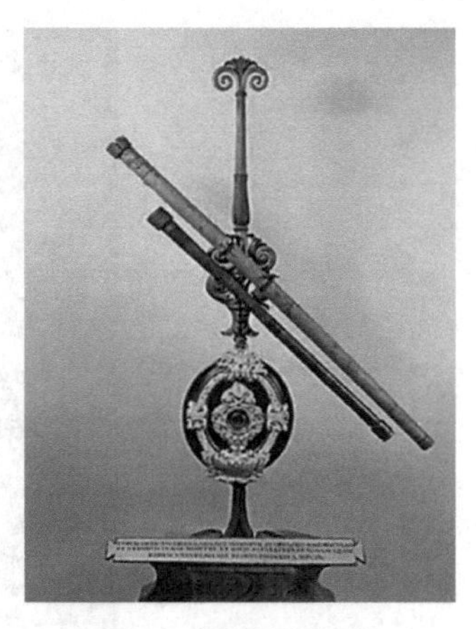

图 2 伽利略望远镜

17 世纪下半叶，牛顿(Isaac Newton，1643—1727)和惠更斯(Christiaan Huyg(h)ens，1629—1695)等把光的研究引向进一步发展的道路。

1666 年，牛顿开始用三棱镜研究色散现象。他布置了一个房间作为暗室，只在窗板上开一个圆形小孔，让太阳光射入，在小孔面前放一块三棱镜，立刻在对面墙上看到了鲜艳的像彩虹一样的七彩色带，这七种颜色由近及远依次排列为红、橙、黄、绿、蓝、靛、紫。之后他又做了复原白光的实验，即在原来的基础上加了一块三棱镜，第二块三棱镜将七彩的光复原成了白光。1672 年牛顿在做了大量实验之后将结论送交皇家学会评审引起轰动。这就是牛顿著名的三棱镜色散实验。

图 3 牛顿的三棱镜色散实验

该实验的成功为他后来的光学研究奠定了基础。由于了解了光经过三棱镜会有色散现象，1668 年牛顿还自己动手制成了第一架避免色散的反射望远镜。1704 年牛顿在出版的《光学》中提出光是微粒流的说法，之后很长一段时间以牛顿为代表的微粒说一直占据主导地位。以惠更斯为代表的波动说在这一时期也开始被提出。

19 世纪进入波动光学时期。19 世纪初，光的波动说基本成型。托马斯·杨(Thomas Young，1773—1829)圆满地解释了“薄膜颜色”和双缝干涉现象。菲涅耳(Augustin-Jean Fresnel，1788—1827)于 1818 年以杨氏干涉原理补充了惠更斯原理，由此形成了今天为人们所熟知的惠更斯-菲涅耳原理，用它可圆满地解释光的干涉和衍射现象，也能解释光的直线传播。

德国物理学家约瑟夫·冯·夫琅禾费(Joseph von Fraunhofer，1787—1826)进一步研究了牛顿的三棱镜色散实验。1814 年他发明了世界上第一台分光计，借助分光计和三棱镜，夫琅禾费观察了太阳的光谱线。除了看到以前人们认识到的七彩谱线之外，他还从中发现了很多的黑线(即太阳光谱暗线，1802 年英国化学家威廉·海德·沃拉斯顿是第一位注意到有一定数量的黑暗特征谱线出现在太阳光谱中，夫琅禾费再度发现之后开始了系统的研究。目前人们已经发现三万多条，夫琅禾费发现了 570 多条)。夫琅禾费将这些黑线绘制出来，以字母 A 到 Z 标出主要的特征谱线，较弱的则以其他字母表示。这些黑线后来被称为夫琅禾费线，它们与元素一一相对应，也就是著名的元素吸收谱线，因此整个太阳吸收光谱常被称为“夫琅禾费光谱”。它对天体物理的研究有着重大贡献。

图 4　夫琅禾费向朋友展示分光计

随后 19 世纪末 20 世纪初光学的发展又经历了量子光学时期，证实了光是电磁波，具有波粒二象性。到如今进入现代光学时期，尤其是激光问世以来，光学进入了一个崭新的阶段。光学与其他的学科和技术相结合，在人们的生产和生活中发挥着日益重大的作用。

本实验所用的分光计即是在夫琅禾费发明的分光计的基础上改进而来，借由分光计和三棱镜我们可以观察到复合光源的多色谱线，了解光的色散并测量棱镜的折射率。

实验目的

1. 了解分光计的结构及各组成部件的作用；
2. 通过测量三棱镜的最小偏向角，测定其对单色光的折射率；
3. 观察光的色散现象，绘制色散曲线。

实验原理

1. 用最小偏向角法测三棱镜材料的折射率

当单色光 I 以入射角 i_1 投射到棱镜的 AB 面上，相继经过棱镜两个光学面后，以 i_2 角从 AC 面出射，出射光和入射光线的夹角 δ 称为**偏向角**，如图 5 所示。棱镜的分光作用，正是由于不同波长的光偏向角不同所形成的。由该图所示的几何关系和折射定律，可以导出偏向角的具体表达式。

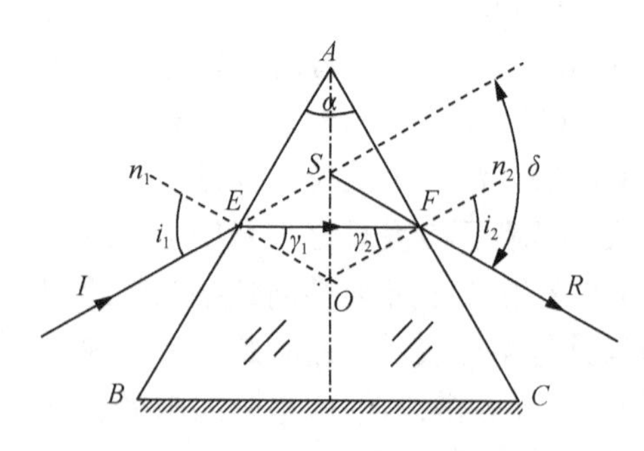

图 5　棱镜的折射与偏向角

对于给定的三棱镜，单色光线的偏向角 δ 随入射角 i_1 而改变。可以证明，当 $i_2=i_1$ 时，偏向角 δ 达到最小值，称为**最小偏向角**，记作 δ_0。在此情况下有关系式：

$$i_1=i_2=\frac{\alpha+\delta_0}{2},\quad \gamma_1=\gamma_2=\frac{\alpha}{2}$$

其中，α 为三棱镜的顶角。再利用折射定律，得到三棱镜材料的折射率为：

$$n=\frac{\sin i}{\sin\gamma}=\frac{\sin\dfrac{\alpha+\delta_0}{2}}{\sin\dfrac{\alpha}{2}} \tag{1}$$

由此可见，若是已知三棱镜顶角，通过测定某种波长的光线在三棱镜中的最小偏向角 δ_0，由式(1)就可以算出三棱镜对这种光线的折射率 n。

2. 光的色散

光的色散(dispersion of light)指的是复色光分解为单色光的现象。1666 年牛顿最先用三棱镜观察到光的色散，将白光分成彩色的光带。色散现象说明光在介质中的速度(或折射率)随光的频率 f 而变化。对同一种介质，光的频率越高，介质对这种光的折射率就越大。图 6 所示为三棱镜将白光分解成彩色光谱的示意图。在可见光中，紫光的频率最高，红光的频率最小。因此通过棱镜后，紫光的偏向角最大，红光最小。

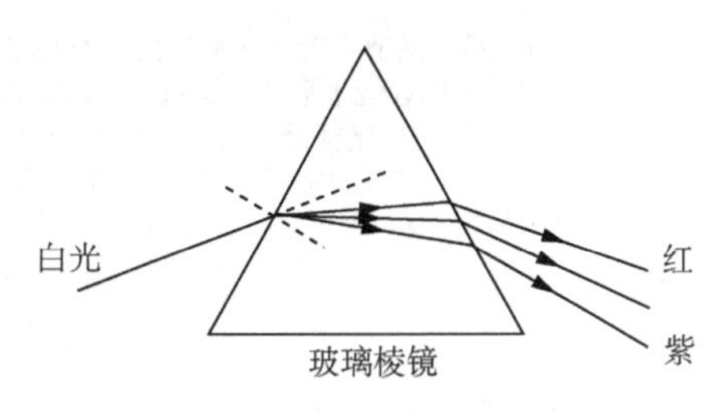

图 6　三棱镜色散示意图

测量不同波长光线通过三棱镜的最小偏向角，就可以利用式(1)算出三棱镜材料的折射率 n 与波长λ之间的关系曲线，即色散曲线。

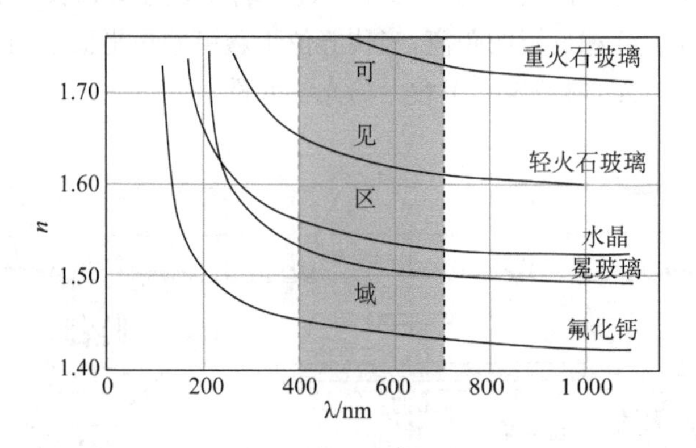

图 7　几种常见玻璃的色散曲线

实验仪器

分光计、三棱镜、汞灯、水准仪、双面平面镜。

1. 分光计的结构

分光计的结构如图 8 所示，它由底座、平行光管、望远镜、载物台和读数系统五部分组成。

(1) 底座

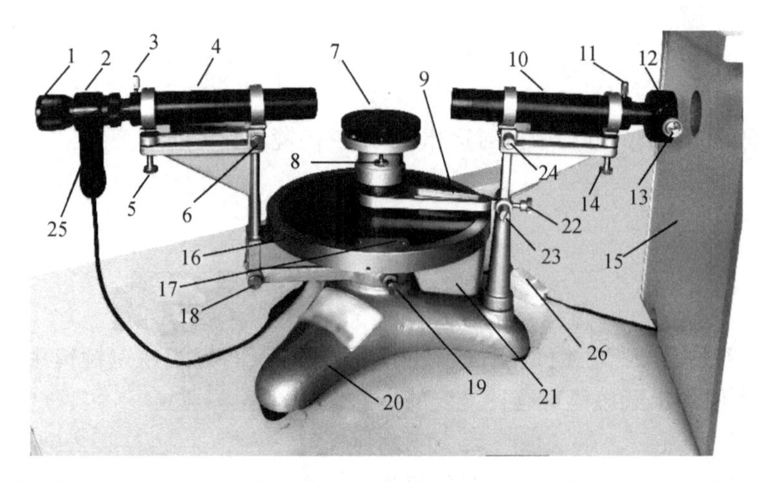

1—目镜调节手轮；2—阿贝式自准直目镜；3—目镜锁紧螺钉；4—望远镜；5—望远镜仰角调节螺钉；6—望远镜水平调节螺钉；7—载物台；8—载物台调节螺钉（三个）；9—制动架；10—平行光管；11—狭缝锁紧螺钉；12—狭缝装置；13—狭缝宽度调节螺钉；14—平行光管仰角调节螺钉；15—灯箱（内置汞灯）；16—主刻度盘；17—游标盘（两个，对称分布）；18—望远镜微调螺钉；19—转座与刻度盘止动螺钉；20—底座；21—转座；22—游标盘止动螺钉；23—平行光管微调螺钉；24—平行光管水平调节螺钉；25—照片小灯；26—照明小灯开关

图 8　分光计实验装置示意图

底座支撑整个分光计。中心有一竖轴，称为仪器的公共轴或主轴。望远镜、读数圆盘、载物台均可绕该轴转动，也可通过相应的止动螺钉锁定。

(2) 平行光管

平行光管是产生平行光的装置，如图 9 所示，一端装有会聚透镜，另一端装有一宽度可调的狭缝装置。改变狭缝和透镜的距离，当狭缝位于透镜的焦平面上时，就可使照在狭缝的光经过透镜后成为平行光，射向位于平台上的光学元件。

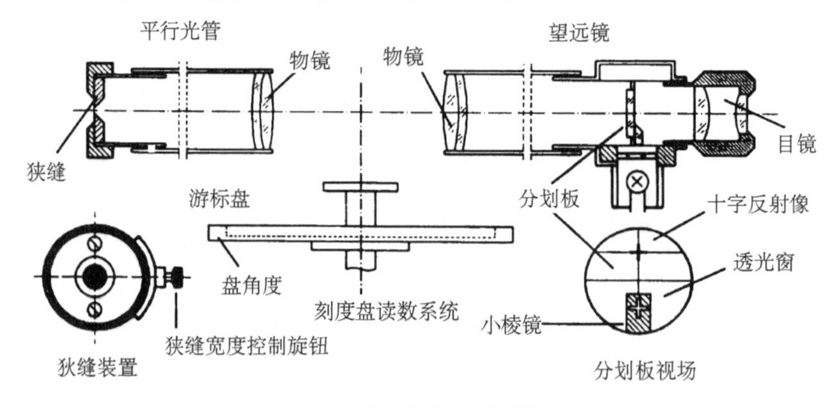

图 9　分光计的光学系统

(3) 望远镜

分光计采用阿贝式自准直望远镜系统，由阿贝目镜和物镜组成。为了调节和测量，物镜和目镜之间还装有分划板，它们分别置于外管、内管和中管内，三个管彼此可以相互移动，也可以用螺钉固定。参看图 9，在中管的分划板下方紧贴一块 45°全反射小棱镜，棱镜与分划板的粘贴部分涂成黑色，仅留一个绿色的小十字窗口。光线从小棱镜的另一直角边入射，从

45°反射面反射到分划板上，透光部分便形成一个在分划板上的明亮的十字窗。

(4) 载物台

载物台用来放平面镜、棱镜等光学元件。台面下三个螺钉可调节台面的水平以及高度，调到合适位置再锁紧螺钉，以适应高低不同的被测对象。

(5) 读数系统

读数系统由 360°环形的主刻度盘(外盘)和与之同心的两个游标盘(内盘)组成。它们都被装在一个和仪器转轴垂直的平面内，其中游标盘与载物台锁定在一起，主刻度盘可与望远镜锁定在一起，所以它们将分别跟随载物台或望远镜一起转动，以完成角度测量的任务。

分光计与游标卡尺一样是“主刻度＋游标”的读数方式。主刻度盘一周共 360°，等分为 720 格，分度值为 0.5°(即 30′)，小于 0.5°的角度可由角游标读出。角游标以 180°对称放置在两个游标盘上。角游标共有 30 个分格，它和主刻度盘 29 个分格相当，因此分度值为 1′。图 10 给出了分光计的读数示例，主刻度盘读数为 33.5°，游标盘的刻度 15 与主刻度盘上的刻度对齐，读作 15′，因此读数为 33°45′。

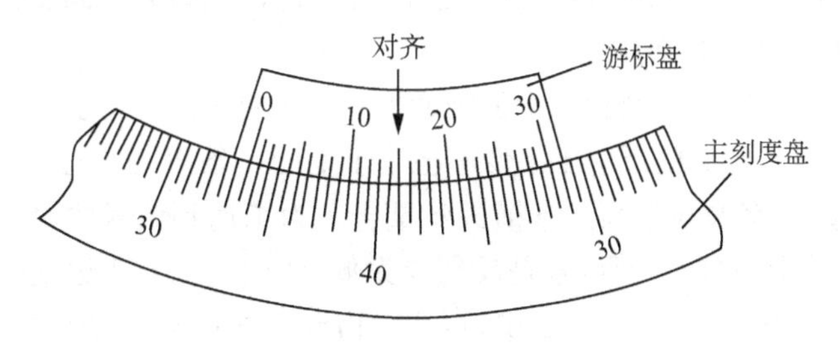

图 10　分光计读数示例

分光计设置对称的两个角游标的目的是为了消除刻度盘几何中心与分光计中心转轴不同心而带来的偏心误差，这类误差属系统误差。测量时应同时读出两个游标处对应的读数值，然后取平均值。

2. 分光计的调节

为了能准确测得角度，分光计的调节必须满足以下要求：

(1) 入射光与出射光(如反射光、折射光等)均为平行光，即平行光管发出平行光，望远镜调焦到无穷远，对平行光聚焦；

(2) 入射光与出射光都与刻度盘平面平行，即望远镜与平行光管共轴，并均与分光计的中心转轴相垂直。

具体调节步骤如下：

(1) 目测粗调

从外部观察，使平行光管的狭缝对准光源最亮处。目测调节望远镜和平行光管的倾斜度和高度调节螺钉，使两者大致处于同一轴线和同一高度，呈水平状态。调节载物台下三颗螺钉使载物台基本水平(也可借助水准仪)。从而使望远镜、平行光管和载物台大致垂直于分光计的中心转轴。

(2) 调节望远镜

先从目镜观察分划板，调节目镜，使得分划板上的叉丝清晰，并且能清晰看到视野下面带有绿色小“十”字的窗口，如图 11 所示。

将平面镜按图 12 所示放置在载物台上(放在任意两颗螺钉连线的中垂线上,若要调节平面镜的俯仰角度,只需调节a_2和a_3)。缓慢转动载物台使平面镜正对望远镜,先从望远镜外侧观察寻找从平面镜反射回来的十字像。再从望远镜内耐心地寻找十字光斑。如果找不到,主要原因是粗调不到位,应重新进行粗调。

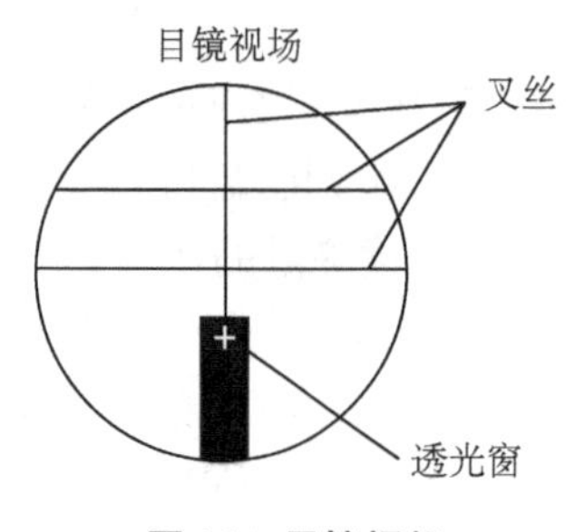

图 11　目镜视场

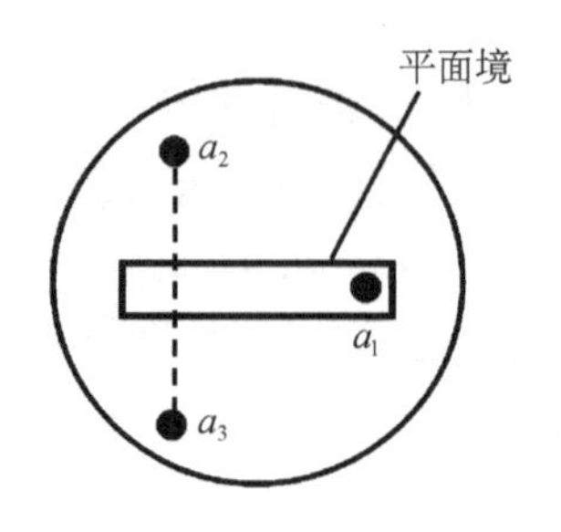

图 12　平面镜放置示意图

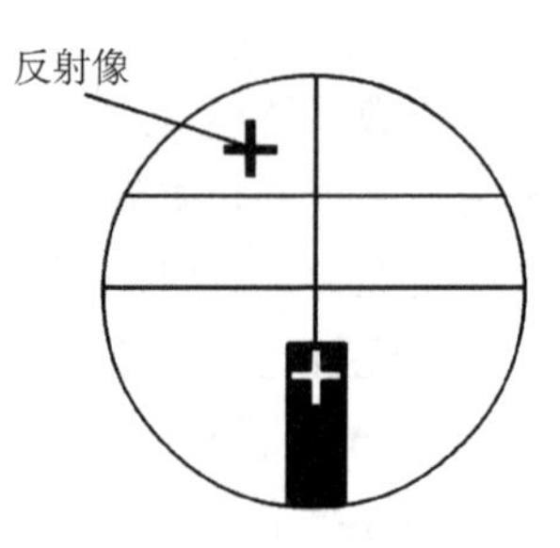

图 13　清晰的亮"十"字

望远镜内观察到"十"字光斑后,松开目镜锁紧螺钉,前后移动目镜进行调焦,直至出现清晰的亮"十"字像,如图 13 所示。

继续转动游标盘 180°,使载物台上平面镜的另一面正对望远镜,此时同样可以看到一个清晰的亮十字。一般来说,此时的反射十字像不会位于上面一条横叉丝的位置,而我们要做的就是调节仪器使得反射十字像与上面一条横叉丝重合。为了达到该目的,我们使用"各半调节、逐次逼近"的方法。如图 14(a)所示,若是反射像太低,我们先调节望远镜仰角螺钉,使反射像稍微上移靠近最上面的横叉丝,如图 14(b),再调载物台下方的螺钉,使反射十字像与最上面的横叉丝重合,如图 14(c)。再将载物台旋转 180°,用同样的方法反复调节另一面的十字像。直到不论平面镜的哪一面对准望远镜,反射回来的十字像都能与最上面的一条横叉丝重合为止。

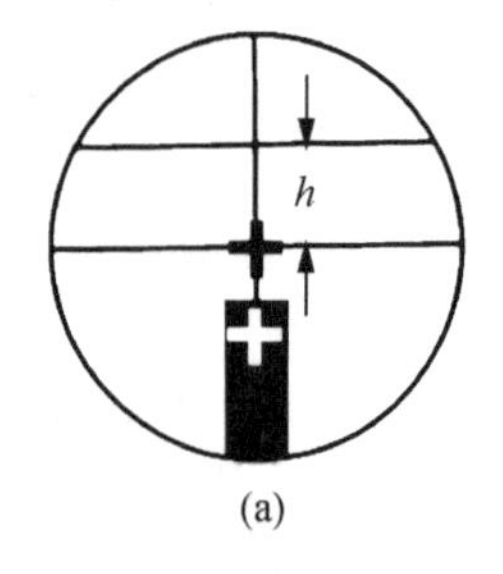

(a)

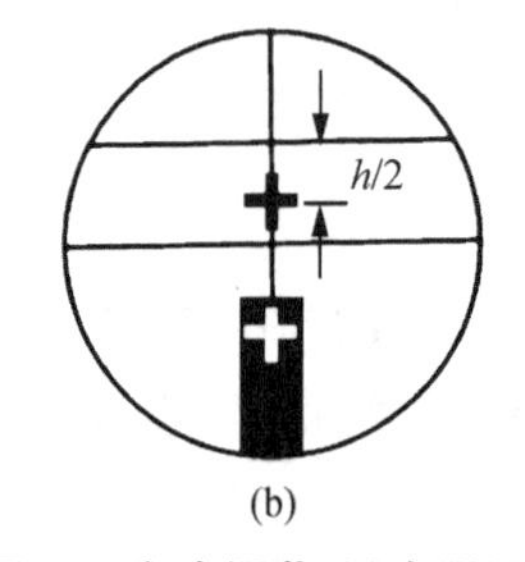

(b)

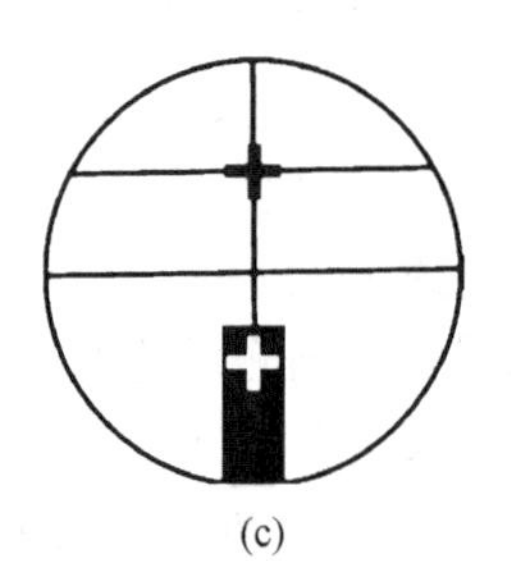

(c)

图 14　各半调节、逐次逼近

注意:当望远镜和载物台系统调整好以后,望远镜仰角调节螺钉和载物台下的三个水平调节螺钉不能再随意调动,否则就要重新进行调整。

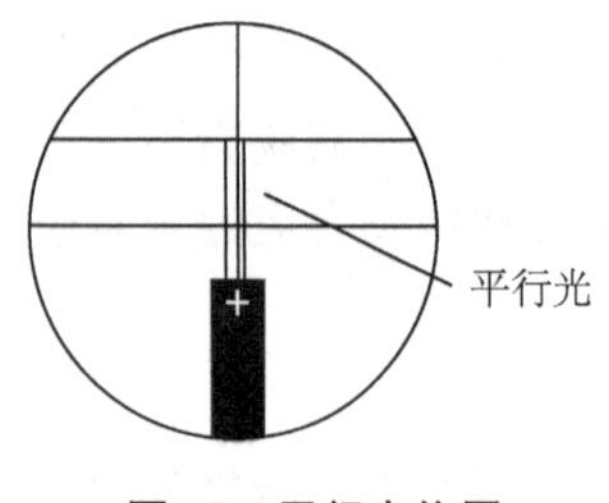

图 15　平行光位置

(3) 调节平行光管

用前面已经调整好的望远镜为基准调节平行光管。平行光管射出的平行光通过狭缝成像于望远镜物镜的焦平面上,松开狭缝锁紧螺钉,前后移动狭缝装置使狭缝的像清晰,与准线无视差。转动狭缝装置使狭缝处于垂直状态,然后通过狭缝宽度调节螺钉使狭缝宽度调到约为 1 mm。最后通过狭缝仰角调节螺钉使得平行光位于视场中央(平行光的最上方位于上面一条横叉丝附近),如图 15 所示。

至此，分光计已全部调整好，使用时必须注意分光计上除刻度圆盘止动螺钉及其微调螺钉外，其他螺钉不能任意转动，否则将破坏分光计的工作条件，需要重新调节。

实验内容

1. 分光计的调节

按实验仪器部分的要求进行调节，确保平行光管发出满足要求的平行光，望远镜对平行光聚焦。并且望远镜和平行光管共轴，与载物台平行，与分光计的中心转轴相垂直。

2. 测量汞灯绿光在三棱镜中的最小偏向角 δ_0

拿掉平面镜，将三棱镜按图 16 所示的位置在载物台上放好，以调好的望远镜为基准进行如下操作：

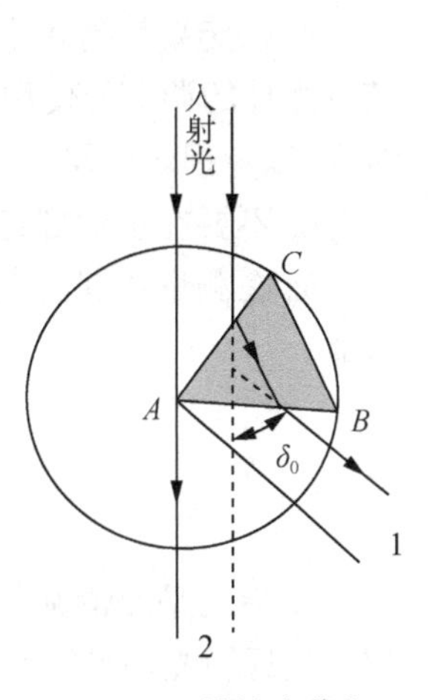

图 16　三棱镜在载物台上的放置

先用眼睛在三棱镜出射光的方向寻找折射后的谱线（一般能看到汞灯所有谱线）。找到以后，旋松望远镜止动螺钉和游标盘止动螺钉，将望远镜转至刚才用眼睛所能观察到谱线的位置，约在图 16 所示的位置"1"处。然后通过望远镜对准要测的汞灯的绿色光谱线，再左右微微转动载物台（即三棱镜），这时汞的绿色光谱线会随着向左或向右移动。请注意望远镜要跟踪光谱线转动！直到载物台（即三棱镜）继续转动，而谱线开始要反向移动时为止。这个反向移动的转折位置，就是光线以最小偏向角射出的方向。

固定载物台（即锁紧游标盘止动螺钉），再使望远镜微动，使其分划板上的中心竖叉丝对准绿色谱线，记下此时刻度盘两边的方位角读数，填入表 1（对应表中"汞绿线位置"）。

最后，旋紧望远镜止动螺钉，保持载物台（即三棱镜）的位置不变，转动与刻度盘相连的望远镜，使其分划板上的中心竖叉丝对准平行光管上的狭缝像，再记下这时刻度盘两边的方位角读数，同样填入表 1（对应表中"缝像线位置"）。

重复上述方法，测量三次，记入数据表格并进行处理。

3. 取三棱镜的顶角为 60°，将根据测量值算出的最小偏向角 $\overline{\delta_0}$ 代入公式（1）计算三棱镜对汞灯绿色谱线的折射率 n。

4. 测定汞灯其他谱线的最小偏向角，计算折射率（表格自拟），并绘制色散曲线。

数据表格

表 1　测量三棱镜的最小偏向角 δ_0

测量次数	读数位置	汞绿线位置	缝像线位置	δ_0	无偏心差的 δ_0	$\overline{\delta_0}$
1	左					
	右					
2	左					
	右					
3	左					
	右					

三棱镜对汞灯绿色谱线的折射率 $n=$________

注意事项

1. 仪器的光学镜头、镜面不能用手随便触摸、擦拭。如发现有尘埃时，应该用镜头纸轻轻揩擦。拿取光学元件(如三棱镜、平面镜等)时应轻拿轻放，以免损坏。

2. 分光计是较精密的光学仪器，要加倍爱护。使用时必须严格按照规程操作。仪器上的各部件(包括螺钉)，在尚未了解其作用及调节方法之前，切勿随手乱动，以免损坏仪器。

3. 一定要认清每个螺钉的作用再调整分光计，不能随便乱拧。掌握各个螺钉的作用可使分光计的调节与使用事半功倍。调节螺钉时动作要轻柔，锁紧时刚好锁住即可，不可用力过大，以免损坏仪器。

4. 不要在止动螺钉锁紧时强行转动望远镜，以免损坏仪器转轴，使测量误差增大。

5. 在测量数据前应检查分光计的几个止动螺钉是否锁紧，以免松动导致测得的数据不可靠。

观察思考

1. 借助平面镜调节望远镜光轴时，为什么要旋转载物台 180°使平面镜两面的法线先后都与望远镜光轴平行？只调一面行吗？假设平面镜的两个面都已调好(两镜面均垂直于望远镜光轴)，若把平面镜拿下来后，又放到载物台上(放的位置与拿下前的位置不同)，发现两个镜面又不垂直于望远镜的光轴了，这是为什么？是否说明望远镜的光轴尚未调好？

2. 分光计是怎么消除偏心差的？

3. 为什么望远镜调节时观察到的反射十字要位于最上面的横叉丝处？

4. 试想一个不测量最小偏向角也能测量三棱镜的折射率的方法。

拓展阅读

本实验是用分光计测量三棱镜的折射率，是在已知顶角的情况下进行的。而其实利用分光计还可以测量三棱镜的顶角。

用分光计测量三棱镜的顶角一般有两种方法：一是自准法(法线法)；二是反射法。

1. 自准法测棱镜顶角

采用自准法测棱镜顶角不需要用到平行光管，只需要用到望远镜部分和载物台及读数系统。其测量基本思路是：先用双面镜将望远镜调节达到自准；接着望远镜部分不动，再用待测三棱镜使望远镜达到自准。图 17 即为自准法测量三棱镜顶角的示意图。

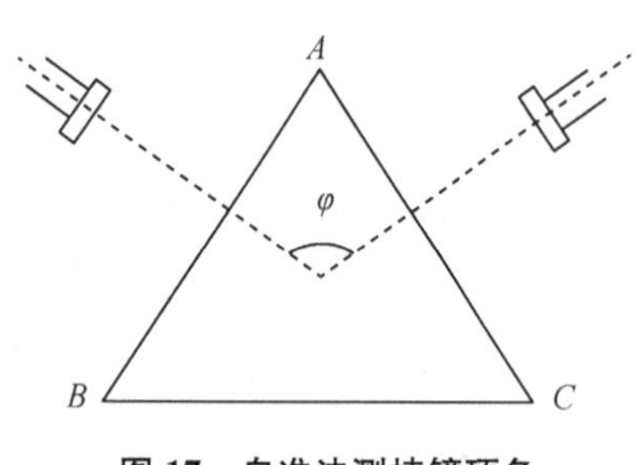

图 17 自准法测棱镜顶角

测量步骤如下：

(1) 打开望远镜的照明小灯，使目镜中的叉丝被照亮，用双面镜将望远镜调到自准，即按分光计调试要求调出双面的绿“十”字；

(2) 给刻度盘上的两个游标标上记号 1 和 2(也可以是 a、b，好记即可)；

(3) 三棱镜按图 18 所示放置在载物台上，锁紧望远镜支架与主刻度盘止动螺钉，以及载物台锁紧螺钉，慢慢转动载物台(内游标一起动，但是望远镜不动)，先使棱镜 AB 面与望远镜光轴垂直，此时从目镜中观察到绿色“十”字位于上一条横叉丝的位置，如图 14(c)所示。记下刻度盘两边的方位角 θ_1(对应游标 1)和 θ_2(对应游标 2)；

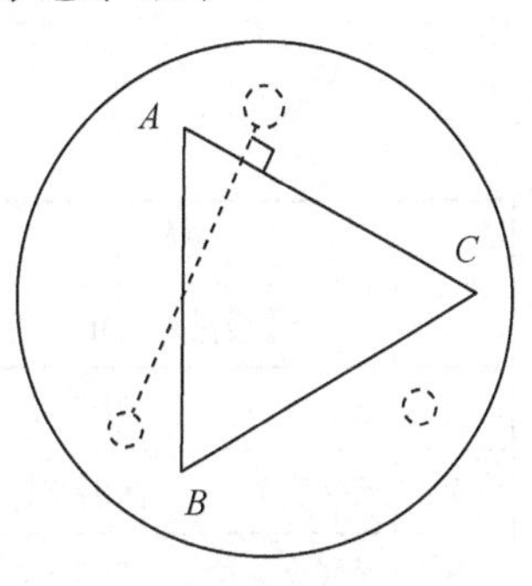

图 18　三棱镜的放置

(4) 继续转动载物台，直到 AC 面与望远镜光轴垂直，同样从目镜中观察到绿色“十”字位于上一条横叉丝的位置，如图 14(c)所示。记下刻度盘两边的方位角 θ_1'(对应游标 1)和 θ_2'(对应游标 2)(注意 θ_1 和 θ_2 不能颠倒)；两次读数相减即得顶角 A 的补角 φ，为了消除偏心差，AB 面和 AC 面法线的夹角为：

$$\varphi = \frac{1}{2}[(\theta_1 - \theta_1') + (\theta_2 - \theta_2')] \tag{2}$$

其中若是 $\theta_1 < \theta_1'$，$\theta_2 < \theta_2'$，则取它们差的绝对值。所以棱镜的顶角为：

$$\angle A = 180° - \varphi \tag{3}$$

2. 反射法测棱镜顶角

反射法的基本思路是：调节平行光管的狭缝宽度，使平行光经过棱镜反射面反射后在望远镜里成像清晰。测量光路图如图 19 所示。

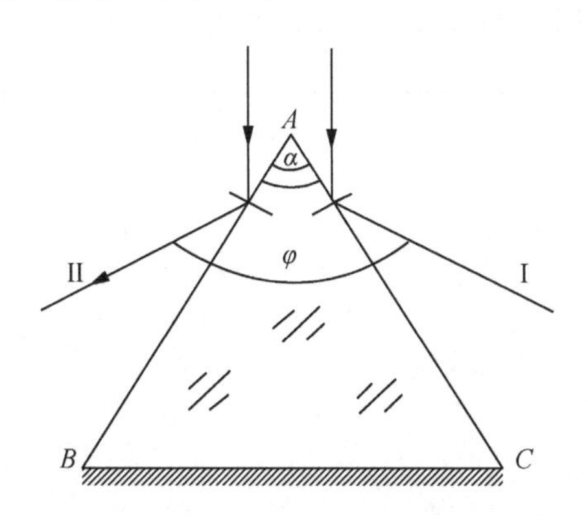

图 19　反射法测棱镜顶角

测量步骤如下：

(1) 按要求调节好分光计；

(2) 将棱镜放置在载物台上，顶角 A 对准平行光管的光轴，靠近载物台中心，使平行光照射到三棱镜的两个发射面上。

(3) 锁紧望远镜与主刻度盘的连接螺钉及载物盘止动螺钉，转动望远镜，分别观察两个发射面的发射光(狭缝像)。若是 AB 面观察到狭缝像角位置为 θ_1 和 θ_2，AC 面观察到狭缝像角位置为θ_1'和θ_2'，则棱镜顶角为：

$$\angle A=\frac{\varphi}{2}=\frac{1}{4}[(\theta_1-\theta_1')+(\theta_2-\theta_2')] \tag{4}$$

【附录】常见光源的波长

	氦		汞		氖		氢	
	谱线波长/nm		谱线波长/nm		谱线波长/nm		谱线波长/nm	
1	红(亮)	706.52	红(中)	623.44	红	640.22	红	656.3
2	红(亮)	667.81	黄(亮)	579.07	红	614.31	蓝绿	486.1
3	黄(亮)	587.56	黄(亮)	576.96	橙	594.48	蓝	434.1
4	绿(暗)	504.77	绿(很亮)	546.07	黄	585.25	紫	410.2
5	绿(亮)	501.57	蓝绿(暗)	491.60	黄	576.44	紫	397.0
6	蓝绿(暗)	492.19	蓝紫(很亮)	435.84	绿	540.06		
7	蓝(暗)	471.31	紫(暗)	407.78	绿	533.08		
8	蓝(亮)	447.15	紫(亮)	404.66	绿	503.10		
9	蓝(暗)	438.79			绿	484.90		
10	紫(很暗)	414.38						
11	紫(暗)	412.08						
12	紫(暗)	402.62						
13	紫	396.47						
14	紫	388.86						

实验 17　光栅光谱与光栅常数的观测

知识介绍

近代物理理论告诉我们，光本质上具有波粒二象性。粒子性指的是量子性；波动性指的就是电磁波所具有的干涉、衍射、偏振等。

而历史上关于光的本质的问题进行过一场约 300 年的大论战。在人们对光的研究过程中，光的本质和颜色一直是研究的焦点。笛卡耳(René Descartes，1596—1650)在他的《方法论》的三个附录之一的《折光学》中就提出了两种假说：一是光是类似于微粒的一种物质；二是光是一种以以太为媒质的压力。这也为之后的微粒说和波动说之争埋下了伏笔。

1655 年，意大利波仑亚大学的数学教授格里马第(Francesco Maria Grimaldi，1618—1663)首先发现了光的衍射现象，推想光可能是与水波类似的流体。得到了玻意耳(R. Boyle，1627—1691)、胡克(Robert Hooke，1635—1703)的积极响应。1666 年，荷兰物理学家、数学家惠更斯(Christiaan Huyg(h)ens，1629—1695)提出了波动学说比较完整的理论。

1672 年牛顿(Isaac Newton，1643—1727)在他的论文《关于光和颜色的理论》中谈到了他做的三棱镜色散实验，用微粒说阐述了这一实验。光的波动说和微粒说之争由此展开。因当时的实验条件所限，无法判断两种学派孰是孰非，加之牛顿的影响力，使微粒说成了当时的主流观点，并持续了 100 多年。

1801 年，托马斯・杨(Thomas Young，1773—1829)进行了著名的双缝干涉实验，证明了光具有波动性，如图 1 所示。他让通过一个针孔 S 的一束光，再通过两个小针孔 S_1 和 S_2，变成两束光。这样的两束光在屏上出现了明暗相间的图案——称为相干图案。

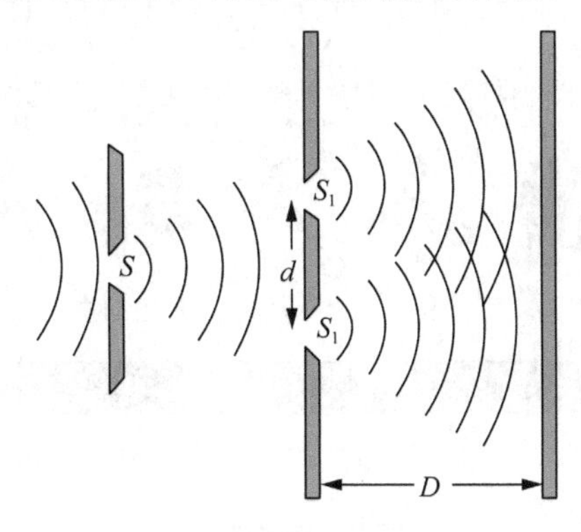

图 1　双缝干涉实验

但是当时占据主导地位的仍然是牛顿派的微粒说，因此光的波动性并未得到重视。杨在他的论文《声和光的实验和探索纲要》中写道："尽管我仰慕牛顿的大名，但是我并不因此而认为他是万无一失的。我遗憾地看到，他也会弄错，而他的权威有时甚至可能阻碍科学的进步。"

直到1818年，菲涅耳（Augustin-Jean Fresnel，1788—1827）在法国科学院发起的一次竞赛上，以惠更斯原理为基础，补充了光的干涉原理，完善地解释了光的衍射现象，对光的波动说进行了精确的数学解释，波动说才又一次被重视起来。

1821年，德国天文学家夫琅禾费（Joseph von Fraunhofer，1787—1826）发表了单缝衍射的研究结果（后来被称为夫琅禾费衍射、远场衍射），做了光谱分辨率的实验，随后又首次用光栅研究了光的衍射现象，后来又给出了光栅方程。在他之后，德国物理学家施维尔德根据新的波动学说，对光通过光栅后的衍射现象进行了成功解释。至此，新的波动说牢固地建立起来了，微粒说开始转向劣势。

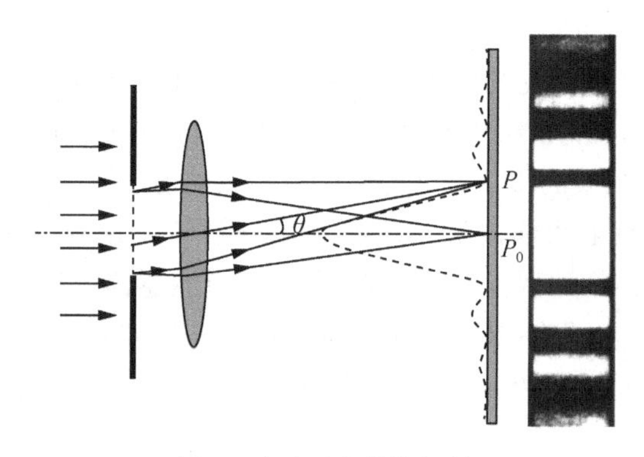

图2　夫琅禾费单缝衍射

1887年，德国科学家赫兹（Heinrich Rudolf Hertz，1857—1894）实验发现了电磁波，证明了电磁波的传播速度等于光速。1889年，赫兹在一次著名的演说中明确指出，光是一种电磁现象。

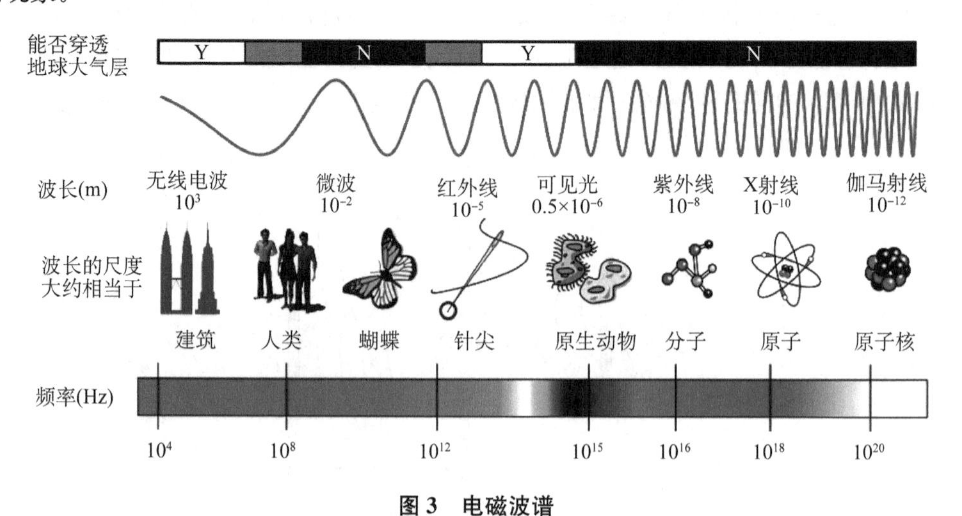

图3　电磁波谱

十九世纪末二十世纪初，光电效应、康普顿散射和黑体辐射等表明光具有粒子性的实验接踵而至，使得光的波一粒之争“重燃战火”。自普朗克和爱因斯坦提出光的量子学说，继而爱因斯坦提出光具有“波粒二象性”之后，这一争论才告终。在这一场延续约 300 年的论战之中，牛顿、惠更斯、杨、爱因斯坦等诸多著名的科学家加入其中成为双方辩手。正是因为他们的不懈研究，才为我们最终揭开“光的本质”的神秘面纱。

本实验观察到的光栅衍射现象就是光的波动性表现出来的特征之一。衍射光栅简称光栅，它是由大量等宽等间距的平行狭缝构成的光学器件(玻璃或金属片)。其中光学面为平面的称为平面衍射光栅，光学面为凹面的称为凹面衍射光栅。按出射光的种类又分为透射光栅和反射光栅，如图 4 所示。透射光栅是用金刚石刻刀在玻璃片上刻出大量平行刻痕制成，刻痕为不透光部分，两刻痕之间的光滑部分可以透光，相当于一狭缝。精制的光栅，在 1 cm宽度内刻有几千条乃至上万条刻痕。反射光栅是利用两刻痕间的反射光发生衍射的光栅，比如在镀有金属层的表面上刻出许多平行刻痕，两刻痕间的光滑金属面可以反射光波。光栅按制造工艺还分为原刻光栅和复制光栅。原刻光栅就是直接用金刚石刻刀在玻璃或金属表面刻画，由于制作工艺的原因，生产一片原刻光栅(母光栅)成本较高，因此衍生出复制光栅。复制光栅是由母光栅复制而成，性能上稍差于原刻光栅，但是成本会低许多，而且对于光谱的分析，其分辨率也已经足够。本实验就是用的平面透射光栅的复制光栅。

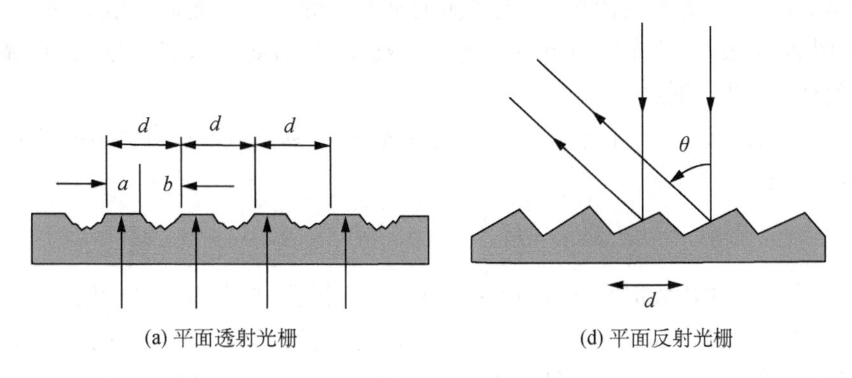

(a) 平面透射光栅　　(d) 平面反射光栅

图 4　平面光栅

实验目的

1. 进一步掌握分光计的结构和使用方法；
2. 观察光栅衍射现象，进一步加深对光栅衍射理论的理解；
3. 学会利用分光计测量光栅常数、光波波长。

实验原理

如图 5 所示，当波长为 λ 的平行光垂直入射到光栅上时，通过每个狭缝的光都会发生衍射，而通过不同狭缝的光还会发生干涉，所以光栅衍射图样实质是单缝衍射和多缝干涉的叠加效果。

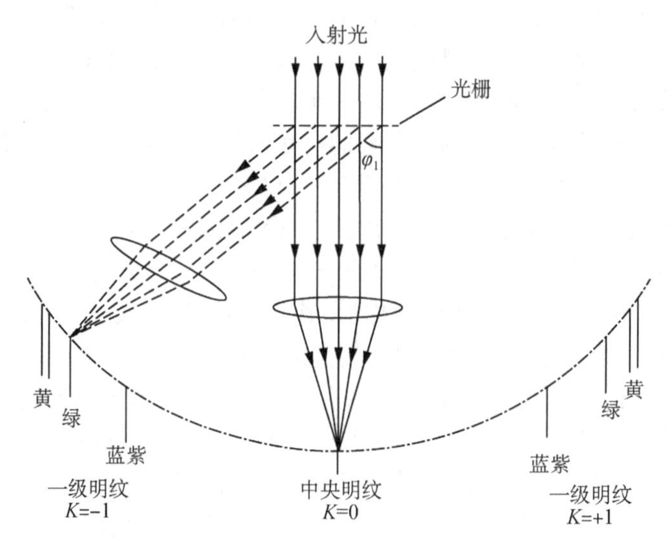

图 5　光栅衍射光谱示意图

如图 4(a)，设 a 为光栅透光狭缝的宽度，b 为刻痕的宽度，$d=a+b$ 为相邻两狭缝间相应两点之间的距离，称为**光栅常数**，它是光栅的基本参数之一。光栅常数 d 的倒数 $1/d$ 为光栅密度，用 N 来表示，即光栅的单位长度上的条纹数，如某光栅密度为 1 000 条/mm，即每毫米上刻有 1 000 条刻痕。

根据光栅衍射理论，对于衍射角为 φ 的衍射光波，相邻两缝对应点射出的光束的光程差为 $d\sin\varphi$，当满足

$$d\sin\varphi=k\lambda \quad k=0,\ \pm1,\ \pm2,\ \cdots \tag{1}$$

时，即光程差为波长的整数倍时，该位置的衍射光相干相长，光强出现最大值，形成明纹。这些明纹称为光栅的主极大，又称为光谱线，式(1)即为光栅方程，其中 k 为明纹级数。$k=0$ 时称为中央明纹(零级主极大)，光强最强；它的两侧各分布 $k=\pm1$ 的衍射谱线，称为第一级光谱，往外还有第二级，第三级……当衍射角 φ 不满足光栅方程时，衍射光或者相互抵消，或者强度很弱，几乎成为一片暗背景(光栅还有缺级现象，不过本实验不涉及，这里不再讨论)。

若平行光不是垂直入射，而是以入射角 i(光栅法线与入射光的夹角)射到光栅时，光栅方程应该写为：

$$d(\sin\varphi\pm\sin i)=k\lambda \quad k=0,\ \pm1,\ \pm2,\ \cdots \tag{2}$$

其中入射角与衍射光在光栅法线同侧时，上式中 $\sin i$ 前取正号，否则取负号。

如果入射光是复色光源，衍射光在中央 $k=0$(零级明条纹)处仍为复色光。当 $k\neq0$ 时，不同波长的同一级明纹(谱线)将对应不同的衍射角 φ。因此，在透镜焦平面上将出现按波长大小次序排列成一组彩色的谱线，称为**光栅光谱**。本实验用汞灯(它发出的是波长不连续的可见光，因此其光谱是分散的线状光谱)作光源，每一级光谱中有四条特征谱线：蓝紫色 $\lambda_{蓝紫}=435.8$ nm、绿色 $\lambda_{绿}=546.1$ nm、黄色两条 $\lambda_{黄内}=577.0$ nm 和 $\lambda_{黄外}=579.1$ nm。

根据光栅方程，若已知入射光的波长 λ，测出该波长第 k 级谱线的衍射角 φ，即可求出光

栅常数 d，即

$$d=\frac{k\lambda}{\sin\varphi} \tag{3}$$

反之，若已知光栅常数 d，测出各特征谱线所对应的衍射角 φ，也可求出波长 λ，即

$$\lambda=\frac{d\sin\varphi}{k} \tag{4}$$

实验仪器

分光计、透射光栅、汞灯、水准仪、双面平面镜。

实验内容

1. 调节分光计

按要求调节好分光计，确保平行光管发出满足要求的平行光，望远镜对平行光聚焦。并且望远镜光轴和平行光管光轴共轴，与载物台平行，与分光计的中心转轴相垂直。详细调节方法见实验“实验 16 分光计的调节与三棱镜材料折射率的测量”。

分光计一旦调整好后，望远镜及平行光管的各调节螺钉就不能再作任何调整。

2. 调整光栅

调整光栅使平行光（即入射光）垂直射到光栅表面，且光栅的刻度与分光计旋转主轴平行，具体步骤如下：

(1) 按图 6 所示将光栅放置在载物台上，光栅与载物台的其中两颗水平调节螺钉（如 a_1 和 a_3）的连线垂直，与另外的一颗螺钉（a_2）在一个平面。转动望远镜对准平行光管，使望远镜内的竖线准线（竖叉丝）与狭缝像重合（即平行光管与望远镜同轴），然后锁紧望远镜。打开阿贝式目镜小灯照亮望远镜的绿十字窗口，被光栅平面反射的亮十字应出现在分划板上。转动游标盘（载物台）并调节载物盘水平调节螺钉 a_1 或 a_3（不可拧动望远镜下的仰角调节螺钉），使亮十字像与目镜视野上方的十字线（上面的横叉丝）重合，如图 7 所示（光栅调节只需调一面，不用转 180°）。此时光栅平面即与望远镜光轴相垂直，当然也与平行光管光轴相垂直了。

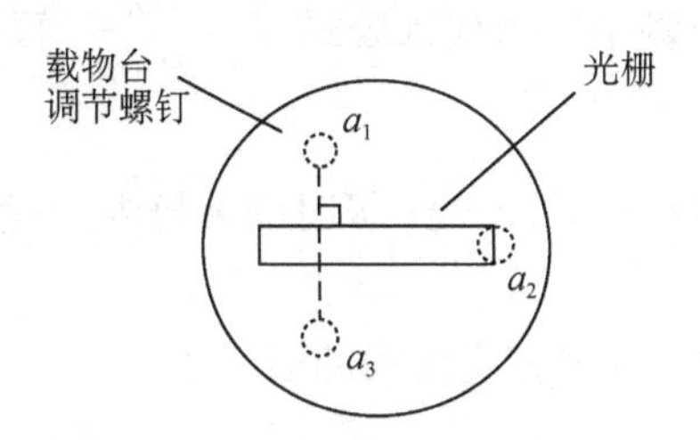

图 6　光栅放置示意图

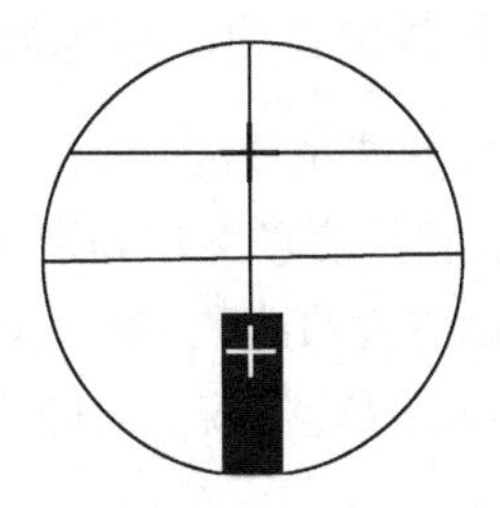

图 7　光栅调好后的视场

注意：如实验中使用的是复制光栅，其上所加的保护药膜与光栅面不一定完全平行，可能会出现多个亮十字反射像，遇到该情况，以较亮者为准。同时光栅调好后，游标盘连同载物台应该固定，松开望远镜的止动螺钉，测量时，只能转动望远镜（连同主刻度盘），不能再转动和移动光栅。

(2) 松开望远镜止动螺钉并转动望远镜，观察汞灯的衍射光谱，中央明纹 ($k=0$) 为白色亮线，望远镜转至左右两侧时，均可看到蓝紫、绿、两黄四条彩色谱线 ($k=\pm1$)。如图 5 所示。谱线应与竖线准线平行，高度均应被中心水平叉丝所平分，此时的谱线应在同一水平面内。否则应调节图 6 中的水平调节螺钉 a_2，直到中央明纹两侧的衍射光谱在同一水平面上为止，以保证光栅刻痕不倾斜。但要注意，调节后有可能会影响光栅平面与分光计中心轴的平行，所以要用望远镜复查上一步的十字重合，直至两个条件都满足为止。

一级明纹观察到之后，继续往两侧旋转望远镜，还可以看到第二级的明纹，同样是四条谱线。

注意：黄色谱线应有两条，若是只能看到一条，很可能是狭缝太宽，需要将狭缝宽度调小直到能分辨两条靠在一起的黄色谱线为止。

3. 测定光栅常数

(1) 向左转动望远镜，以竖叉丝为基准线对齐谱线，测量 $k=-1$ 级和 $k=-2$ 级时绿色谱线的位置。分别记录下各级谱线所在位置左右游标对应的读数，填入表 1。

(2) 再向右转动望远镜，测出 $k=+1$ 级和 $k=+2$ 级时绿色谱线的位置。记下所在位置左右游标的读数并填入表 1。

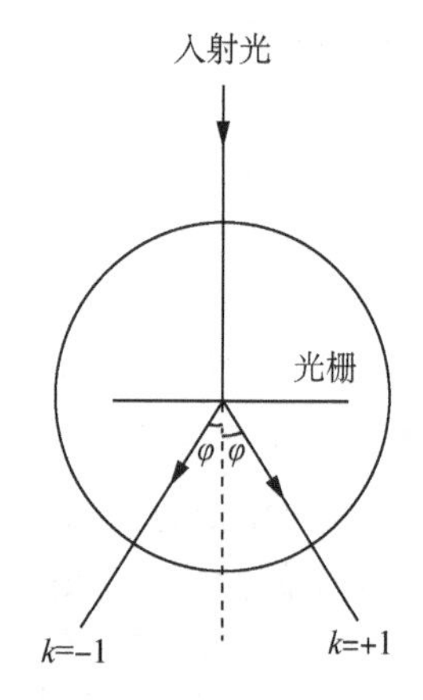

图 8 分光计测衍射角

(3) 根据测量的数据，分别算出绿色谱线一级和二级所对应的衍射角。假设 $+1$ 级时左边游标对应方位角为 θ_1，右边游标对应方位角为 θ_2，-1 级时左边游标对应方位角为 θ_1'，右边游标对应方位角为 θ_2'。则一级的衍射角为：

$$\varphi_{1左}=\frac{\theta_1'-\theta_1}{2}\qquad \varphi_{1右}=\frac{\theta_2'-\theta_2}{2}$$

为了消除分光计的偏心差，可将$\varphi_{1左}$和$\varphi_{1右}$取平均值：

$$\varphi_1=\frac{\varphi_{1左}+\varphi_{1右}}{2}$$

同样，利用 -2 级和 $+2$ 级的测量数据可以算出绿色谱线二级的衍射角φ_2。

(4) 取绿色谱线波长为 546.1 nm，将所测衍射角代入公式 $d=\dfrac{k\lambda}{\sin\varphi}$，算出光栅常数 d。

4. 测定黄光、蓝紫光波长

(1) 转动望远镜，使竖叉丝分别对准 $k=\pm1$、$k=\pm2$ 级时的黄色内、黄色外和蓝紫色谱线，读出左右游标对应的读数，填入表 2。

(2) 根据测量的数据，按上面同样的方法算出相应谱线的衍射角。

(3) 将衍射角和前面求出的光栅常数 d 代入公式$\lambda=\dfrac{d\sin\varphi}{k}$，算出黄色内、黄色外和蓝紫色光波的波长。并与理论值相比较，求百分误差。

数 据 表 格

表 1　光栅常数 d 的测定

条纹级数	游标读数		衍射角 φ			$\sin\varphi$	d/mm	$\bar{d}$/mm
	左	右	左	右	平均值			
$k=-1$								
$k=+1$								
$k=-2$								
$k=+2$								

表 2　光波波长的测定　　　　光栅常数 $d=$______ mm

谱线	条纹级数	游标读数		衍射角 φ			λ/nm	$\bar{\lambda}$/nm	百分误差
		左	右	左	右	平均值			
黄色内	$k=-1$								
	$k=+1$								
	$k=-2$								
	$k=+2$								
黄色外	$k=-1$								
	$k=+1$								
	$k=-2$								
	$k=+2$								
蓝紫	$k=-1$								
	$k=+1$								
	$k=-2$								
	$k=+2$								

注：两条黄色谱线波长理论值分别为 577.0 nm、579.1 nm；蓝紫色（亮）谱线波长理论值为 435.8 nm。

注 意 事 项

1. 光学元件的光学表面严禁随意触摸、擦拭；
2. 按要求调试仪器，拧螺钉时不可太过用力；
3. 在测量光谱线的过程中载物盘、光栅不可移动，只能转动望远镜（望远镜与主刻度盘一起转动）；
4. 记录读数时，游标的左右读数不要记错；
5. 若是读数刻度越过 0°，计算时要正确处理数据。

观察思考

1. 本实验对仪器的调整与测三棱镜材料折射率时有何不同?

2. 为什么要保证入射平行光与光栅平面正交？正交的条件是什么?

3. 如果用波长为 589.3 nm 的钠黄光垂直照射在本实验所用的光栅上(用算出的光栅常数),最多能观察到第几级谱线?

4. 光栅光谱和棱镜光谱有什么区别?

拓展阅读

光栅除了常规的平面反射光栅和平面透射光栅之外,根据其不同用途和生成光栅的技术手段,还有多种其他类型的光栅。比如圆点光栅、立体光栅、光纤光栅、全息光栅等等。而其用途也不仅仅是在观察光谱、分析元素种类等科学实验与研究领域,而是涉及生产生活娱乐诸多方面。

1. *满天星光栅片*

现在很多激光笔都会带一个“满天星”头,而这个“满天星”头里就是几组透射式光栅片,当激光束穿过光栅片的时候,通过调节光栅片之间的夹角能呈现出不同的满天星效果,如图 9 所示。

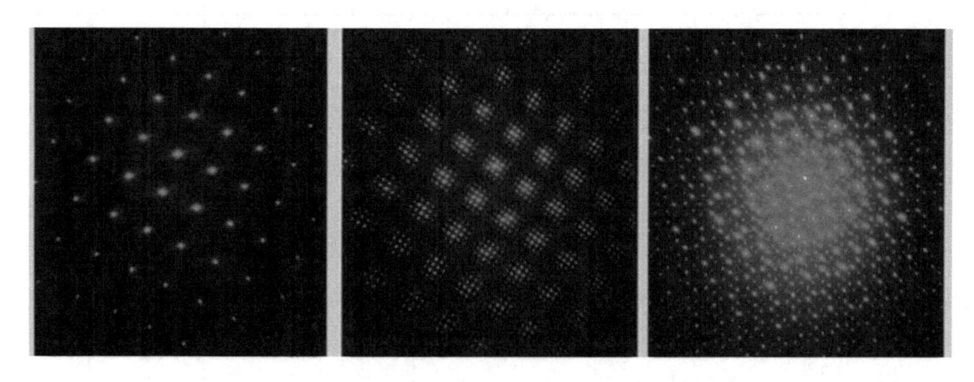

图 9 激光通过光栅片之后的满天星效果

而除了上面这种点状的满天星图案之外,有的光栅片还被加以不同的图案,激光束穿过之后能形成不同的图案效果。

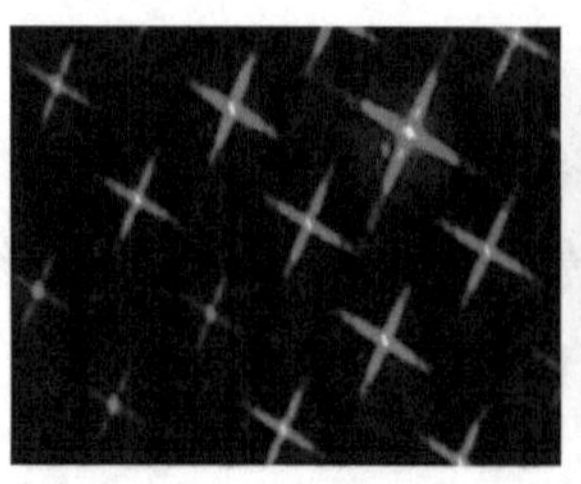
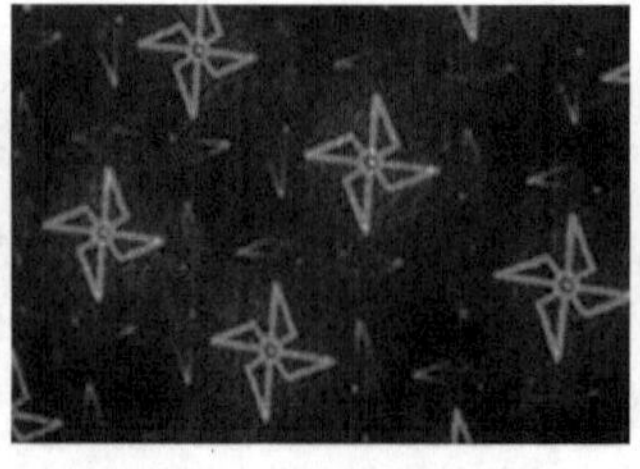
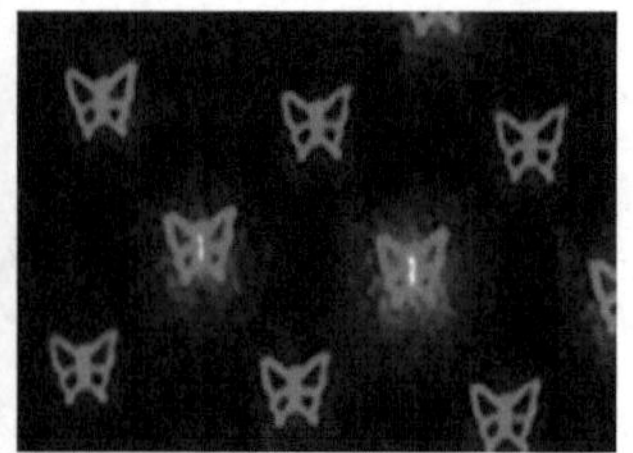

图 10 不同图案的光栅片

2. 光栅动画

光栅动画又被称为“莫尔条纹动画”，主要是光栅板和特殊的底图组成，通过相互水平位移出现动态效果。这里的光栅板一般是透明的玻璃板或亚克力板或玻璃纸制成，同样是等间距的条纹，但是透光的缝宽比本实验中的宽很多，如图 11 所示。

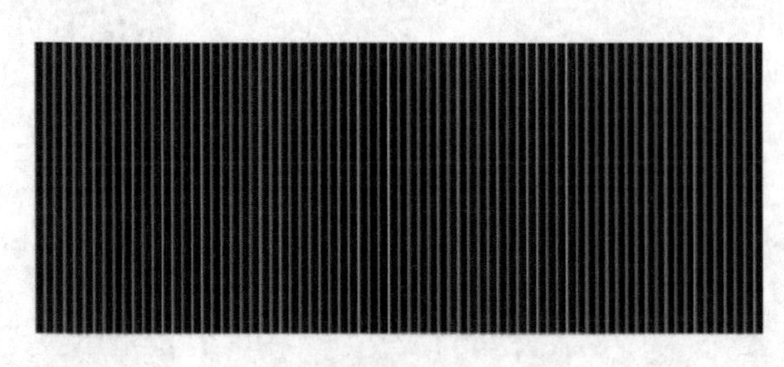

图 11　光栅动画中的光栅板

意大利的两位艺术家 Virgilio Villoresi 和 Virginia Mori 就曾将这项古老的技术，运用在 John Mayer(约翰·梅尔)*Walt Grace's Submarine Test January 1967* 这首歌的 MV 中。整部 MV 没有使用任何电脑特效，完全靠手工移动光栅板造成光栅动画的效果，给人一种梦中冒险般的体验，图 12 为该 MV 中的一幅场景。当光栅板相对窗外的雨线左右移动时，我们看到的是雨滴不停下落的动态效果。

(a) 没有加光栅板之前

(b) 雨线前加了光栅板

图 12　光栅动画

这是一种通过视觉暂留原理制作的动画装置。通过匀速移动透明玻璃板制成的光栅板，依次露出动画的多个帧的画面，经大脑的视觉暂留串联起来成为一个流畅的动画。而如果按学术上的说法则是，两条线或两个物体之间以恒定的角度或者频率运动，发生干涉从而产生的视觉效果，是一种光学原理，当大脑无法分辨这两个线条或物体时，就只能看到干涉的花纹，这种光学原理又被称之为莫尔条纹。这是 18 世纪法国研究员莫尔先生首先发现的一种光学现象。1874 年，英国物理学家瑞利首先揭示莫尔条纹的科学与工程价值，指出借助莫尔条纹的移动来测量光栅相对位移的可能性，为在物理光栅的基础上发展出计量光栅的分支奠定了理论基础。

3. 光栅立体画

光栅立体画是利用光栅在平面上展示出栩栩如生的立体世界、匪夷所思的立体效果。

手摸上去是平的，眼看上去是立体的，有突出的前景和深邃的后景，景物逼真，如图 13 所示。

图 13　光栅立体画

各类型的图像都可以做出立体效果，这种光栅立体画是结合了数码科技与传统印刷技术的产物。用一组成序列的立体图像去构成一张图片，图片表面覆盖着一层光栅。光栅画通过不同加工和材料的选择，还可以做出所谓的二变、三变、旋转、缩放、彩虹等效果，实际上都是光栅成像原理的引申做法。当然，由于光栅立体画的成本比较高，如何保存好光栅立体画也是需要考虑的问题。

4. 光纤光栅

随着光纤技术的发展，光纤光栅也越来越多地得到了应用。光纤光栅是一种通过一定方法使光纤纤芯的折射率发生轴向周期性调制而制成的衍射光栅，是一种无源滤波器件。由于光栅光纤具有体积小、熔接损耗小、全兼容于光纤、能埋入智能材料等优点，并且其谐振波长对温度、应变、折射率、浓度等外界环境的变化比较敏感，因此在制作光纤激光器、光纤通信和传感领域得到了广泛的应用。

除此之外，还有利用光全息照相技术制作的光栅，各类的光栅传感器等。相信随着科技的发展，我们会发现更多的光栅的用途，为我们的生产生活带来更多的方便。

实验 18 牛顿环与劈尖干涉

知 识 介 绍

光是我们体验这个世界的基础，人类的眼睛是光子探测器，我们借助可见光了解我们身边的世界。我们在黑暗中摸索，直到迎来黎明——对于光本质的理解。

光的本质问题是曾经在数百年里难倒了世界上许多物理学家的问题，科学家们一直致力于想要弄清楚，光究竟是以何种方式存在并传播的?

英国物理学家牛顿认为，光是由机械微粒组成的粒子流，发光物体接连不断地向周围空间发射高速直线飞行的粒子流，粒子流进入人的眼睛，冲击视网膜，就引起了视觉。这就是光的“微粒说”，微粒说很容易解释光的直线传播，反射和折射等现象。但微粒说不能解释光可以绕过障碍物的边缘传播的现象。为了解释这些现象，与牛顿同时代的荷兰物理学家惠更斯提出了波动说。他认为光是一种机械波，波面上的每一点都是一个次级球面波的子波源，子波的波速与频率等于初级波的波速和频率，此后每一时刻的子波波面的包络就是该时刻总的波动的波面。这就是“波动说”。

从此，牛顿的微粒说和惠更斯的波动说构成了关于光的两大基本阵营，长时间地展开了激烈的争论和探讨。

1801 年，英国物理学家托马斯·杨(Thomas Young)开展了他著名的“双缝实验”，他设计出了既精妙又简单的双缝干涉实验，发现了光在通过双缝后出现了明暗相间的条纹，这是典型的波的性质。1818 年，法国科学院组织了一个悬赏征文大赛，题目就是利用精密的实验确定光的衍射效应以及推导光线通过物体附近时的运动情况。菲涅耳向竞赛组委会提交了一篇论文。在这一论文里，菲涅耳革命性地认为光是一种横波，而非之前认为的光是一种纵波。以此为出发点，菲涅耳严格证明了光的衍射问题，还解决了长期困扰波动说的一些其他问题。

其后，物理学家麦克斯韦横空出世，提出了令所有科学家心醉的麦克斯韦方程组，并指出光只是电磁波的一种。1887 年，赫兹用实验证明了“电磁波”的存在，并精确计算出电磁波的速度等于 30 万 km/s，与麦克斯韦的理论完全符合。至此，波动说似乎大获全胜。

然而，赫兹在证明麦克斯韦电磁学理论的实验中还发现，光照射到金属上，能够打出金属表面的电子，这就是光电效应。意外的是，电磁学理论在解释光电效应的问题上遇到了障碍。

此时，爱因斯坦登上了历史舞台。为了解决上述光电效应的机理问题，他提出了光量子论，只有认为光是粒子，才能完美解释光电效应。1923 年，康普顿发现，用 X 射线照射物体时，一部分散射出来的X射线的波长会变长，这一现象被称为“康普顿效应”。与光电效应一样，只有借助于爱因斯坦的光子理论，从光子与电子碰撞的角度才能够圆满解释康普顿实验现象。至此，似乎微粒说似乎要卷土重来。

如何在波动和微粒两种学术中寻找“平衡”？这是摆在科学家面前不可回避的问题。最终，物理学家们认可，实际上光同时具有粒子与波的特性。换句话说，光具有波粒二象性。对于物理学家们而言，他们倒并不觉得光的这种双重身份带来了什么不便。相反，这让光变得更加有用。尽管光的波动和粒子都能非常好地描述光的行为，但在某些特定的情况下，其中的一种描述会比另外一种更容易应用。因此物理学家们会根据不同情况在这两种描述方式之间进行选择切换。一些物理学家正在尝试利用光来实现加密通信，比如用于安全的资金转账等。对于他们来说，在开发这些功能时是把光看作了粒子。而另外一些物理学家则更加关注光在电子学领域的应用。对于他们来说，将光视作是可以被操控的电磁波将会更有意义。

本实验通过牛顿环和劈尖干涉，研究光的干涉现象，光的干涉现象表明了光的波动性。牛顿环和劈尖干涉都是分振幅法产生的等厚干涉现象，其特点是：同一条干涉条纹所对应的两反射面间的厚度相等。相邻干涉条纹的光程差的改变都等于相干光的波长，因此，通过对干涉条纹数目或干涉条纹移动数目的计量，可以得到光程差，进而测量微小量。

实 验 目 的

1. 观察等厚干涉现象，了解等厚干涉的原理和特点，加深对光的波动性的认识；
2. 掌握读数显微镜的调节和使用；
3. 利用牛顿环测量透镜的曲率半径；
4. 利用劈尖测量细金属丝的直径。

实 验 原 理

1. 牛顿环

牛顿环装置由一块光学平板玻璃和一块曲率半径较大的平凸玻璃透镜组成，平凸透镜在上，平板玻璃在下，相接触于 O 点。在平凸透镜的凸表面与平板玻璃的上表面之间形成一空气层，其厚度从中心接触点到边缘逐渐增大，离 O 点等距离处空气厚度相同，如图 1 所示。

当用平行的单色光垂直入射时，其中一部分光线在空气薄膜的上表面反射，另一部分在空气薄膜的下表面反射，因此就产生两束具有一定光程差的相干光，它们在平凸透镜的凸表面相遇后发生干涉。当我们用读数显微镜观察时，就能看到以接触点为中心的一系列明暗交替的同心圆环，这种干涉现象最早是被牛顿发现的，故称为牛顿环，如图 2 所示。

图 1 中，假设入射的单色光波长为 λ，以其中任一入射光线 a 为例，a 光线在平凸透镜的下表面被反射一部分，图中表示为光线 b；另一部分穿过空气层并在平板玻璃上表面反射，图中表示为光线 c。这两束反射光线在平凸透镜下表面相遇发生干涉。它们光程差为：

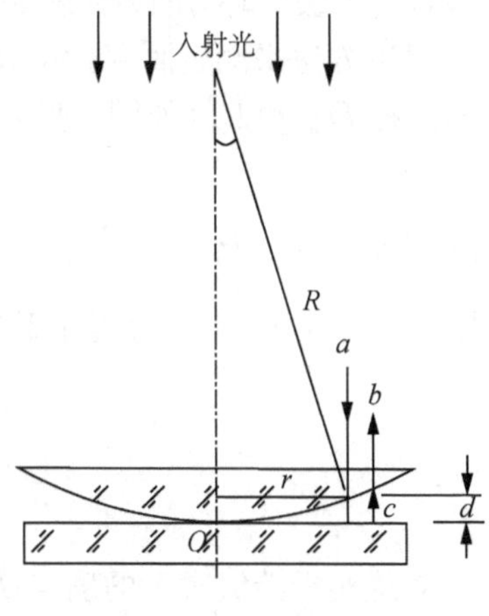

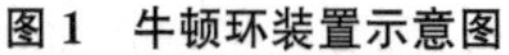
图 1　牛顿环装置示意图

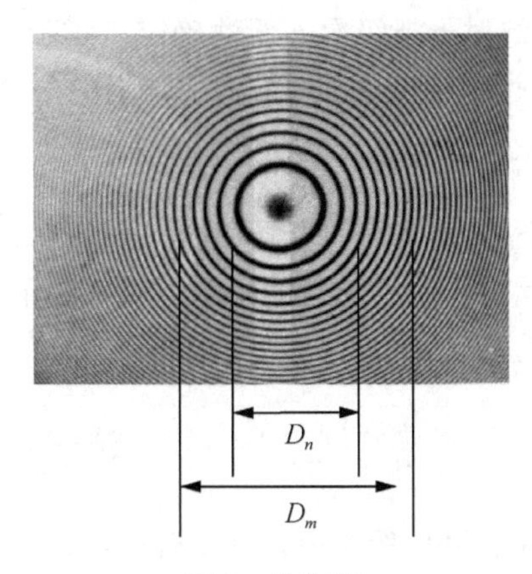

图 2　牛顿环

$$\Delta = 2nd + \frac{\lambda}{2} \tag{1}$$

其中，n 为空气的折射率，d 为空气层的厚度，$\lambda/2$ 是由于光波从空气(光疏媒质)到平板玻璃(光密媒质)上表面反射时，将有 π 的相位跃变，发生半波损失引起的。而在平凸透镜凸表面上的反射光则无相位改变。光程差 Δ 是随空气层的厚度 d 变化的，相同厚度处的干涉状态相同，所以牛顿环的干涉是"等厚干涉"。又因为空气中的折射率 n 近似为 1，所以根据干涉条件，当光程差 Δ 为半个波长的偶数倍时，有

$$\Delta = 2d + \frac{\lambda}{2} = k\lambda \quad k = 1,\ 2,\ 3,\ \cdots \quad \text{明环} \tag{2}$$

则干涉结果光强极大，形成明环纹。而当光程差 Δ 为半个波长的奇数倍时，有

$$\Delta = 2d + \frac{\lambda}{2} = (2k+1)\frac{\lambda}{2} \quad k = 0,\ 1,\ 2,\ 3,\ \cdots \quad \text{暗环} \tag{3}$$

则干涉结果光强相消，形成暗环纹。

由图 1，根据几何关系看出

$$r^2 = R^2 - (R-d)^2 = 2Rd - d^2 \tag{4}$$

因为 $R \gg d$，所以 $d^2 \ll 2Rd$，可以将 d^2 略去，于是有 $d = \frac{r^2}{2R}$。将其代入式(3)可得第 k 级暗环半径为：

$$r_k = \sqrt{kR\lambda} \quad k = 0,\ 1,\ 2,\ 3,\ \cdots \tag{5}$$

式中，k 表示暗环纹的级次。如果已知单色光波长，测出 k 级暗环的半径 r_k(实验时通常对暗环纹进行测量)，就可由上式求出平凸透镜的曲率半径 R；反之，当 R 已知时，也可以计算单色光的波长 λ。

但是，由于玻璃的弹性形变以及接触处难免有尘埃等微粒，使得平凸透镜和平板玻璃接

触处并非一个几何点，而是一个较大的暗斑。其中包含若干级圆环，所以牛顿环的“圆心”难以定位，且绝对干涉级次 k 无法确定。实验中将采用以下方法来测定曲率半径 R。

分别测量距中心较远的、比较清晰的两个暗环的直径 D_m 和 D_n（如图 2 所示），由式(5)可得：

$$D_m^2 = 4(m+j)R\lambda \quad \text{和} \quad D_n^2 = 4(n+j)R\lambda$$

式中 j 表示由于中心暗斑的影响而引入的干涉级数的修正值，m 和 n 为实际观察到的圆环序数。两式相减得：

$$R = \frac{D_m^2 - D_n^2}{4\lambda(m-n)} \tag{6}$$

式中 R 与牛顿环的级次差 $m-n$ 有关，这样就回避了对绝对干涉级次 k 的确定；R 还与直径的平方差有关，这样也回避了对牛顿环半径 r_k 直接测量的问题，根据几何知识可知，即使因圆心无法确定所测得的 D 是弦长，也不会对实验结果带来影响。配合逐差法进行数据处理，将减少系统误差。

2. 劈尖干涉

劈尖干涉也是一种等厚干涉。劈尖装置如图 3 所示，将两块光学平板玻璃片叠在一起，使其一端接触（形成交棱），在其另一端夹入细丝或薄片，这样在两玻璃片间就形成一劈形空气薄层（等厚线是一组平行于交棱的直线）。当用一束单色平行光垂直照射时，一部分光从上玻璃的下表面反射（图中 Aa 所示），另一部分从下玻璃的上表面反射（图中 Bb 所示），由于这两束光线都是由同一条光线分出来的（分振幅法），故频率相同、相位差恒定、振动方向相同，故发生干涉，产生一系列等间距的干涉直条纹，如图 4 所示。

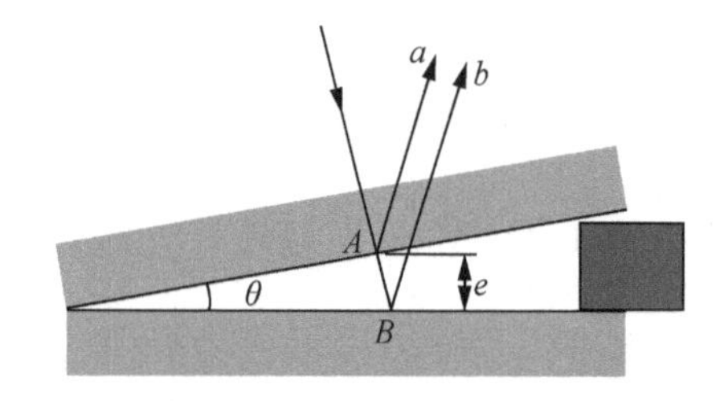

图 3　劈尖装置示意图

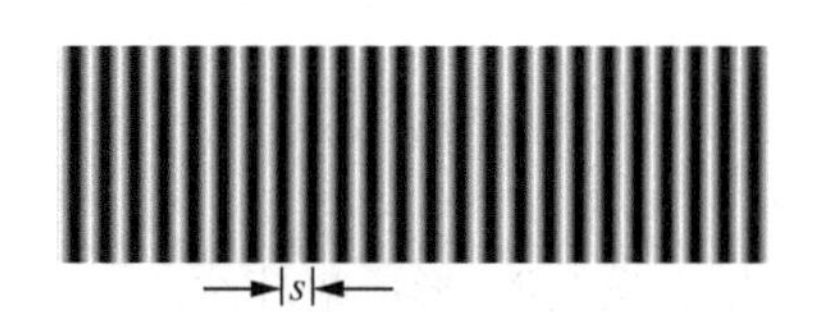

图 4　劈尖干涉条纹示意图

设单色光波长为 λ，在劈尖空气薄层为 A 处，空气膜厚度为 e，空气薄膜上、下表面反射光的光程差为：

$$\Delta = 2ne + \frac{\lambda}{2} \tag{7}$$

其中，n 为空气的折射率，近似为 1，$\lambda/2$ 是由于光线 Bb 从空气（光疏媒质）射向玻璃（光密媒质）且在其界面反射，产生半波损失引起的。根据干涉条件，当光程差为半波长的偶数倍时相互加强，出现亮条纹；光程差为半波长的奇数倍时相互减弱，出现暗条纹。即有

$$\Delta = 2e + \frac{\lambda}{2} = k\lambda \quad k = 1,\ 2,\ 3 \cdots \quad \text{明纹} \tag{8}$$

$$\Delta = 2e + \frac{\lambda}{2} = (2k+1)\frac{\lambda}{2} \quad k = 0, 1, 2, 3 \cdots \quad \text{暗纹} \tag{9}$$

从上两式可得，相邻两暗条纹（或明条纹）对应空气层厚度的差等于 $\lambda/2$，即

$$\Delta e = e_{k+1} - e_k = \frac{\lambda}{2} \tag{10}$$

由式(7)可知，由于在劈尖的棱边处空气层厚度为零，对应光程差为 $\lambda/2$，所以棱边处为暗条纹。注意到干涉条纹数目很多，为了简便测量，我们只要数出或计算出劈尖单位长度上暗条纹的数目 n，再量出细丝或薄片到棱边的距离 L，就可计算出待测细丝的直径或薄片的厚度 D，则有：

$$D = nL \times \frac{\lambda}{2} \tag{11}$$

实 验 仪 器

1. 单色光源（钠光灯）

低压钠灯是利用低压钠蒸气放电发光的电光源，发出的是单色黄光，发光效率极高，是各种电光源中发光效率最高的节能型光源，也是太阳能路灯照明系统的最佳光源之一。低压钠灯发射的光波波长是 589.0 nm 和 589.6 nm，俗称“双黄线”。本实验室约定钠黄光的波长 $\lambda = 589.3$ nm。

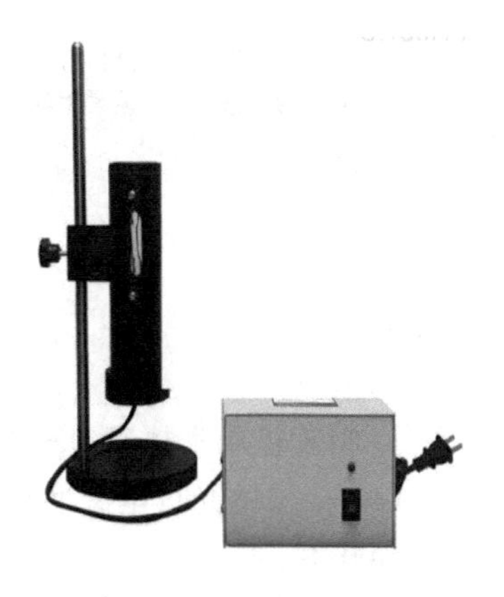

图 5 低压钠灯

2. 牛顿环

牛顿环装置由待测平凸透镜和磨光的平板玻璃叠合后装在金属框架（或塑料框架）中构成。框架上有三只螺钉，用于调节透镜与平板玻璃之间的接触程度，以改变干涉圆环的形状与位置。

图 6 牛顿环装置

图 7 劈尖装置

3. 劈尖

将两块平板玻璃叠放在一起，一端夹入细丝或薄片，则玻璃平板之间形成空气劈尖，劈尖的夹角很小。

4. 读数显微镜

读数显微镜又称测量显微镜或工具显微镜，读数显微镜的型号和规格很多，但基本结构

相同,均由显微镜和机械调节部分组成。其优点是可以实现非接触性测量,如测量干涉条纹的宽度、虚像距、虚物距等。本实验所用读数显微镜如图 8 所示,具体使用方法参见实验内容。

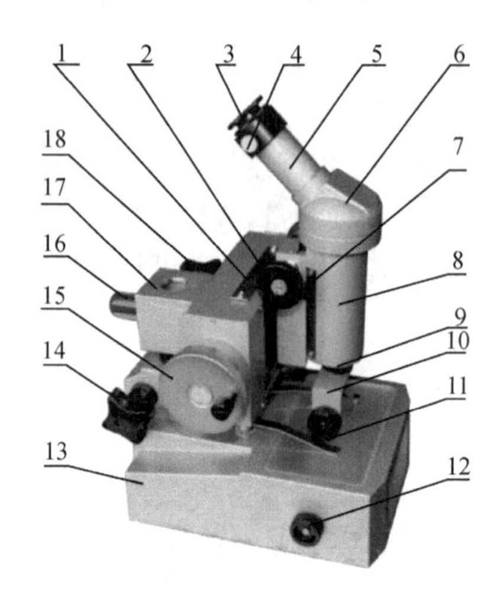

1—标尺;2—调焦手轮;3—目镜;4—锁紧螺钉;5—目镜接筒;6—棱镜室;7—刻尺;8—镜筒;9—物镜;10—半反镜组;11—压片;12—反光镜旋钮;13—底座;14—锁紧手轮;15—测微鼓轮;16—方轴;17—接头轴;18—锁紧手轮

图 8 读数显微镜

实验内容

1. 测量组成牛顿环的平凸透镜的曲率半径 R

(1) 接通钠光灯电源使灯管预热 5 min 左右,待灯管发光稳定后开始实验,注意不要反复拨弄开关。

(2) 调节牛顿环装置。

先用眼睛直接观察牛顿环装置,可以看到一个由一系列同心圆环组成的小黑斑纹。均匀地微调装置上的三个螺丝,控制平凸透镜与平板玻璃之间的松紧程度,把中心小黑点调成肉眼能看到的最小点,且尽量使其位于牛顿环装置的中心,再把牛顿环装置放到显微镜筒的正下方载物台上。

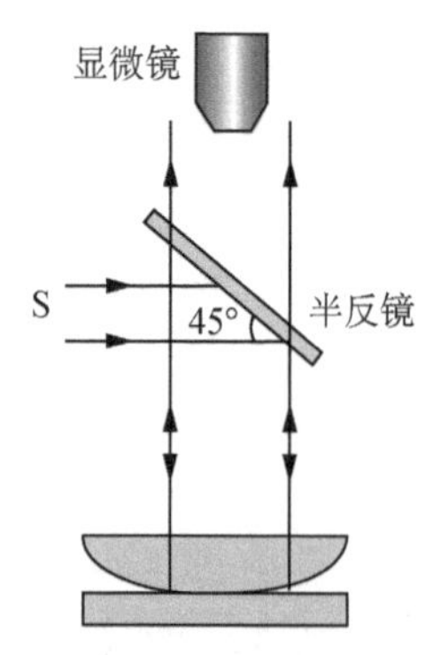

图 9 牛顿环装置

(3) 调节光路。使单色光源和读数显微镜物镜下方的反光镜大致处于同一高度上,再调节该反光镜与光源出射方向的夹角为 45°(如图 9),使显微镜中的视场明亮均匀。

(4) 调节读数显微镜。

① 调节目镜。转动目镜,在目镜中看到清晰的十字叉丝。

② 调节物镜。为了避免目镜下方的 45°反光镜与牛顿环装置发生挤压,导致光路破坏或仪器损坏,在观测前,先转动调焦手轮把 45°反光镜调低到靠近牛顿环装置但不接触的位置,再从目镜中边观察边缓慢转动调焦手轮向上调节物镜,直到目镜中看到清晰无视差的牛

顿环的像。轻微移动放在载物台上的牛顿环装置，牛顿环圆心大致对准叉丝交点。

(5) 测量牛顿环的直径。

缓慢转动显微镜测微鼓轮，使显微镜筒由环中心向左(或右)边移动，为了避免测微螺距间隙所引起的回程误差，要使显微镜内叉丝交叉点先超过第 20 条暗环(要多超过一些，数环一定要准确)，然后退回到第 20 条暗环，对该暗环进行测量并记录读数。再转动测微鼓轮，使叉丝交叉点对准依次递减的各级暗环(如第 19、18、…、6、5 等暗环)进行测量，并记录对应的读数。测完要测的级次最小的暗环(第 5 条暗环)后，继续缓慢转动测微鼓轮，使镜筒中的叉丝交叉点经过干涉环的中心，再测量另一方第 5 环至 20 环的读数，分别记入表 1 中。

在整个测量过程中，显微镜筒自始至终只能朝一个方向移动，否则会造成回程误差。叉丝交叉点与每一环对准处，应是一方各环内切，另一方外切，以消除条纹宽度造成的误差。

(6) 计算透镜的曲率半径。

运用所测得的数据，计算同一暗环左右两边的读数差，求得各级暗纹直径。然后采用逐差法处理数据，计算出平凸透镜的曲率半径 R。

表 1　牛顿环测透镜曲率数据表格

<table>
<tr><td rowspan="2">圈 数</td><td colspan="2">显微镜读数/mm</td><td rowspan="2">直径 D
/mm</td><td rowspan="2">D^2
/mm^2</td><td rowspan="2">组合方式</td><td rowspan="2">$D_m^2-D_n^2$
/mm^2</td></tr>
<tr><td>(左方)</td><td>(右方)</td></tr>
<tr><td>5</td><td></td><td></td><td></td><td></td><td>13—5</td><td></td></tr>
<tr><td>6</td><td></td><td></td><td></td><td></td><td></td><td></td></tr>
<tr><td>7</td><td></td><td></td><td></td><td></td><td>14—6</td><td></td></tr>
<tr><td>8</td><td></td><td></td><td></td><td></td><td></td><td></td></tr>
<tr><td>9</td><td></td><td></td><td></td><td></td><td>15—7</td><td></td></tr>
<tr><td>10</td><td></td><td></td><td></td><td></td><td></td><td></td></tr>
<tr><td>11</td><td></td><td></td><td></td><td></td><td>16—8</td><td></td></tr>
<tr><td>12</td><td></td><td></td><td></td><td></td><td></td><td></td></tr>
<tr><td>13</td><td></td><td></td><td></td><td></td><td>17—9</td><td></td></tr>
<tr><td>14</td><td></td><td></td><td></td><td></td><td></td><td></td></tr>
<tr><td>15</td><td></td><td></td><td></td><td></td><td>18—10</td><td></td></tr>
<tr><td>16</td><td></td><td></td><td></td><td></td><td></td><td></td></tr>
<tr><td>17</td><td></td><td></td><td></td><td></td><td>19—11</td><td></td></tr>
<tr><td>18</td><td></td><td></td><td></td><td></td><td></td><td></td></tr>
<tr><td>19</td><td></td><td></td><td></td><td></td><td>20—12</td><td></td></tr>
<tr><td>20</td><td></td><td></td><td></td><td></td><td></td><td></td></tr>
<tr><td colspan="7">平均值 $\overline{D_m^2-D_n^2}=$</td></tr>
<tr><td colspan="2">波长 $\lambda=$</td><td colspan="3">级数差 $m-n=$</td><td colspan="2">曲率半径 $R=$</td></tr>
</table>

2. 用劈尖干涉测量细丝的直径

(1) 组装劈尖装置。将细丝或薄片夹在两块叠放在一起的平板玻璃的一端,再调节锁紧螺丝,固定劈尖。然后把劈尖装置放到显微镜筒正下方的载物台上。

(2) 将45°反光镜调至靠近劈尖装置,再从目镜中边观察边缓慢向上调节物镜,直到目镜中看到清晰无视差的劈尖干涉条纹,然后再适当调节劈尖装置的方位,使条纹的方向与显微镜筒移动方向相垂直,以便准确测出干涉条纹的间距。

(3) 用读数显微镜测出十字叉丝扫过20条暗条纹时,显微镜筒的初始位置和末位置,计算出移过的距离 l,重复测量6组,计算出单位长度的干涉暗条纹数 n。

注意:测量可以由左向右进行,也可以由右向左进行。但在整个测量过程中,显微镜筒只能自始至终朝一个方向移动,否则会造成回程误差。

(4) 测出细丝或薄片到两块玻璃接触处的距离 L,算出细丝直径或薄片厚度 D。

表2 用劈尖干涉法测定微小厚度

单色光波长 λ=________nm 条纹数 m=________ 劈尖长度 L=________ mm

测量次数	1	2	3	4	5	6
起始读数 A/mm						
终止读数 B/mm						
m 个条纹的间距 $l=(A-B)$/mm						
l 的平均值/mm						

单位长度上暗(或明)条纹数目 n=________;细丝直径 D=________mm。

注意事项

1. 勿用手抚摸牛顿环、劈尖等光学元件表面,若需清洁,需要用专门的擦镜纸擦拭。

2. 牛顿环上三只螺钉不可旋得太紧,以免接触压力过大引起透镜的弹性形变,甚至损坏破裂;也不能太松,否则轻微的振动将会使条纹移动。

3. 使用读数显微镜用调焦手轮对被测物体进行聚焦前,应该先使物镜接近被测物体,然后使镜筒慢慢向上移动,这样可避免破坏光路,或压坏牛顿环(劈尖)。

4. 目镜中的十字叉丝,其中一条应和被测物体相切,另一条与镜筒移动方向平行。

5. 注意读数显微镜45°反射玻璃片的方向和位置,要使入射的单色光经玻璃片反射进入牛顿环,而不是直接反射进入显微镜镜筒,否则将看不见干涉条纹。

6. 牛顿环装置安放的位置与测量显微镜第一次读数位置要事先配合好,避免在测量了一部分数据后,发现环纹超出量程,无法继续测量。因此在正式测量前,应先做定性观察和调整,然后再作定量测量。

7. 在使用读数显微镜测量的整个过程中,显微镜只能自始至终朝同一方向移动,不得中途反向,否则会造成回程差。

观察思考

1. 仔细观察以下现象并加以解释：

(1) 牛顿环各级环纹的粗细是否一致？环纹间隔是否相同？

(2) 牛顿环中心是亮斑还是暗斑？什么原因？对测量结果是否有影响？

2. 在牛顿环实验中，如果测得的 D_m 和 D_n 不是直径，而是圆环的弦长，对实验结果是否会有影响？为什么？

3. 用白光照射牛顿环是何现象？为什么？

4. 你能设计一个快速检验透镜曲率半径是否合格的方法吗？试简述之。

5. 实验中说明了劈尖夹角很小，该夹角的大小对实验测量有无影响？为什么？

拓展阅读

当下，薄膜干涉这项技术已经应用在实际生活和科学技术领域的各个方面。尤其是可用来提高光学仪器的透射率和反射本领。一般来说，光照射到光学元件表面时，其能量要分成反射和透射两部分，于是透射过来的光能或反射出的光能都要相对原入射光能减少。为了消除各种像差和畸变，提高成像质量，光学系统一般都由多个透镜组合而成。例如，对于一个由六个透镜组成的高级照相机，因光的反射而损失的能量占原光能的一半左右。因此在现代光学仪器中，为了减少光能在光学元件的玻璃表面上的反射损失，常在镜面上镀一层均匀的透明介质薄膜(常用氟化镁，折射率 $n=1.38$)，利用薄膜干涉使反射光减弱，以增强其透射率。这种能使透射增强的薄膜叫作增透膜。通常选择人眼最敏感的波长 $\lambda=550$ nm (黄绿色光)作为反射光消除的对象，而远离此波长的红光和紫光仍有一定的反射光，因此镜头表面一般就呈现蓝紫带红的颜色。

图 10　镜头与增透膜

另一方面，在有些光学系统中，又要求某些光学元件具有较高的反射本领。例如，激光器的反射镜，要求对某种频率的单色光的反射率在 99%以上。为了增强反射能量，常在玻璃表面镀上一层高反射率的透明介质薄膜，通常膜介质是 $n=2.35$ 的硫化锌，利用薄膜干涉使反射光的光程差满足干涉相长条件，从而使反射光增强，这种薄膜叫作增反膜。由于反射光能量约占入射光能量的 5%，为达到具有高反射率的目的，常在玻璃表面交替镀上折射率高低不同的多层介质膜，一般镀到 13 层，有的高达 15 层、17 层，宇航员头盔和面罩上都镀有对红外线具有高反射率的多层膜，以屏蔽宇宙空间中极强的红外线照射。

图 11　激光

图 12　宇航员头盔

利用劈尖薄膜的等厚干涉原理,可以检测物体表面的平整度。取一块光学平面的玻璃片,称为平晶,放在待检测工件的表面上方,在平晶与工件表面间形成劈形空气膜,然后用单色光垂直照射,观察干涉条纹。从等厚干涉的特点可知,每一条条纹对应薄膜中的一条等高线。如果工件表面是非常平整的,那么等厚条纹应该是平行于棱边的一组平行线,如图 13 所示;如果工件表面不平整,则等厚条纹就应该是随着工件表面凹凸的分布而出现的一组形状各异的曲线,如图 14 所示。

图 13　工件表面平整

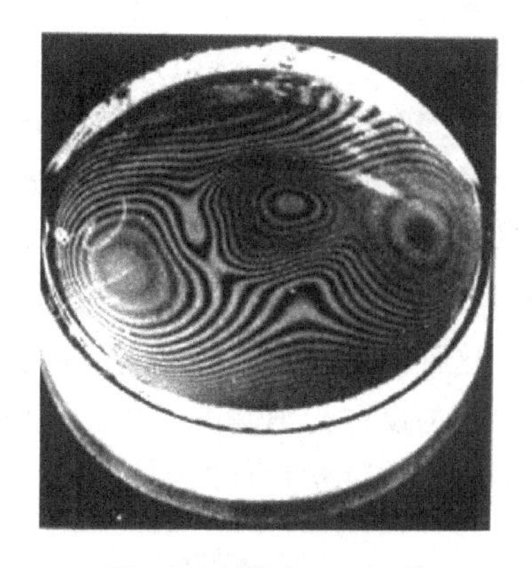

图 14　工件表面不平整

在光学元件的生产中,也常用牛顿环来检测透镜的质量。如图 15 所示,下面是一块经过精密加工和测定的标准原模,上面放着一块待测透镜,透镜上的干涉条纹正是一组牛顿环。如果牛顿环的环纹密集,且并非圆形,如图 16 所示,说明透镜加工精度不高。

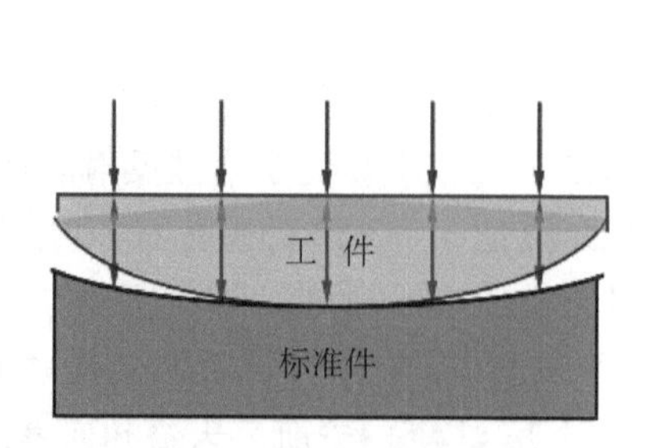

图 15　检验透镜球表面质量

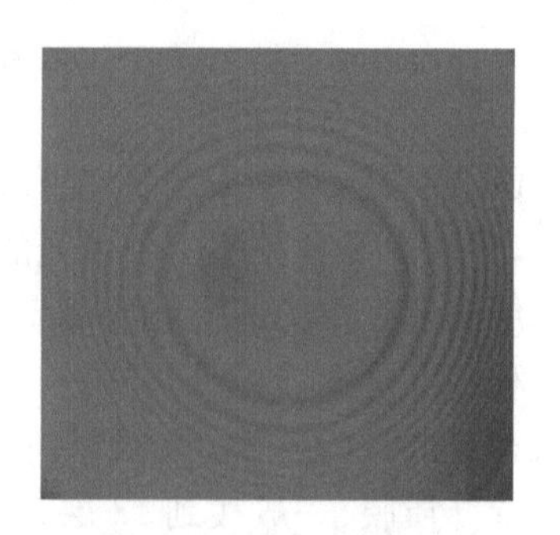

图 16　不规则牛顿环纹

实验 19 迈克耳孙干涉仪

知识介绍

图 1 美国物理学家迈克耳孙

迈克耳孙(A.A. Michelson，1852—1931)是著名的美国物理学家。他做了三个举世闻名的实验:迈克耳孙-莫雷以太零漂移、推断光谱精细结构、用光波波长标定标准米尺。迈克耳孙干涉仪就是迈克耳孙和莫雷合作,为研究“以太”漂移而设计制造出来的精密光学仪器。

1887 年,迈克耳孙和莫雷在美国克利夫兰进行了著名的“迈克耳孙-莫雷实验”,测量两垂直光的光速差值,即测量以太(绝对静止参考系)对于地球的漂移速度。经过多次实验,所得结果仍然为零,否定了地球相对于以太运动的存在,动摇了经典物理学基础,使得当时的科学界大为震惊。成为近代物理学的一个开端。

1. 以太的历史

“以太”的概念有着相当长的历史。在古希腊,以太指的是青天或上层大气,有时也表示占据天体空间的物质。亚里士多德就曾把它视为构成天体的基本元素。17 世纪的笛卡儿最先将以太引入科学,并赋予它某种力学性质。在笛卡儿看来,物体之间的所有作用力都必须通过某种中间媒介物质来传递,不存在任何超距作用。因此,空间不可能是空无所有的,它被以太这种媒介物质所充满。以太虽然不能为人的感官所感觉,但却能传递力的作用,如磁力和月球对潮汐的作用力。

图 2 笛卡儿

光的波动说的始祖胡克和惠更斯为解释光现象,都假设存在着以太。牛顿也像笛卡儿一样反对超距作用并承认以太的存在。在他看来,以太不一定是单一的物质,因而能传递各种作用,如产生电、磁和引力等不同的现象。牛顿也认为以太可以传播振动,但以太的振动不是光,因为光的波动学说(当时人们还不知道横波,光波被认为是和声波一样的纵波)不能解释光的偏振现象,也不能解释光的直线传播现象。

18 世纪为以太论没落期。由于笛卡儿主义者拒绝引力的平方反比定律而使牛顿的追随者起来反对笛卡儿哲学体系,连同他倡导的以太论也在被反对之列。到 18 世纪后期,证实了电荷之间(以及磁极之间)的作用力同样是与距离平方成反比。于是电磁以太的概念亦被抛弃,超距作用的观点在电学中也占了主导地位。

进入 19 世纪,由于光的波动论的复活和电磁理论的发展,以太问题成为科学家研究的热门课题。在 19 世纪上半叶,所有研究以太问题的人都是期望建立一个合理的光理论而探讨它的。后来人们着手讨论光行差理论,也是期望它能提供一种以太模型,以便利用这种以太模型解决光的横波理论所面临的严重困难。

菲涅耳用波动说成功地解释了光的衍射现象,他提出的理论方法能正确地计算出衍射图样,并能解释光的直线传播现象。1818 年他为了解释阿拉戈关于星光折射行为的实验,在托马斯·杨的想法基础上提出:透明物质中以太的密度与该物质的折射率二次方成正比,他还假定当一个物体相对以太参照系运动时,其内部的以太只是超过真空的那一部分被物体带动(以太部分曳引假说)。

2. *以太相关的研究*

1870 前后天文学家对关于光的传播方式的研究发生了兴趣。一个重要的因素是麦克斯韦的电磁理论,该理论大大提高了以太在物理学中的地位。

1879 年,麦克斯韦提出了一种探测以太的方法:让光线分别在平行和垂直于地球运动的方向等距离地往返传播,平行于地球运动方向所花的时间将会略大于垂直方向的时间。1887 年,赫兹的实验不仅仅是证实了麦克斯韦的预言,在当时物理学家的心目中,它也是以太存在的明证。在以太问题的研究中,一个最恼人的问题是以太漂移问题:地球通过以太运动,二者的相对运动究竟是怎样的?

17 世纪,英国天文学家布雷德利(J. Bradley, 1693—1762)为了寻找回地球公转所引起的恒星视差,从 1725 年 12 月到 1726 年 12 月持续进行观察,发现恒星表观位置在一年内确有变化,这就是所谓的“光行差”现象。这样,当地球绕太阳转一周时,观察恒星用的望远镜也必须转一小椭圆形。布雷德利认为这个现象是由于光速 c 是有限的和地球的公转引起的,他利用两个速度的合成来解释光行差现象。这种解释是建立在光速和地球公转速度互相独立的前提下的,它极其自然地被光的粒子说所接受。按照以太理论,在地球上静止的玻璃块穿过以太运动时,以太要穿过玻璃流出,这样在玻璃块内部,光的波速应该依赖于内部光线方向和“以太风”方向之间的夹角,因此对于以不同方向穿过玻璃的光线也应该是不同的。玻璃的折射率等于光在玻璃内外的波速之比,从而应该随穿过玻璃的光线方向而变化。通过测量玻璃在空间不同方向的折射率,原则上应该检测到地球相对于以太的运动。

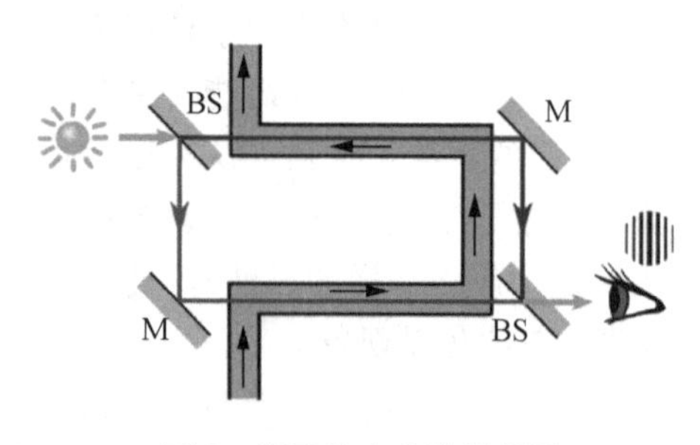

图 3 斐索流水实验原理图

1851 年,斐索做了一个流水实验,目的就是为了考察介质的运动对光速的影响,从而判断以太是否被拖拽。如图 3 所示,从在地球上处于静止的光源发出的单色光由平面镜反射,被分成两束,从 U 形玻璃管的两端进入。入射光线经过另一组透镜和平面镜的作用,从而使反射光线发生了交换。当 U 形玻璃管通入水流时,其中一条光线总是在顺水方向上沿玻璃管传播,另一条总是在逆水流的方向传播,最后使两条光干涉。

斐索用各种不同的水流速度做了精确的测量。所得到的减少或增加量均不满足低速运动物体(如声音和空气)的速度合成规律,却与菲涅耳曳引系数的速度加法一致。斐索利用波长为 5.26×10^{-7} m 的黄光,U 形管臂长 1.487 m,水的流速是 7.059 m/s。根据菲涅耳理论计算,干涉条纹的移动应是 0.202 2,实测值是 0.23。这两个值几乎相等。从而大大提高了菲涅耳理论的威信。这也说明,在一阶 v/c 的精度内,光现象不受地球相对以太运动的影响。这就从实验上证明了菲涅耳曳引的正确性。只是 19 世纪的物理学家不能理解它的运动学原理。

此后,霍克(M. Hoek)、马斯卡尔特(E. Mascart,1837—1908)、雅明(J. C. Jamin,1818—1886)在随后的几年里,他们根据相同的原理,用干涉仪做了实验,也得到类似的结果。这清楚地说明,在精确到 v/c 的一阶量,用光学仪器无论如何也检测不到地球相对于以太的绝对运动。

3. 迈克耳孙-莫雷实验

1880 年至 1881 年冬,当迈克耳孙在亥姆霍兹的实验室工作时,在仪器制造商的帮助下,他设计并组装了一种干涉仪,想以此实施麦克斯韦的建议,检测地球和以太的相对运动。

1885 年开始,迈克耳孙和莫雷一起利用干涉仪进行了一系列精确度更高的实验,实验装置如图 4 所示。根据以太理论,分出的两束光应该以不同的速度运动。比如说,一束光顺着地球运动方向,那么另一束光就是与地球运动所造成的“以太风”呈 90°。这样一来,两束光返回到光源时,其波动必然不会同步。然而实验的结果确让两人大为惊讶,他们发现所有光线的速度是相同的,无论测量装置指向何方都是一样的。

他们在报告中写道:“似乎有理由确信,即使在地球和以太之间存在着相对运动,它必定也是很小的;小到足以完全驳倒菲涅耳的光行差解释。”迈克耳孙和莫雷原本是为了检测地球和以太的相对运动而进行的一系列实验,最终却证明了以太漂移速度为零。

这一结论促使物理学家对以太与有质物质的关系问题发生了浓厚的兴趣,导致他们进行了一场旷日持久的智力竞赛。对以太问题的理论探讨和实验研究的热潮一直持续到 20 世纪头 10 年,甚至延续到狭义相对论出现以后。

1900 年,W.汤姆孙在《遮盖在热和光的动力理论上的 19 世纪乌云》的演说中,留下这样的名言:“19 世纪末的物理学上空,犹有两朵乌云,一朵是迈克耳孙的否定性实验,一朵是黑体辐射,这两朵乌云注定会在未来卷起漫天风暴。”在此基础上,既然静止参考系的以太没有理由存在,才有了爱因斯坦的狭义相对论。所以,迈克耳孙干涉仪在历史上起过相当重要的作用。1907 年,迈克耳孙因干涉仪获得诺贝尔物理学奖。

迈克耳孙干涉仪设计精巧、用途广泛,是许多现代干涉仪的原型,它不仅可以用来测量光的波长、介质的折射率,还在光谱线精细结构的研究和用光波标定标准米尺等实验中有着重要作用。

本实验即利用迈克耳孙干涉仪测量激光波长。

实验目的

1. 了解迈克耳孙干涉仪的原理、结构和调节方法;

2. 通过实验观察等倾干涉条纹；

3. 用实验测量激光波长。

实验原理

1. 迈克耳孙干涉仪的原理

迈克耳孙干涉仪利用的是分振幅法将光束分成反射和透射两束相干光，从而进行干涉的相关研究。其光路图如图 4 所示，M_1 和 M_2 是两个相互垂直的平面镜，G_1 和 G_2 是两块厚度和折射率都相同的平板玻璃，两块玻璃平行放置，与平面镜成 45°角，其中 G_1 的底面有一层半透半反膜 T，E 是观察屏。

从光源 S 发出的光经过 G_1 的半透半反膜分成振幅几乎相等的反射光束 1 和透射光束 2(故 G_1 被称为分光板)。光束 1 射到平面镜 M_1，经 M_1 反射又穿透 G_1(透射途中被 G_1 反射的部分不考虑)到达观察屏 E 所在。光束 2 射到平面镜 M_2，经 M_2 反射后又经 G_1 反射(反射途中经 G_1 透射的部分不考虑)到达观察屏 E 处与光束 1 相遇，产生干涉。若忽略 G_2，整个过程光束 1 穿过 G_1 共 3 次，光束 2 穿过 G_1 仅 1 次。所以 G_2 的作用在于对光束 2 进行光路补偿，使得两束光在玻璃中的路程一致，称为补偿板。

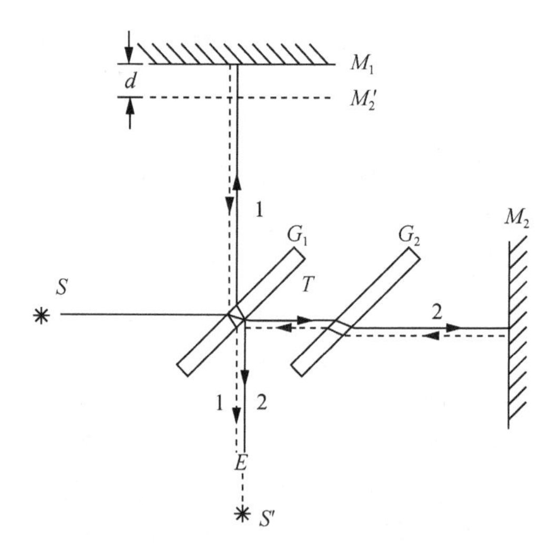

图 4 迈克耳孙干涉仪光路图

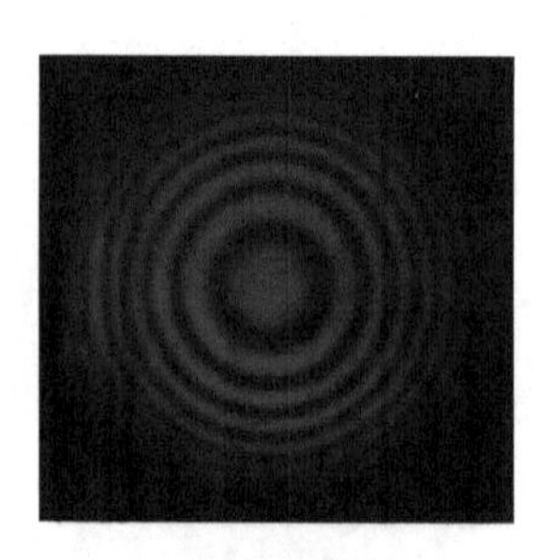

图 5 迈克耳孙干涉仪干涉环纹

M_2'是 M_2 由 G_1 的半反射膜所形成的虚像，光束 2 可以看成是 M_2'反射过来的。因此 E 处所观察到的光束 1 和光束 2 相遇所产生的干涉条纹可以看成是由 M_1 与 M_2'之间的空气薄膜所产生的薄膜干涉条纹。如果 M_1 和 M_2 相互垂直，则 M_1 与 M_2'相互平行，其干涉图样为一组明暗相间的同心圆(也就是等倾干涉条纹)，如图 5 所示。如果 M_1 和 M_2 并非完全垂直，有一定的夹角，它们之间就形成“劈尖空气层”，形成可能是椭圆也可能是其他形状的等厚干涉图样。本实验只研究 M_1 和 M_2 相互垂直形成的等倾干涉。

2. 利用非定域干涉测量激光波长

本实验采用激光光源作为实验光源，激光光源发出的光束很细，可以认为是一个很好的点光源。它向空中传播的是球面波，经 G_1 反射可等效是由 S' 发出的（如图 4），S' 再经过 M_1 和 M_2' 的反射又等效为由虚光源 S_1、S_2 发出的两列球面波，如图 6 所示。这两列球面波在它们相遇的空间产生干涉条纹，这种干涉称为非定域干涉。

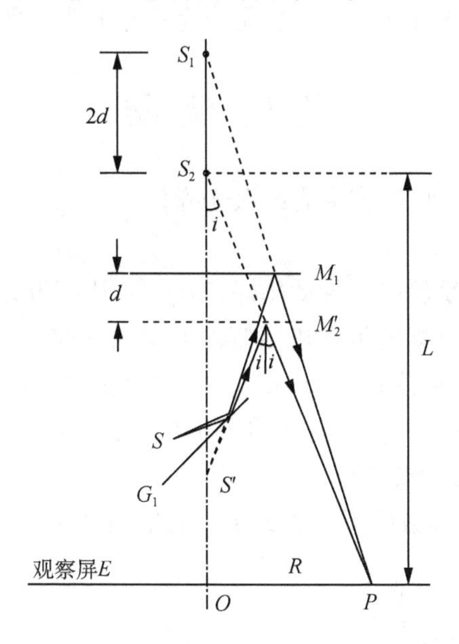

图 6　点光源产生的非定域干涉

如图所示，S_1、S_2 发出的球面波在观察屏 E 的任一点 P 的光程差为：

$$\delta = S_1P - S_2P = \sqrt{(L+2d)^2 + R^2} - \sqrt{L^2 + R^2}$$

因为 $L \gg d$，入射角 i 很小，展开上式并略去 d^2 / R^2，上式则简化为：

$$\delta = 2d\cos i$$

所以对应的明暗纹光程差为：

$$\delta = 2d\cos i = \begin{cases} k\lambda & \text{明纹} \\ (2k+1)\lambda/2 & \text{暗纹} \end{cases}$$

其中 k 为整数。当 $i=0$ 时，干涉环纹的中心处光程差有极大值，等于 $2d$。所以当 d 增加时，观察屏中心的级数 k 会发生变化，在屏上会观察到一个个从中心向外“冒出（吐出）”的干涉环纹使图案逐渐变密；当 d 减小时，屏上的环纹会一个个地向中心“吞进”，使得环纹变稀疏。

每当间距 d 改变 $\lambda/2$，即冒出或吞进一级环纹（中心环纹由明到暗再到明，或者由暗到明再到暗），相干光的光程差就改变了一个波长 λ；冒出或吞进 Δk 级环纹，若对应间距的改变量为 Δd，则有

$$\Delta d = \Delta k \frac{\lambda}{2}$$

或写成

$$\lambda=\frac{2\Delta d}{\Delta k}$$

所以如果测出相应的 M_1 和 M_2' 之间的距离变化量 Δd，同时数出冒出或吞进的条纹级数，则可以用上述公式算出激光波长。这就是迈克耳孙干涉仪测量光波波长的基本原理。

实验仪器

实验仪器有迈克耳孙干涉仪、多束光纤激光源。

1. 迈克耳孙干涉仪

如图 7 所示，转动粗调手轮(1)，带动丝杆(7)移动，从而带动可移动反射镜 M_1(5)在导轨面上滑动，实现粗动。主尺刻度可在机体侧面的毫米刻度尺上读得，可读到毫米位；正面读数窗口是粗调刻度盘(2)，可读到 0.01 mm；转动右侧的微调手轮(10)，可实现丝杆微动，微调手轮的最小读数值为 0.000 1 mm，还需要估读一位。由此可见，主尺和粗调只读出整数格对应的刻度，不估读，微调要估读。这样，M_1 的位置读数，由主尺刻度读数(2 位)、正面窗口粗调读数(2 位)和微调读数(3 位)构成，共 7 位有效数字。

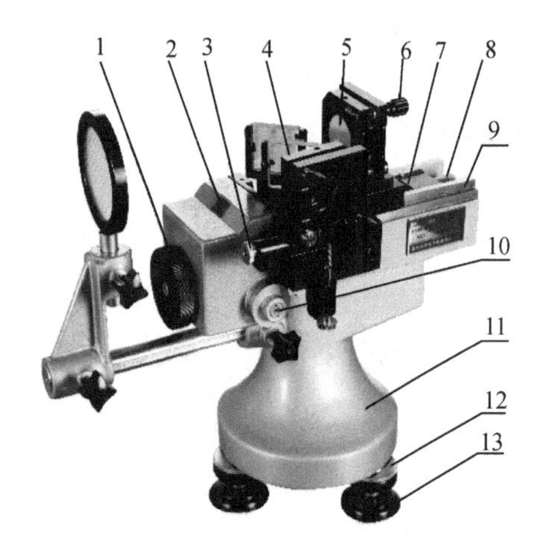

(1) 粗调手轮　(2) 粗调刻度盘
(3) 微调螺丝　(4) 固定反射镜 M_2
(5) 可移动反射镜 M_1　(6) 反射镜调节螺丝
(7) 丝杆　(8) 滚花螺母导轨
(9) 导轨　(10) 微调手轮
(11) 底座　(12) 锁紧圈
(13) 水平调节螺钉

图 7　迈克耳孙干涉仪

可移动反射镜(5)和固定反射镜(4)的倾角可分别用镜架背后的调节螺丝(6)来调节，因使用了精密二维调节架，可方便地达到轻柔调节的目的，能在对于干涉条纹有影响的范围内进行较大行程的调节。在固定镜(4)附近有两个微调螺丝(3)，垂直的螺丝使干涉图像上下微动，水平螺丝则使干涉图像水平移动，用于调节视差。由于仪器结构原因，微调手轮会存在正反空回(即空程差)，所以要求在实验中微调手轮只能向同一方向转动，否则对测量结果有很大影响。

2. 多束光纤激光源

激光器的种类很多，本实验所使用的多束光纤激光源是氦氖激光器，其波长是 632.8 nm，激光光束细小，能量集中。因此，实验时眼睛不能正对激光直接进行观察，以免损伤眼睛。

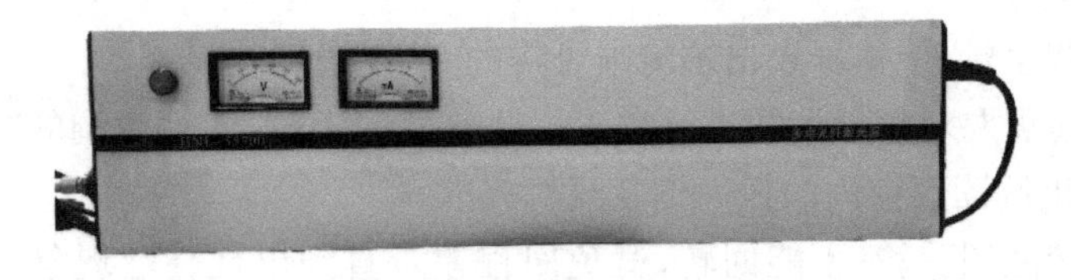

图 8　多束光纤激光源

表 1　常见激光器的主要谱线波长

激光器名称	谱线波长/nm
氦氖激光	632.8
Nd 玻璃激光	1.35　1.34　1.32　1.06　0.91
氦镉激光	441.6　325.0
CO_2 激光	10.6
红宝石激光	694.3　693.4　510.0　360.0
氩离子激光	528.7　514.5　501.7　496.5　488.0　476.5　472.7　465.8　457.9　454.5　437.1

实验内容

1. 仪器调整及观察非定域干涉条纹

(1) 调节干涉仪使导轨大致水平，打开激光光源（注意：不要用眼睛直对激光光束），调节光纤头部，使得激光管大致沿 M_2 镜面的法线方向射入。

(2) 调节粗调手轮，使两个反射镜 M_1 和 M_2 到 G_1 的距离大致相等（即 M_1 的位置移至导轨 52 mm 左右）。调节 M_1、M_2 背面的螺丝及 M_2 下方的两个拉簧螺丝，使得 M_1、M_2'大致平行，要求螺丝不要太松也不要太紧，以便后续调节时留有余地可松紧自如。

(3) 不放观察屏，此时从 E 处向 M_1 镜方向观察，可以见到两排光点，分别是 M_1 和 M_2 各自反射的光点像。每排四个光点，中间的较亮，两边的较暗。仔细调节 M_1 和 M_2 后面的螺丝，使得两排光点中最亮的两个点重合，这样 M_1 和 M_2 就基本垂直了，即 M_1 和 M_2'互相平行。（调节时若是光强太强，光点太亮，可在光纤头部放置一张纸片适当减弱光强。）

(4) 装上观察屏，即可看到非定域干涉条纹。此时若圆心不在观察屏中央，可以轻轻调节 M_2 附近的微调螺丝，使得环纹中心移至屏幕中心。若不是同心圆，则可能 M_1 和 M_2'不是严格平行，可以交替缓慢调节 M_1 和 M_2 后的螺丝，直到看到圆形环纹。若是观察不到环纹，可能是因为 M_1、M_2'距离过大以至于环纹太细密而看不出来，这时需要重新调整 M_1 的位置。

(5) 条纹出现后还需要上下左右观察，看是否有视差，利用 M_2 下方的水平拉簧螺丝和垂直拉簧螺丝使吞吐现象减轻或消失。

(6) 转动粗调手轮观察干涉条纹随 M_1 和 M_2'间距 d 的变化而产生的吞吐现象，并观察环纹的疏密变化。分析条纹粗细、密度和 d 的关系。

2. 测量激光波长

(1) 转动粗调手轮,使得屏上出现清晰可辨的 2～3 级环纹。

(2) 测量之前需要对仪器读数进行校正。调节微调手轮,使得微调的"0"刻度线对齐准线,再调粗调,使粗调读数窗内的任一刻度线对齐准线。

(3) 单向旋转微调手轮(不能回转,避免回程差),直到出现吞吐现象,记下中心为最暗(或者最明)时 M_1 的位置,接着继续沿同方向旋转微调手轮。当环纹"吞进"或"吐出"50 级环纹时,再记下 M_1 的位置,继续沿同方向旋转微调手轮,当环纹又"吞进"或"吐出"50 级环纹时,再次记下 M_1 的位置……连续记录 10 个数据,填入表 2。

(4) 用逐差法处理表格中数据,计算激光波长,求百分误差。

数 据 表 格

表 2 相关测量数据

k 值	M_1 位置读数 D_i /mm	k 值	M_1 位置读数 D_i /mm	$\Delta d = D_{i+5} - D_i$ /mm
0		250		
50		300		
100		350		
150		400		
200		450		
$\overline{\Delta d}$=______ mm				

激光波长 λ=______ nm;

百分误差:______%(氦氖激光器波长理论值:632.8 nm)。

注 意 事 项

1. 不要用眼睛直视激光头。不要用手触摸光学器件表面,不能污染光学表面。
2. 在调节平面镜后的螺丝时要轻、慢,不能使劲强拧。
3. 测量时,微调手轮只能往一个方向旋转,避免出现回程差。
4. 测量前先将两个平面镜后的螺钉调到中间位置,以便能在前后两个方向微调。

观 察 思 考

1. 为什么测量波长时微调手轮只能向同一个方向旋转?还有其他实验有这种情况吗?
2. 如果把光源换成白光,干涉图样会是什么样的?

拓展阅读

1. 迈克耳孙干涉仪自动测量激光波长

实验所观察到的激光干涉环纹是明与暗条纹，在转换成电信号时，对应的是高与低的电势，因此可以用芯片（如单片机、FPGA 等）来实现电信号控制下的自动测量。

如图 9 所示，可搭建一个外电路，利用光敏电阻将光信号转换成电信号。

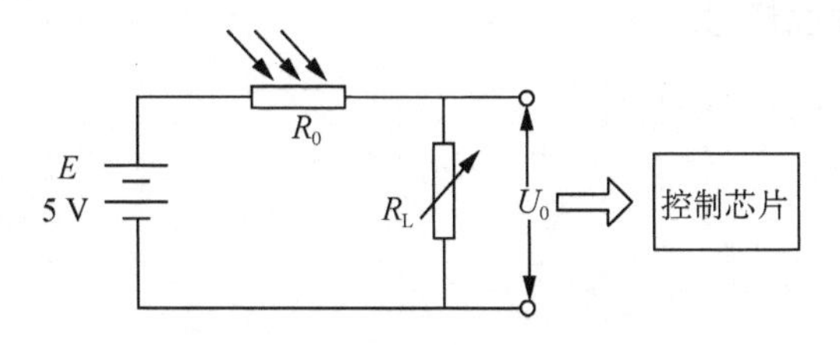

图 9　光信号转换成电信号

由步进电机驱动微调旋钮旋转使观察屏呈现出干涉环纹的吞吐现象。步进电机也由芯片来控制，芯片通过收集到的连续的高低电平变化来进行干涉环纹的级数变化的计数以及波长的运算。最后可经由串口输出到电脑终端显示。

2. 迈克耳孙干涉仪的其他应用

迈克耳孙干涉仪应用广泛，除了可以测量激光波长以外，还有很多用途。

(1) 测量透明材料的厚度和折射率

用迈克耳孙干涉仪测量透明材料的厚度和折射率时，一般采用白光光源，通过观察彩色条纹的方法来测量。其基本步骤为：不放入待测材料，调出白光干涉彩色条纹，使得光路 1 和光路 2 为等光程，然后将待测材料插入光路 1，如图 10 所示，与 M_1 平行放置，此时由于光路 1 光程的变化，彩色条纹消失。

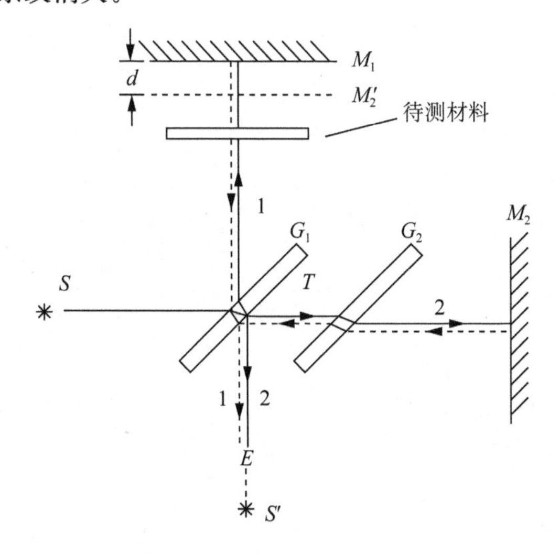

图 10　待测材料放入示例

调节 M_1 的位置，使得观察屏再次出现彩色干涉条纹，根据反射镜 M_1 的位置，计算出透明待测材料带来的光程差。若是已知该透明材料的厚度，就可以求出其折射率。反之，若是已知折射率，可以求出透明材料的厚度。

(2) 测量杨氏模量

杨氏模量是描述固体材料抵抗形变能力的物理量。大学物理实验中常常采用静态拉伸法来测量金属丝的杨氏模量。

如果将迈克耳孙干涉仪与杨氏模量测定仪相结合同样可以实现测量。详见“实验 3 用静态拉伸法测材料的弹性模量”。

实验 20　偏振光的获得与检测

知识介绍

从 17 世纪开始，人们对于光的本质是什么进行了大量的研究，微粒说和波动说的争论一直持续到 20 世纪初，光具有波粒二象性的提出才落下帷幕。根据光的直线传播规律，牛顿于 1675 年提出光是从光源发出的一种物质微粒，在均匀媒质中以一定的速度传播，此乃“微粒说”。微粒说很容易解释光的直进性，也很容易解释光的反射，因为粒子与光滑平面发生碰撞的反射定律与光的反射定律相同。然而微粒说在解释一束光射到两种介质分界面处会同时发生反射和折射，以及几束光交叉相遇后彼此毫不妨碍地继续向前传播等现象时，却发生了很大困难。

1660 年胡克发表了他的光波动理论。他认为光线在一个名为发光以太的介质中以波的形式四射，并且由于波并不受重力影响，他假设光会在进入高密度介质时减速，此乃“波动说”。光的波动说理论预言了 1800 年杨发现的干涉现象以及光的偏振性。杨用双缝干涉实验展现了光的波动性特征，还提出颜色是由光波波长不同所致，用眼睛的三色受体解释了色觉原理。惠更斯进一步认为，光是一种类机械波，是靠物质载体来传播的纵向波，传播它的物质载体称为“以太”。波面上的各点本身就是引起媒质振动的波源——子波理论。根据这一理论，惠更斯证明了光的反射定律和折射定律，也比较好地解释了光的衍射、双折射现象和著名的“牛顿环”实验。1821 年，德国天文学家夫琅禾费首次用光栅研究了光的衍射现象。在他之后，德国另一位物理学家施维尔德根据新的光波学说，对光通过光栅后的衍射现象进行了成功的解释。至此，在光的波动说与微粒说的论战中，波动说已经取得了决定性胜利。但人们在为光波寻找载体时所遇到的困难，却预示了波动说所面临的危机。

1808 年，拉普拉斯用微粒说分析了光的双折射现象(如图 1 所示)，批驳了杨氏的波动说。1809 年，马吕斯在试验中发现了光的偏振现象。在进一步研究光的简单折射中的偏振时，他发现光在折射时是部分偏振的。因为惠更斯曾提出过光是一种纵波，而纵波不可能发生这样的偏振，这一发现成为反对波动说的有利证据。1811 年，布儒斯特在研究光的偏振现象时发现了光的偏振现象的经验定律。光的偏振现象和偏振定律的发现，使当时的波动说陷入了困境，使物理光学的研究更朝向有利于微粒说的方向发展。面对这种情况，杨氏对光学再次进行了深入的研究，1817 年，他放弃了惠更斯的光是一种纵波的说法，提出了光是一种横波的假说，比较成功地解释了光的偏振现象。吸收了牛顿派的一些看法之后，他又建立了新的波动说理论。1819 年，菲涅耳成功地完成了对由两个平面镜所产生的相干光源进行的光的干涉实验，继杨氏干涉实验之后再次证明了光的波动说，并与阿喇果建立了光波的横向传播理论。

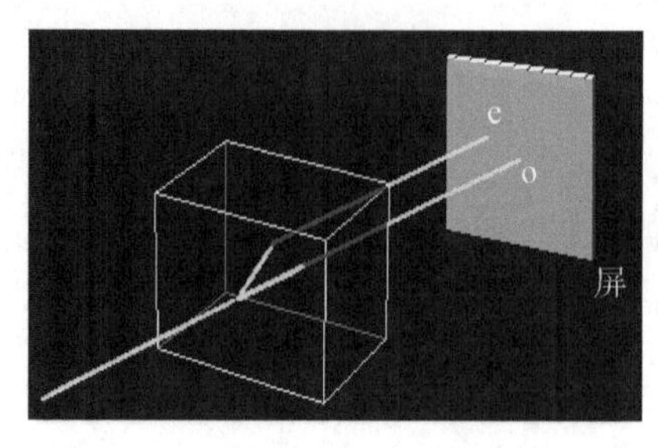

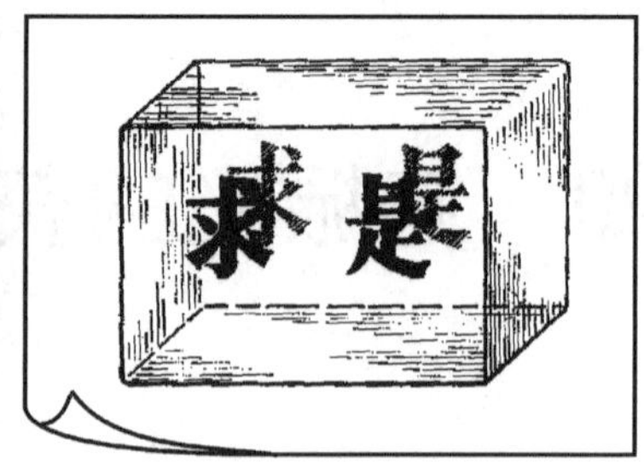

图 1 光的双折射现象

1865 年英国物理学家、经典电动力学的创始人麦克斯韦总结了库仑、安培和法拉第等人的电磁学研究成果，将电磁场理论用简洁、对称、完美的数学形式表示出来，归纳出了电磁场的基本方程——麦克斯韦方程组，并据此预言了电磁波的存在，且为横波，同时推导出电磁波的传播速度等于光速，以此论证了光是电磁波的一种形式，揭示了光现象和电磁现象之间的联系(如图 2 所示)。1887 年德国物理学家赫兹用实验验证了电磁波的存在。

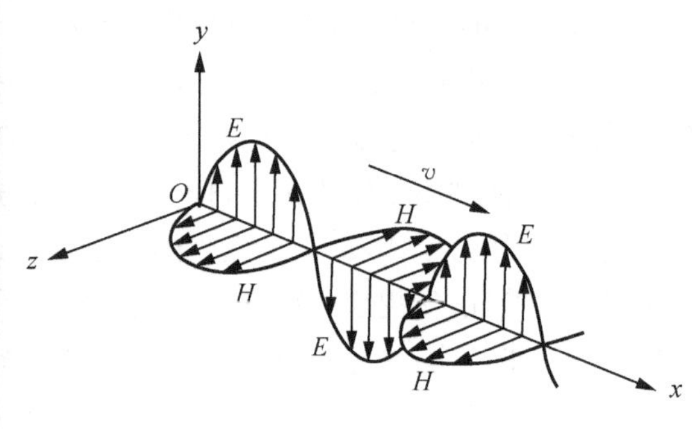

图 2 麦克斯韦和电磁波

1905 年，爱因斯坦在德国《物理年鉴》上发表了题为《关于光的产生和转化的一个启发性观点》的论文，他认为对于时间的平均值，光表现为波动；对于时间的瞬间值，光表现为粒子性。这是历史上第一次揭示微观客体波动性和粒子性的统一，即波粒二象性。这一科学理论最终得到了学术界的广泛接受。

实验目的

1. 观察光的偏振现象，了解光偏振的基本规律；
2. 测量偏振光光强，验证马吕斯定律。

实验原理

1. 偏振光的基本知识

光是电磁波，光波中的电振动矢量和磁振动矢量都与传播方向垂直，因此光波是横波。

实验表明，产生感光作用的是光波中的电矢量，所以又称电矢量为光矢量。电矢量固定在某一平面内振动时的光波称为**平面偏振光(或线偏振光)**，电矢量的振动方向和光的传播方向所构成的平面称为该偏振光的偏振面。

普通光源发出的光波，光矢量在垂直于传播方向的平面内是均匀而对称分布的，这种光称为自然光。自然光可用振幅相等、振动方向互相垂直的两个平面偏振光来表示。对自然光而言，它的振动方向在垂直于光的传播方向的平面内可取所有可能的方向，没有一个方向占有优势。若把所有方向的光振动都分解到相互垂直的两个方向上，则在这两个方向上的振动能量和振幅都相等。线偏振光是在垂直于传播方向的平面内，光矢量只沿一个固定方向振动。自然光表示方法如图 3 所示，线偏振光的表示方法如图 4 所示。

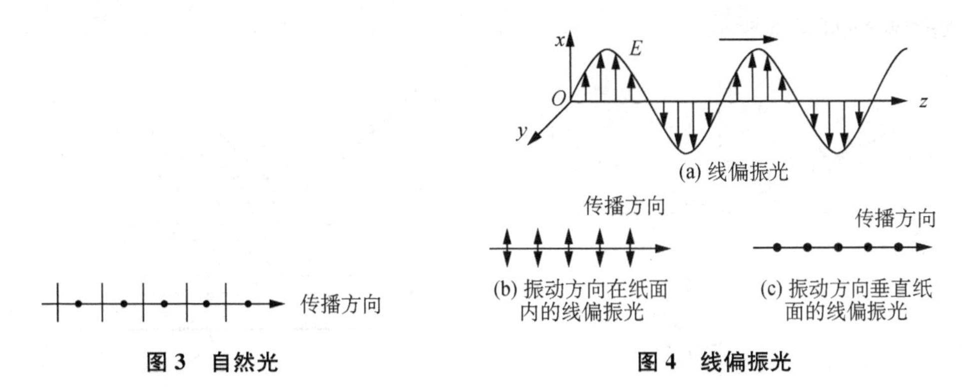

图 3　自然光　　**图 4　线偏振光**

2. 偏振光的获得

(1) 用偏振片从自然光中获得偏振光

将自然光变成偏振光的器件称起偏器。偏振片是利用某种具有二向色性的物质的透明薄片制成的，如硫酸碘奎宁、硫酸金鸡纳碱、电气石等。它能吸收某一方向的光振动，而只让与这一方向垂直的光振动通过。为了便于说明和使用，在偏振片上标出记号“↕”，表示该偏振片允许通过的光振动方向，这一方向称为“偏振化方向”。通过起偏器获得偏振光示意图如图 5 所示。

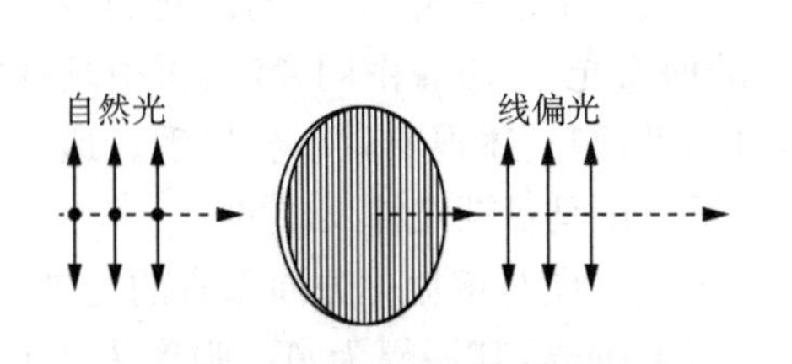

图 5　通过起偏器获得线偏振光

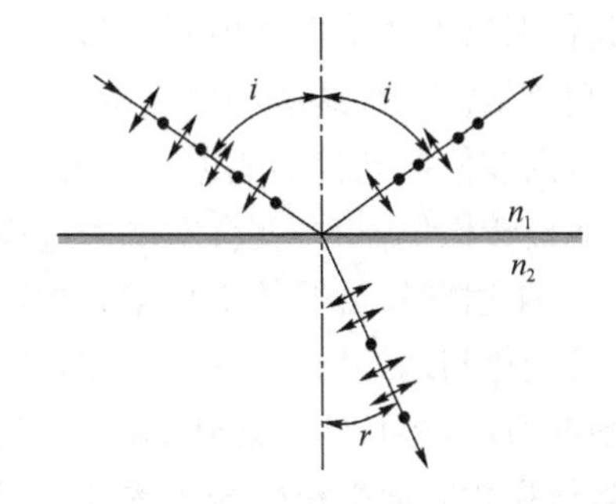

图 6　自然光反射和折射产生部分偏振光

(2) 通过光的反射和折射获得偏振光

自然光在反射或折射时都会得到部分偏振光，如图 6 所示。

当入射角以 i_0 入射时，由折射定律可得：

$$n_1 \sin i_0 = n_2 \sin r \tag{1}$$

当 $i_0 + r = 90°$ 时，上式可变为：

$$n_1 \sin i_0 = n_2 \cos i_0$$

$$\tan i_0 = \frac{n_2}{n_1} \tag{2}$$

此时反射光为线偏振光，折射光线为部分偏振光。上式中的 i_0 称为布儒斯特角，如图 7 所示。如果把折射光(部分偏振光)再以布儒斯特角入射时，获得的反射光仍为线偏光，再次出现的折射光线为部分偏振光，再把获得的折射光以布儒斯特角入射，多次循环，可使折射光线也为线偏光，如图 8 所示。

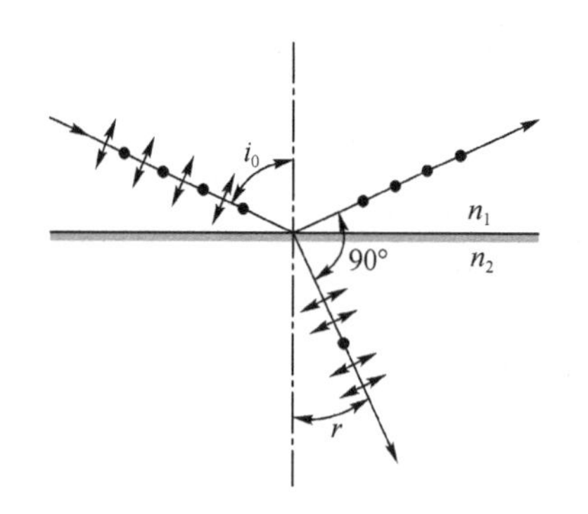

图 7　自然光以布儒斯特角入射时，获得反射光为线偏光

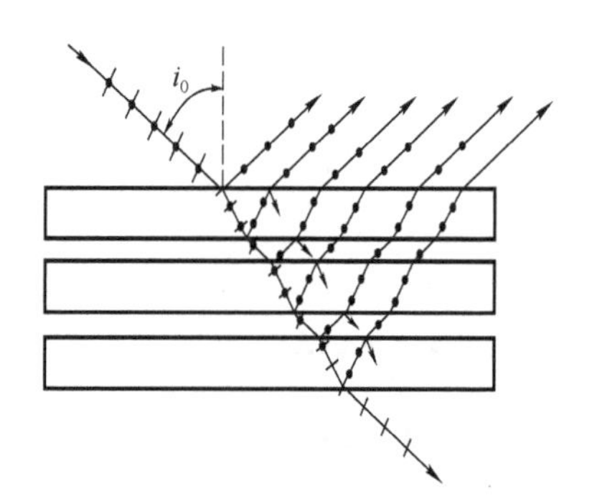

图 8　玻璃片堆制成的偏振器透射光也是线偏振光

当自然光在晶体中发生双折射时，产生的两束光线也都是线偏光。

3. 偏振光的检偏

鉴别光的偏振状态的过程称为检偏，它所用的装置称为检偏器。实际上，起偏器和检偏器是互相通用的。用于起偏时称为起偏器，用于检偏时称为检偏器。常用的检偏器有反射检偏器(或透射检偏器)、晶体检偏器、偏振片检偏器三种。它们都有各自的偏振化方向。让光通过起偏器后的线偏振光射到检偏器上，当检偏器的偏振化方向与起偏器的偏振化方向相同时，则该偏振光可继续透过检偏器射出。如果检偏器的偏振化方向与起偏器偏振化方向垂直时，则该偏振光就不能透过检偏器射出。正是由于这一情况，我们以光的传播方向为轴，不断地旋转检偏器时，就会发现透过检偏器的偏振光，经历着由明变暗，再由暗变明的变化过程。如果射向检偏器的不是偏振光，而是自然光，则上述现象就不会出现。透过检偏器的光强，其变化与两偏振片偏振化方向夹角的关系是由马吕斯定律反映的。

如图 9 所示，当自然光射到偏振片 P_A 上时，振动方向与偏振化方向垂直的光被吸收，振动方向与偏振化方向平行的光能透过，从而获得线偏振光，其振幅为 A_0，强度为 I_0(光强为自然光强度的一半)。若在偏振片 P_A 后面再放一块偏振片 P_B，P_B 就可以检验经 P_A 后的光是否为线偏振光，即 P_B 起了检偏器的作用。当起偏器 P_A 和检偏器 P_B 的偏振化方向的夹角为 α 时，则强度为 I_0 的偏振光，透过检偏振器 P_B 后，透射光的强度满足马吕斯定律：

$$I = I_0 \cos^2 \alpha \tag{3}$$

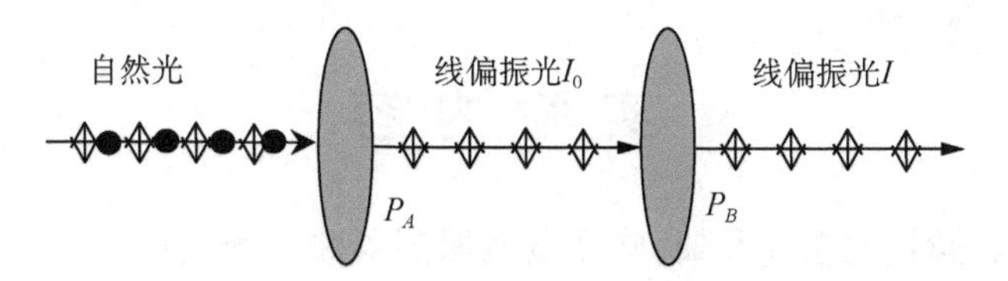

图 9　偏振光的起偏和检偏

如果起偏器与检偏器的偏振化方向平行，即 $\alpha=0°$ 或 $180°$ 时，则 $I=I_0$ 光强最大；如它们彼此正交，即 $\alpha=90°$ 或 $270°$ 时，则 $I=0$，光强最小（消光状态），接近于全暗；当 $0°<\alpha<90°$ 时，透射光强度随 α 而变，既非最亮也非最暗。α 由 $90°$增大到 $180°$时，透射光强度又逐渐增大。可见，只要将 P_B绕轴线旋转一周，若出现两次光强达到最大，两次消光（光强为零），则入射 P_B的光一定是线偏振光，从而起到检偏的作用。如果以 I 为纵坐标，以 α 为横坐标，则 I 随 α 的变化应如图 10 所示。

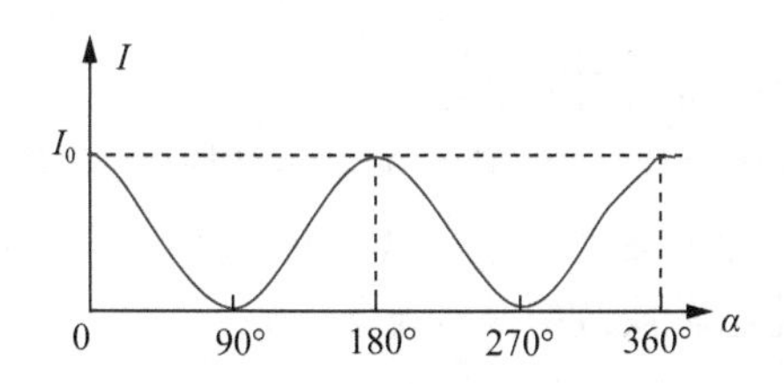

图 10　I 随 α 的变化关系图

实验中，我们用硅光电池与微安表串联，来接受透过检偏器的偏振光。这是因为硅光电池能将光能转换成电能，而且硅光电池所产生的电动势与光强度成正比。当旋转检偏器时，微安表所显示的电流大小和光的强度成正比。定量测出透射光强随着 α 的改变，，从而进一步理解马吕斯定律。

实验仪器

半导体激光器一个；起偏器、检偏器各一个；硅光电池一个；微安表一个；光具座一套。

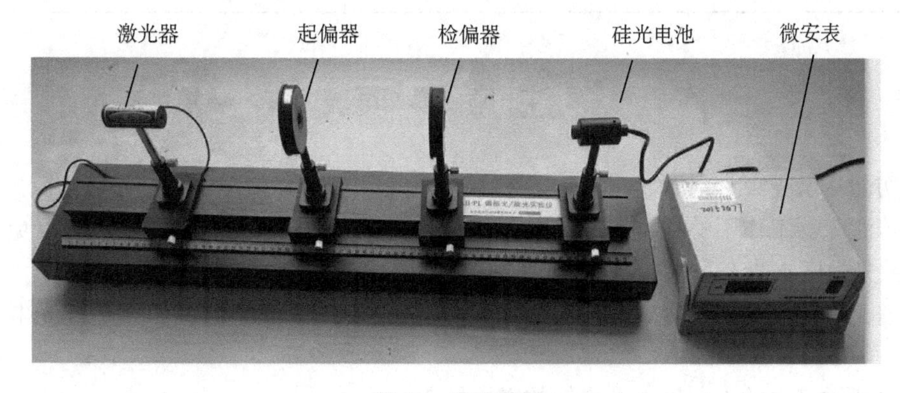

图 11　实验装置

实 验 内 容

1. 将半导体激光器、偏振片及架、硅光电池探测器装在光具座上，并把微安表和硅光电池探测器用导线连接好。

2. 打开激光电源，调节仪器各部分的高低及方向，使激光束与整个装置的轴线重合，并能入射到硅光电池探测器的中心孔内。

3. 将硅光电池探测器上的金属盖打开，把一端的偏振片(检偏器)固定于零度位置，旋转另一端的偏振片(起偏器)，使通过微安表的电流值为最大。此时，由起偏器产生出来的偏振光的偏振化方向与检偏器轴之间的夹角为 0°。

4. 待激光器工作稳定后开始测量。保持起偏器的位置不再改变，逐次转动检偏器，记录相应的微安表电流值。每次转动 15°，直到检偏器旋转 360°为止，检偏器转过的角度可在偏振片架上读出。

5. 重复步骤 4，共测三次，将数据记录在表 1 中。

6. 计算所测的三组实验数据对应角度下**光强**的平均值，并作 I-α 图。

实验中使用的硅光电池探测器是一种光电转换器件，光电流随着光强的增强而增强，具有性能稳定、光谱范围宽、能量转换效率高等优点。

数 据 表 格

表 1　检偏器旋转角度及对应电流值

1	$\alpha/(°)$	0	15	30	45	60	75	90	105	…	360
	$I/\mu A$										
2	$\alpha/(°)$	0	15	30	45	60	75	90	105	…	360
	$I/\mu A$										
3	$\alpha/(°)$	0	15	30	45	60	75	90	105	…	360
	$I/\mu A$										

注 意 事 项

1. 切勿让激光束直射眼睛。

2. 若激光器工作不够稳定，则应在尽可能短的时间内完成一组数据的测定，以免在测定过程中激光强度本身有过大的变化。

3. 硅光电池探测器不用时，应及时盖上硅光电池探测器上的金属盖，以免硅光电池老化或损坏。

4. 注意微安表的正负极以及指针的零点校正。

观察思考

1. 如何扩大激光光束的直径？
2. 如何用实验的方法区分自然光、部分偏振光和线偏振光？
3. 根据以下条件，计算起偏器和检偏器之间的偏振化夹角。

(1) 透射光强度是最大透射光强度的$\frac{1}{4}$；

(2) 透射光强度是入射光强度的$\frac{1}{4}$。

4. 如何用实验方法确定旋光物质是左旋还是右旋物质？（拓展题）

拓展阅读

1. 旋光效应

1811 年，阿喇果在研究石英晶体的双折射特性时发现：一束线偏振光沿石英晶体的光轴方向传播时，其振动平面会相对原方向转过一个角度。由于石英晶体是单轴晶体，光沿着光轴方向传播不会发生双折射，因此阿喇果发现的现象应属于另外一种新现象，这就是旋光现象，也即旋光效应。当线偏光通过具有手性碳原子的化合物透明介质时，线偏光的偏振化方向会发生旋转，如图 12 所示。偏振化方向旋转的角度与介质的材料、长度等因数有关，工业上常用测量旋转角度来分析旋光物质的含量、浓度等。如葡萄糖溶液中糖分含量就可以应用旋光效应来测量。

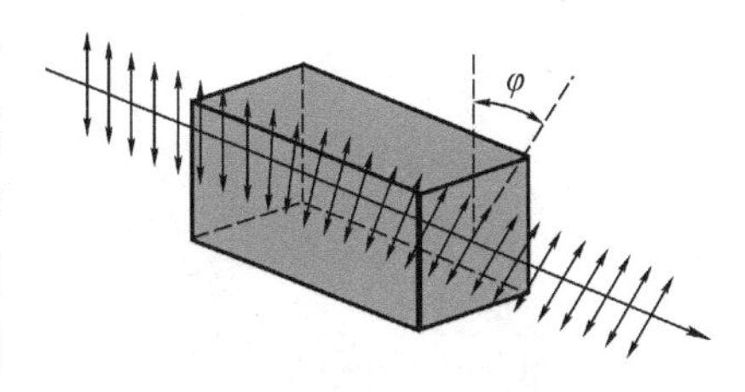

图 12 偏振光的旋光效应

旋光法是测量溶液中糖分含量的一种常见方法，由旋光率公式：

$$[\alpha]_{\lambda}^{t}=\frac{\theta}{l\cdot C} \tag{4}$$

可得溶液浓度：

$$C=\frac{\theta}{[\alpha]_{\lambda}^{t}\cdot l} \tag{5}$$

式中：θ 为偏振光通过溶液前后的旋转角，$[\alpha]_{\lambda}^{t}$ 是比旋光度或旋光率，右上标 t 为测量时溶液温度，右下标 λ 是光源光束的波长，其对一定的温度和光源波长一般为定值，l 是光在溶液中通过的路程。

2. 偏振光在 3D 电影中的应用

在拍摄 3D 电影时，用两个摄影机，两个摄影机的镜头相当于人的两只眼睛，它们同时分别拍下同一物体的两个画像，放映时把两个画像同时映在银幕上。如果设法使观众的一只

图 13　3D 电影画面

眼睛只能看到其中一个画面，就可以使观众得到立体感。为此，在放映时，分别在两个放像机镜头上放一个偏振片，两个偏振片的偏振化方向相互垂直，观众戴上用偏振片做成的眼镜，左眼偏振片的偏振化方向与左面放像机上的偏振化方向相同，右眼偏振片的偏振化方向与右面放像机上的偏振化方向相同，这样，银幕上的两个画面分别通过两只眼睛观察，在人的脑海中就形成如图 13 所示的立体化的影像了。

实验 21　金属电子逸出功的测定

知识介绍

金属电子逸出功的测定是近代物理学的一个重要实验，它不仅可以证明电子的存在，而且为无线电电子学发展起到过不可磨灭的作用。

1884 年，美国著名发明家爱迪生对白炽灯进行研究时，发现灯泡里的白炽碳丝会逸出带负电的电荷。1897 年 J.J.汤姆孙用电磁偏转的方法测量了这个电荷的荷质比，证明从白炽碳丝逸出的电荷就是电子，后来被称为热电子。随后，对热电子发射现象的进一步研究，导致了真空电子管的出现。电子管曾在无线电电子学的发展史中起过重要的作用，虽然目前在电子线路中已被晶体管和集成电路大量取代，但在一些特殊场合，如显像、示波等，仍必须使用真空电子管。因此研究真空电子管的工作物质——阴极灯丝的电子发射特性（用逸出功大小表征），仍具有实际意义。研究表明，熔点高、逸出功小的金属作阴极材料对提高真空电子管的性能非常重要，因此具有熔点高、制成的管子寿命长等优点的金属钨被当作常用的阴极灯丝材料。影响钨的逸出功的主要因素有：金属的纯净度、表面黏附层及结构处理工艺等，分别研究它们对逸出功的影响有利于对制造工艺的改进，提高电子管的性能。

图 1　英国物理学家里查孙

本实验是用里查孙直线法来测定钨的逸出功，可加深对热电子发射基本规律的了解。1928 年，英国物理学家里查孙（O. W. Richardson 1879—1959）因研究热离子现象，特别是发现以他的名字命名的里查孙定律获诺贝尔物理学奖。里查孙的热电子发射理论为无线电的发展打下了坚实的基础，现在许多电真空器件的阴极就是靠热电子发射工作的。

实验目的

1. 了解理想二极管的工作原理；
2. 了解有关金属热电子发射的基本规律；
3. 学习里查孙直线法的实验方法并测定钨的逸出功。

实验原理

1. 电子逸出功

电子逸出功是指金属内部的电子为摆脱周围正离子对它的束缚而逸出金属表面所需要的能量。固体物理学研究指出，金属中传导电子的能量分布曲线如图 2 所示。图 2 中曲线(1)表示绝对零度时电子随能量的分布情况，这时电子所具有的最大能量为 E_F(称为费米能级)。当温度 $T>0$ 时，电子的能量分布如曲线(2)和曲线(3)所示，其中少数电子具有比 E_F 更高的能量，而这种状态电子的数量随能量的增加按指数规律衰减。

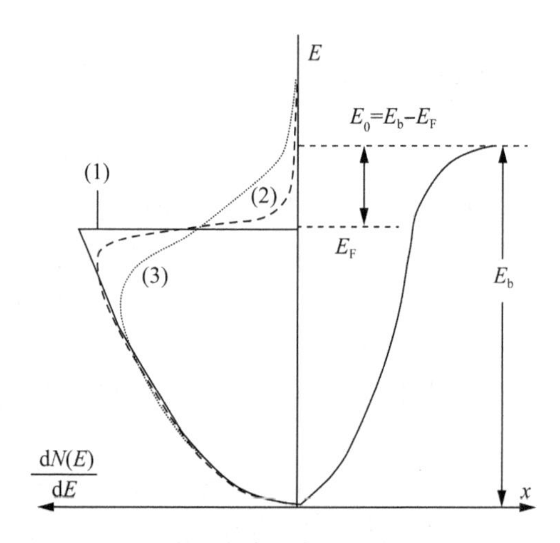

图 2　金属中传导电子的能量分布

在通常温度下由于金属表面存在一个厚约 10^{-10} m 的“电子-正电荷”偶电层，正电荷对电子的吸引力阻止电子从金属表面逃逸，即金属表面与外界(真空)之间存在一个势垒 E_b，阻碍电子从金属表面逸出。所以电子要从金属中逸出，至少需要具有能量 E_b。从图 2 可以看出，在绝对零度时，使电子从金属表面逸出所需要的最小能量为：

$$E_0=E_b-E_F=e\varphi \tag{1}$$

其中，E_0 或 $e\varphi$ 称为金属电子的逸出功(或称功函数)，单位为电子伏特(eV)，它表征要使处于绝对零度下的金属中具有最大能量的电子逸出金属表面所需要给予的能量。e 为电子电量，φ 为电子的逸出电势，单位为伏特(V)，其数值等于以电子伏特为单位的电子逸出功。

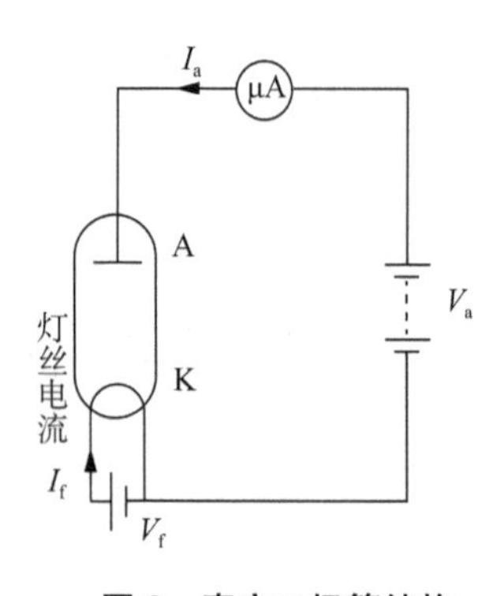

图 3　真空二极管结构

2. 热电子发射规律

如图 3 所示，当理想真空二极管的阴极 K(由被测金属钨丝做成)通以电流 I_f 加热，提高其温度时，有电子从金属表面逸出的现象，称为热电子发射。若在阳极 A 上加以正向电压，则在 A 与 K 之间形成电场，被加热逸出的电子在电场力的作用下向阳极 A 运动，从而在连接这两个电极的外电路中形成可测电流 I_a。可见，热电子发射是用提高阴极温度的办法以改变电子的能量分布，使其中一部分电子的能量大于势垒 E_b。这样，能量大于势垒 E_b 的电子就可以从金属中发射出来。不同的金属具有不同的逸出功，因此，逸出功的大小和温度对热电子的发射的强弱具有决定性作用。

从固体物理学的金属电子理论，导出热电子发射规律遵从里查孙-杜西曼公式

$$I = AST^2 \exp\left(-\frac{e\varphi}{kT}\right) \tag{2}$$

式中，I 是热电子发射的电流，单位为 A；A 是与阴极表面化学纯度有关的系数；S 是阴极的有效发射面积，单位为 m^2；T 为发射热电子的阴极的绝对温度，单位为 K；k 是玻耳兹曼常数（$k = 1.38 \times 10^{-23}\ \mathrm{J \cdot K^{-1}}$）。

3. 各物理量的测量与处理

(1) A 和 S 的处理。金属表面的化学纯度和处理方法都将直接影响到 A 的测量值，而且金属表面粗糙，计算所得的电子发射面积与实际的有效面积 S 有差异。因此 A 和 S 实际上是难以直接测量的。

若将式(2)两边同除以 T^2，再取以 10 为底的对数得：

$$\lg\frac{I}{T^2} = \lg(AS) - \frac{e\varphi}{2.30kT} = \lg(AS) - 5.04 \times 10^3 \varphi \frac{1}{T} \tag{3}$$

从式(3)可以看出，$\lg\frac{I}{T^2}$ 与 $\frac{1}{T}$ 成线性关系。若以 $\lg\frac{I}{T^2}$ 为纵坐标，以 $\frac{1}{T}$ 为横坐标作图，从所得直线的斜率，即可求出电子的逸出电势 φ，从而求出电子的逸出功 $e\varphi$。由于 A 和 S 对某一固定材料的阴极来说是常数，故 $\lg(AS)$ 一项只改变 $\lg\frac{I}{T^2} - \frac{1}{T}$ 直线的截距，而不影响直线的斜率，只是使 $\lg\frac{I}{T^2} - \frac{1}{T}$ 直线产生平移。这就避免了由于 A 和 S 不能准确测量造成的困难，这种方法叫里查孙直线法。类似的这种避开不易测量的物理量而获得所求结果的思想方法在实验和科研中很有用处。

(2) 零场电流的测量。式(2)中的电流 I 是加速电场为零时的纯粹的热电子发射电流，称为零场电流。但为了维持阴极发射的热电子能连续不断地飞向阳极，必须消除阴极灯丝附近电子堆积形成的影响电子发射的屏幕效应，所以要在阳极和阴极间外加一个加速电场 E_a。然而由于 E_a 的存在，使电子从阴极发射出来时得到一个助力更容易逸出金属表面，导致阴极表面的势垒 E_b 降低，因而逸出功减小，发射电流增大，这种外加电场使发射电流增大的现象称为肖特基效应。由于肖特基效应我们无法直接测量 I，必须作相应处理。可以证明，在阴极表面加速电场 E_a 的作用下，阴极发射电流 I_a 与 E_a 之间有如下关系：

$$I_a = I \exp\left(\frac{0.439\sqrt{E_a}}{T}\right) \tag{4}$$

式中 I_a 和 I 分别是加速电场为 E_a 和为零时的发射电流。

如果把二极管的阴极和阳极做成共轴圆柱形，并忽略接触电势差和边缘效应等因素的影响，则加速电场可表示为：

$$E_a = \frac{U_a}{r_1 \ln \frac{r_2}{r_1}} \tag{5}$$

式中 r_1 和 r_2 分别为阴极和阳极的半径,U_a 为阳极(加速)电压。将式(5)代入式(4),并取对数得

$$\lg I_a = \lg I + \frac{0.439}{2.30T} \frac{\sqrt{U_a}}{\sqrt{r_1 \ln \frac{r_2}{r_1}}} \tag{6}$$

由式(6)可见,对于一定几何尺寸的二极管,当阴极的温度 T 一定时,$\lg I_a$ 和$\sqrt{U_a}$ 成线性关系。如果以 $\lg I_a$ 为纵坐标,以$\sqrt{U_a}$ 为横坐标作图,如图 4 所示。这些直线的延长线与纵坐标轴的交点为对应温度下的 $\lg I$。这样从加速电场外延就能求出一定温度下的零场电流 I。

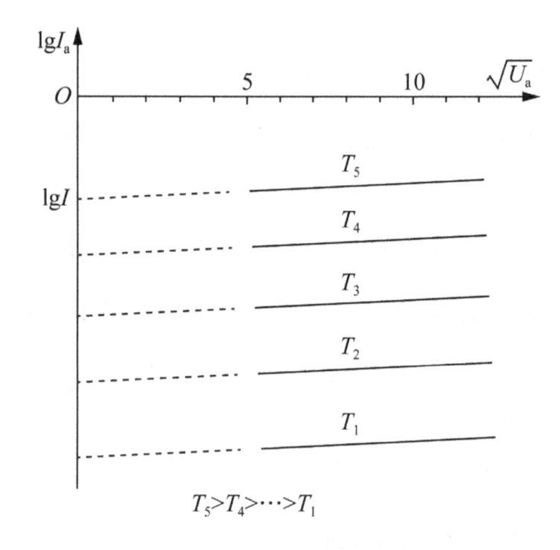

图 4 外延法确定零场电流的示意图

(3) 阴极温度 T 的测定。式(4)给出了阴极发射电流 I_a 与阴极温度 T 的关系,温度 T 出现在指数项中,它的误差对结果的影响很大,因此,在热电子发射的实验研究中,准确地测定温度是一个很重要的问题。有多种测量温度的方法,本实验通过测灯丝(纯钨丝)电流 I_f 来确定阴极温度。对于纯钨丝,灯丝电流与阴极温度关系已有精确计算,并已列成表 1。

只要准确测定灯丝电流,查表 1 可得阴极温度 T。这种方法的实验结果比较稳定,但要求灯丝电压 U_f 必须稳定,测定灯丝电流的安培表应选用高级别的。

表 1 理想二极管灯丝电流与温度的关系

灯丝电流 I_f/A	0.55	0.60	0.65	0.70	0.75	0.80
灯丝温度 $T/10^3$ K	1.80	1.88	1.96	2.04	2.12	2.20

综上所述,要测定金属材料的电子逸出功,首先应将被测材料做成二极管的阴极。当测定了阴极温度 T,阳极电压 U_a 和发射电流 I_a 后,通过加速电场外延法求出零场电流 I,再根

据式(3)通过里查孙直线法即可求出逸出功 $e\varphi$(或逸出电势 φ)。

实验仪器

金属电子逸出功测定仪包括理想(标准)二极管,二极管灯丝温度测量系统,专用电源,测量阳极电压、电流等的电表。

图 5　金属电子逸出功测定仪

图 6　仪器面板

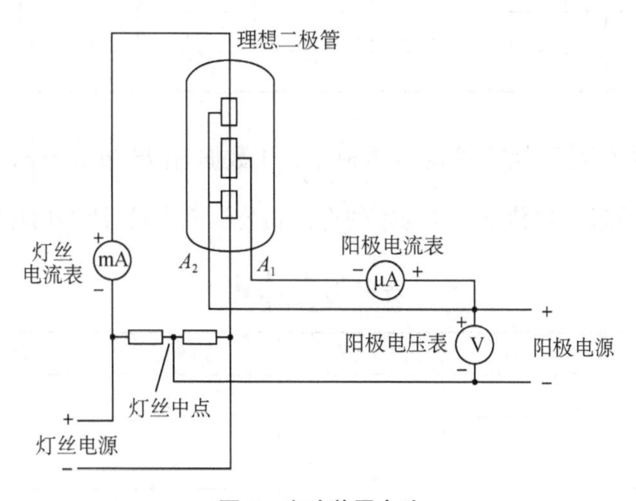

图 7　实验装置电路

实验内容

1. 熟悉仪器装置，并连接好实验电路，接通电源，预热 10 min。

2. 依次调节理想二极管灯丝电流 I_f 从 0.55 到 0.75 A，每间隔 0.05 A 进行一次测量。如果阳极电流 I_a 偏小或偏大，也可适当增加或降低灯丝电流 I_f。对应每一灯丝电流，调节阳极电压，使 U_a=25 V、36 V、49 V、64 V、…、144 V 电压，分别测出相应的阳极电流 I_a，记录数据于表 2 中。

表 2　在不同阳极加速电压和灯丝温度下的阳极电流 I_a 值

I_f/A	U_a/V							
	25	36	49	64	81	100	121	144
0.55								
0.60								
0.65								
0.70								
0.75								

3. 查灯丝电流 I_f 对应的阴极温度 T，并将表 2 中数据换算至表 3 中。再根据表 3 数据，作出 $\lg I_a$-$\sqrt{U_a}$ 图线，用外延法求出截距 $\lg I$，即可得到在不同灯丝温度时的零场电流 I。

表 3　不同温度 T 和 $\sqrt{U_a}$ 下对应的阳极电流的对数值 $\lg I_a$

$T/10^3$ K	$\sqrt{U_a}$							
	5.0	6.0	7.0	8.0	9.0	10.0	11.0	12.0
1.8								
1.88								
1.96								
2.04								
2.12								

4. 根据所得值 I 及 T，换算成表 4，再根据表 4 数据，作出 $\lg\frac{I}{T^2}$-$\frac{1}{T}$ 图线，从直线斜率求出钨的逸出功 $e\varphi$(或逸出电势 φ)，并与钨的逸出功公认值比较，计算相对误差。

表 4　$\lg\frac{I}{T^2}$-$\frac{1}{T}$ 表

$T/10^3$ K	1.80	1.88	1.96	2.04	2.12
$\lg I$					
$\lg\frac{I}{T^2}$					
$1/T(10^{-4})$					

逸出功公认值 $e\varphi=4.54$ eV，直线斜率 $m=$_______；
逸出功 $e\varphi=$_______eV，相对误差 $E=$_______%。

注 意 事 项

1. 温度 T 出现在热电子发射公式的指数项中，它的误差对实验结果影响很大，因此，实验中准确地测量阴极温度非常重要。

2. 灯丝电流不宜太大，不超过 0.80 A。

3. 结束时，先把加速电压调为零，再把灯丝电流调到最小。

4. 实验结束后，将仪器面板上的电位器逆时针旋转到底再关闭仪器的电源。

观 察 思 考

1. 本实验中需要测量哪些物理量？为什么？

2. 实验中如何稳定阴极温度？

3. 在实验中，我们发现当灯丝电流较大（约 0.6 A 以上）时，阳极电压为零时，阳极电流却不为零，这将如何解释？

4. 求零场电流 I，需要在 $\lg I_a$-$\sqrt{U_a}$ 图线上用外延图解法，而不能直接测量当阳极电压为零时阴极的电流，为什么？

拓 展 阅 读

电子从金属中逸出，需要能量。增加电子能量有多种方法，除了使用本实验采用的加热的方法使金属中的电子热运动加剧，让电子逸出，也能用光照或用具有一定能量的电子轰击金属表面的方法使电子逸出。这两个方法分别利用了光电效应和二次电子发射两项科学发现。

光电效应(Photoelectric Effect)是指光束照射物体时会使其发射出电子的物理效应。发射出来的电子称为“光电子”。1887 年，德国物理学者海因里希·赫兹发现，紫外线照射到金属电极上，可以帮助产生电火花。1905 年，阿尔伯特·爱因斯坦发表论文《关于光的产生和转化的一个启发性观点》，给出了光电效应实验数据的理论解释。1916 年，密立根发表了他的实验结果，列出了 6 种不同频率的单色光测量反向电压的截止值与频率关系的曲线，验证了爱因斯坦 1905 年提出的光电方程式，反而证实了爱因斯坦的理论正确无误。爱因斯坦获颁 1921 年诺贝尔物理学奖。

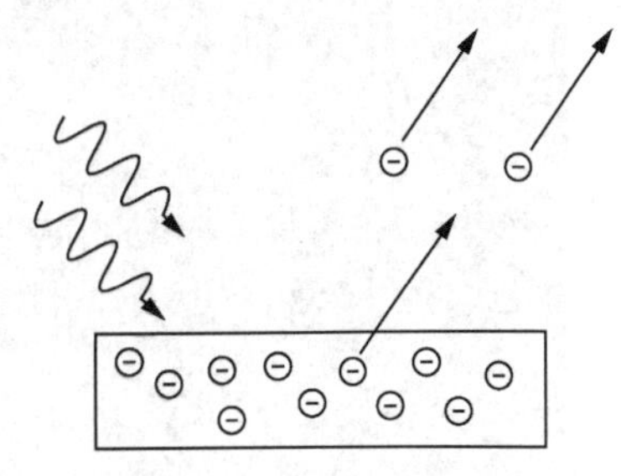
图 8　光电效应示意图

二次电子发射现象的发现者是美国物理学家路易斯·奥斯汀(Louis W. Austin)，他与同事斯塔克(Starke)在研究高温气体的性质时发现：当具有一定能量或速度的电子轰击金属表面时，会引起电子从被轰击的金属表面发射出来，这种现象被称为二次电子发射，他们的实验结果 1902

年发表在德国的《物理年鉴》上。二次电子发射的原理与光电效应的电子发射原理基本上相同，都是原子的外层电子受到激发后获得足够的动能，从而脱离金属表面的势垒成为自由电子，不论入射的是电子还是光子，其能量都必须大于金属的逸出功。

光电倍增管(Photo Multiplier Tube，简称 PMT)的工作原理结合了光电效应、二次电子发射两项科学发现，是一种应用十分广泛的真空电子器件，它的神奇之处是能够将极微弱的光信号转换成电信号输出，并获得惊人的电子倍增能力。

图 9　各类光电倍增管

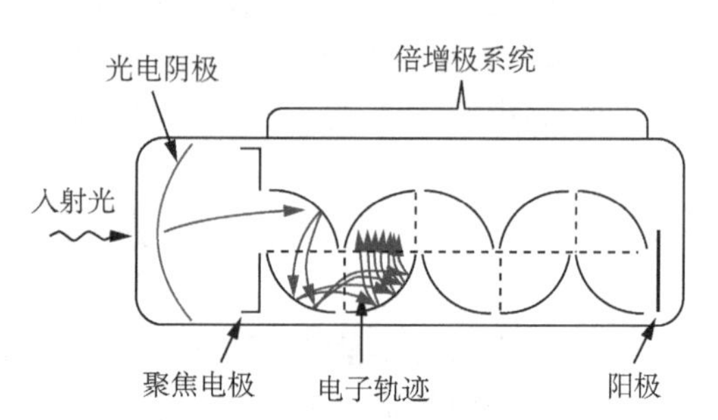

图 10　光电倍增管示意图

图 10 所示为典型的打拿极 PMT 基本结构，其工作原理是入射光透过输入窗打到光电阴极上发生光电效应激励光电阴极发射光电子，从而将光辐射转换为光电子，光电子在聚焦电极电场的作用下加速并汇聚到第一倍增极上引发二次电子发射，二次电子在极间电场的作用下加速再由下一倍增极收集并逐级倍增，最终倍增后的电子被阳极收集并通过信号传输系统输出。

光电倍增管在各个领域都有着极为广泛的应用，它与我们的日常生活息息相关，它对社会的科技及经济发展具有重要的战略意义。

1. 粒子探测

高能物理与天体粒子物理学实验领域是光电倍增管应用的主要领地，这方面的例子太多了，例如：日本的超级神冈探测器位于神冈附近一个深 1 000 m 的废弃砷矿中，主要部分是一个高 41.4 m、直径 39.3 m 的圆柱形容器，容器内装有 5 万 t 高纯度水，内壁安置了约 11 200 只 20 in(1 in=2.54 cm)光电倍增管，用于探测中微子发生反应后在水中产生的切连科夫辐射，以及 1 900 只朝外的 8 in 光电倍增管，用于探测宇宙线。1998 年，超级神冈凭借测量大气中微子的比例发现了中微子振荡现象，东京大学的梶田隆章教授因此荣获了 2015 诺贝尔物理学奖。

图 11　超级神冈中微子探测器的光电倍增管阵列

2. 医学诊断

医学诊断用的正电子发射断层扫描仪(PET)基于一种可显示生物分子代谢、受体及神经介质活动的新型影像技术。仪器中的光电倍增管(或者其他替代的光电探测器件)

能灵敏地捕捉到产生的光子，由计算机进行数据处理后可得到受检体的放射性示踪剂分布图，广泛用于多种疾病的诊断与鉴别诊断、病情判断、疗效评价等方面。

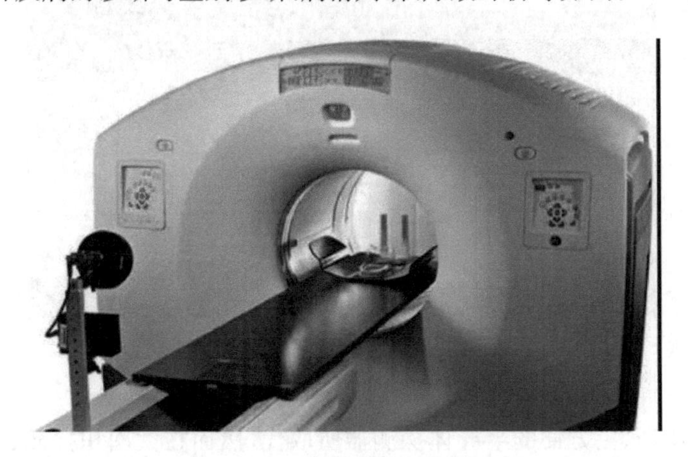

图 12 正电子发射断层扫描仪

3. 生物医学

20 世纪 80 年代发展起来的激光扫描共聚焦显微镜是先进的细胞生物学分析仪器。它在荧光显微镜成像的基础上加装了激光扫描装置，如果样品中有可被激发的荧光物质，受到激发后发出的荧光信号经聚焦后由光电倍增管收集并输送到计算机进行图像处理，从而得到比普通荧光显微镜更高分辨率、更高灵敏度的细胞或组织内部微细结构的荧光图像，在生物学、医学、高分子材料、生物化学、胶体化学等众多研究领域有着广泛的应用。

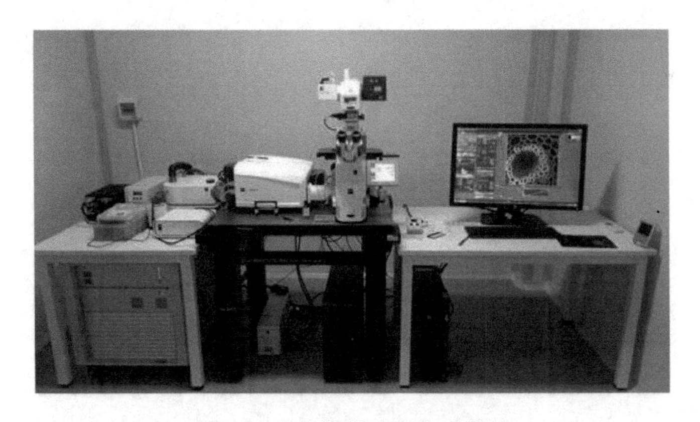

图 13 激光扫描共聚焦显微镜

4. 资源调查

石油勘探离不开石油测井仪。通常用电缆将测井仪的测量探头送入井中，而探头内置有放射源、光电倍增管及闪烁体。用光电倍增管将放射源被散射的部分以及地质结构中的自然射线收集、放大。探头所测得的数据经处理后即得到相关地层的岩性、孔隙度、渗透率及含油饱和度等重要参数，用以判断油井周围的地层类型及密度，确定石油沉积位置以及储量等。

以上列出的只是光电倍增管应用领域中的极小部分。随着技术的发展，在一些应用中，

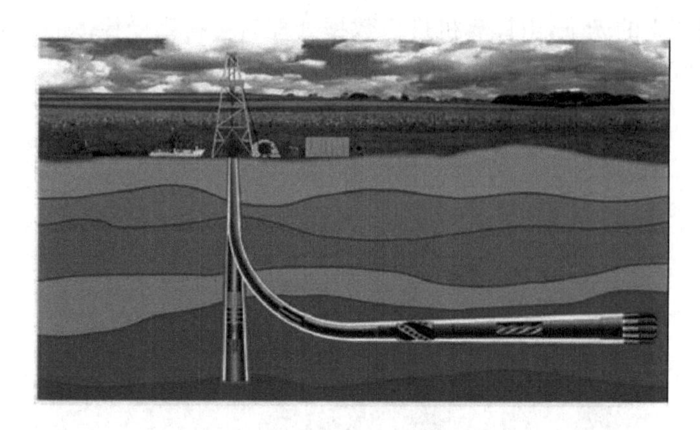

图 14　石油测井示意图

光电倍增管被更小巧、更方便的半导体探测器所取代，然而在大面积探测、单光子水平的高灵敏度探测上，光电倍增管仍然具有无法取代的优势。

实验 22　电磁聚焦与电子比荷的测定

知 识 介 绍

带电体的电荷量和质量的比值，叫作荷质比 (specific charge)，又称比荷。电子的荷质比的公认值为 $\frac{e}{m}=1.76\times10^{11}$ C/kg，该实验由英国物理学家 J.J.汤姆孙(J.J. Thomson，1856—1940)在 1897 年于英国剑桥大学卡文迪许实验室首先完成，这一发现对电子的存在提供了最好的实验证据。他当时利用放电管观察到了阴极射线的偏转现象，使用的仪器后来被称为汤姆孙管(简介见本书“实验 15 组合线圈的磁场”)，实物图如图 1 所示。

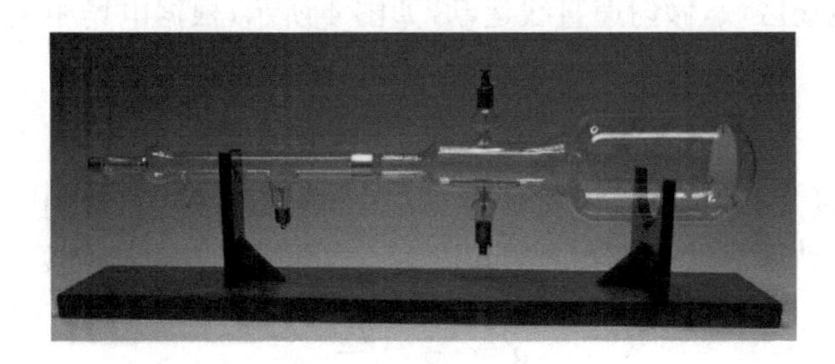

图 1　汤姆孙管

1. 阴极射线的本质

阴极射线是低压气体放电过程出现的一种奇特现象。早在 1858 年就由德国物理学家普吕克尔(J.Plücker，1801—1868)在观察放电管中的放电现象时发现正对阴极的管壁发出绿色的荧光，如图 2 所示。1876 年，另一位德国物理学家哥尔茨坦(E. Goldstein，1850—1930)认为这是从阴极发出的某种射线，并命名为阴极射线。他根据这一射线会引起化学作用的性质，判断它是类似于紫外线的以太波并得到了赫兹等人的支持。1871 年，英国物理学家瓦尔利(C.F. Varley，1828—1883)从阴极射线在磁场中受到偏转的事实，提出这一射线是由带负电的物质微粒组成的设想，他的主张得到克鲁克斯(W. Crookes，1832—1919)和舒斯特的赞同。于是在 19 世纪的后 30 年，形成了两种对立的观点：德国学派主张以太说；英国学派主张带电微粒说。为了找到有利于自己观点的证据，双方都做了许多实验。

最终，J.J.汤姆孙通过完美的实验终结了这场争论。他宣告了原子是可分的，为进行电子和原子的研究开创了新的实验技术并且开辟了电子技术的新时代，且于 1906 年获诺贝尔奖。

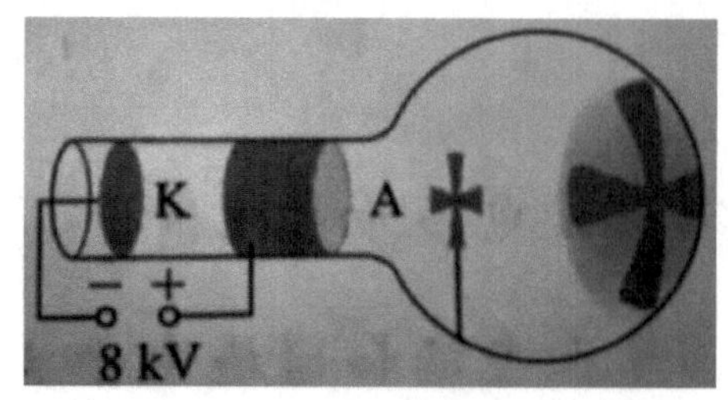

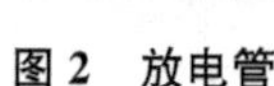
图 2 放电管

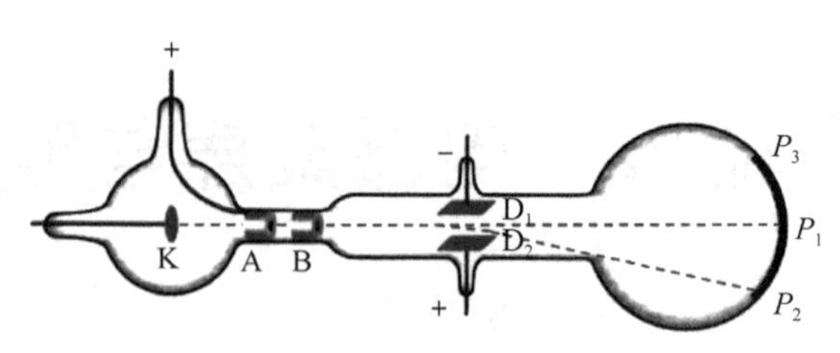

图 3 气体放电管简易模型

2. 荷质比的测量

J.J.汤姆孙认为阴极射线是带电粒子流。为此，使用气体放电管进行实验。如图 3 所示，为气体放电管的简易模型，阴极 K 发出的带电粒子，通过加速电极 A、B 的小孔，形成一速极细的粒子流，D_1、D_2 为偏转电极。为了测得荷质比的大小，可以通过对粒子流进行电偏转及磁偏转的方式来进行计算。

(1) 电聚焦法

若不加电场和磁场，阴极射线将径直打射至 P_1 点，若只加电场，阴极射线将向偏转电极的正极发生偏转打射至 P_2 点，可证明阴极射线是带负电的，此时，电荷 q 可认为在电场区域做类平抛运动，出电场区域，做匀速直线运动，如图 4 所示，根据电场相关知识，有：

$$F_e = qE = \frac{qU}{d} \tag{1}$$

设粒子入射速度为 v，电量为 q，质量为 m，粒子进入电场至打射到屏幕上运动时长为 t，离开电场时，根据运动规律设竖直方向的速度为 v_y，则竖直方向加速度为：

$$a = \frac{F_e}{m} = \frac{qU}{dm} \tag{2}$$

依据图中的几何关系，有：

$$\begin{cases} \tan\theta = \dfrac{v_y}{v} = \dfrac{at}{v} = \dfrac{qUD}{dmv^2} \\ \tan\theta = \dfrac{y}{L + \dfrac{D}{2}} \end{cases} \tag{3}$$

若保持电场不变，加上垂直纸面向外的磁场并调节磁场的大小，使阴极射线又重新打回至 P_1 点，此时，带电粒子受电场力与在磁场中受到的洛伦兹力相等，有 $qE = qvB$，此时粒子的速度为(参见“实验 15 组合线圈的磁场”中速度选择器部分)：

$$v = \frac{E}{B} = \frac{U}{dB} \tag{4}$$

根据式(3)、式(4)可得电偏转方法下的荷质比为：

$$\frac{q}{m} = \frac{yU}{d\left(L + \dfrac{D}{2}\right)DB^2} \tag{5}$$

通过测量公式(5)中各物理量的大小即可求得荷质比的大小。

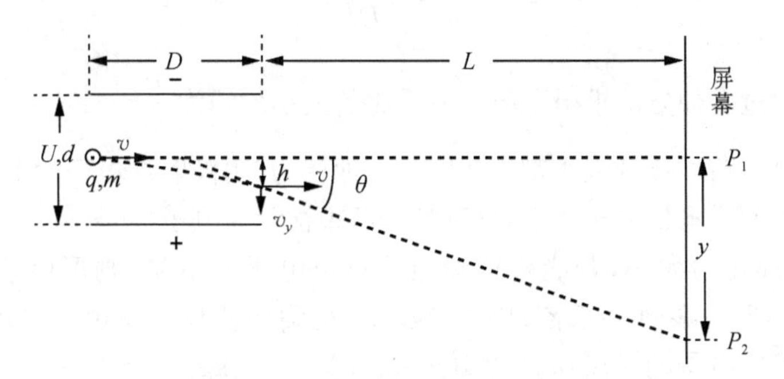

图 4　电聚焦测荷质比解析图

(提示:公式中出现的$\frac{D}{2}$,是由于粒子类平抛运动任意时刻瞬时速度反向延长线与初速度延长线的交点离抛出点的距离都等于水平位移的一半,可根据类平抛运动公式$\begin{cases}D = v t_1 \\ h = \frac{1}{2} a {t_1}^2\end{cases}$及$\begin{cases}v_x = v \\ v_y = a t_1\end{cases}$进行推导,式中$t_1$是粒子在电场中运动的时间,同学们可自行完成。)

(2) 磁聚焦法

在粒子速度可测量情况下,利用磁场对粒子的偏转效果,也可测得粒子的荷质比,如图 5 所示。根据粒子在洛伦兹力作用下的受力情况及运动规律分析得:

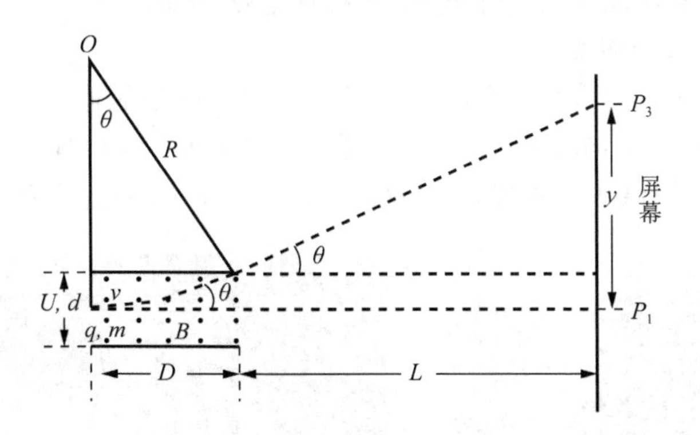

图 5　磁聚焦测荷质比解析图

$$R = \frac{mv}{qB} \tag{6}$$

根据几何关系可知:

$$R = \frac{D}{\sin\theta} \tag{7}$$

代入公式(4)可得:

$$\frac{q}{m}=\frac{U\sin\theta}{dDB^2} \tag{8}$$

J.J.汤姆孙通过多种方法求得了粒子荷质比的大小均约为 $\frac{q}{m}=1.61\times10^{11}$ C/kg，且他用不同的材料做阴极，荷质比的大小都是相同的。他认为，阴极射线粒子的电荷量大小与一个氢离子是一样的，而质量比氢小得多，这种粒子后来被称为电子(electron)。

根据电子荷质比的大小，若能够准确地测量出电子的电量，则可以求出电子的质量。1909—1913 年间，密立根通过著名的"油滴实验"精确地测量出了电子的电荷 $e=1.602\times10^{-19}$ C，由此可确定电子的质量 $m_e=9.109\ 389\ 7\times10^{-31}$ kg。

本实验通过示波管对电子的荷质比来进行测定。

实验目的

1. 了解示波管的结构和各电极的作用；
2. 了解电子透镜的工作过程及原理；
3. 理解磁聚焦测量荷质比的原理并进行测量；
4. 了解电聚焦测量荷质比的原理并进行测量(选做)。

实验仪器

示波管(8SJ31)和螺线管、示波管电源、螺线管电源、导线。

1. 示波管(8SJ31)和螺线管

示波管安装在如图 7 所示无壳螺线管内，示波管部分的电路完全显示在示波管电源面板上，如图 8 所示，实验时如 X 方向的亮线(螺线管未通电时)不水平，可略微转动螺线管后面的后座调整。示波管荧光屏前的分划板分度值为每小格 5 mm。X、Y 方向的总量程为 5 cm 和 4 cm。

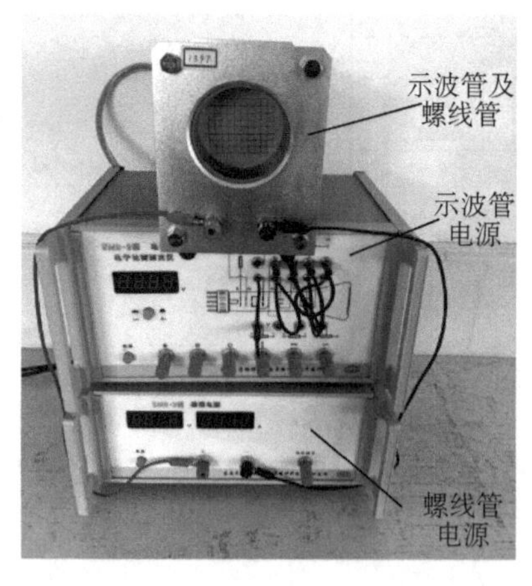

图 6 荷质比测定仪整装图

图 7 示波管及螺线管装置图

示波管通过专用导线与示波管电源连接，螺线管通过普通导线与螺线管电源连接。

2. 示波管电源

示波管电源面板如图 8 所示，其主要工作旋钮（按钮）功能如表 1 所示。

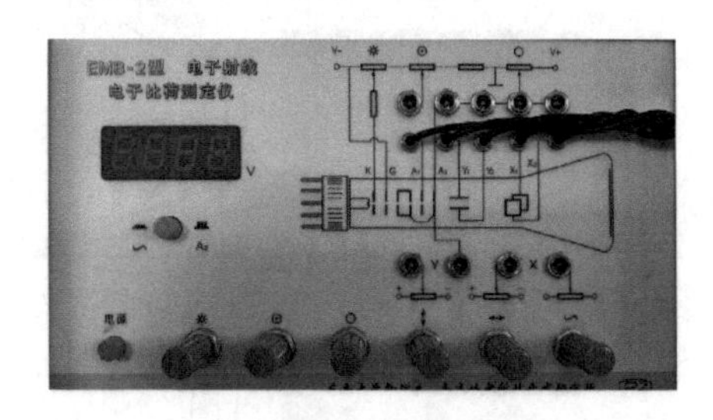

图 8　示波管电源面板图

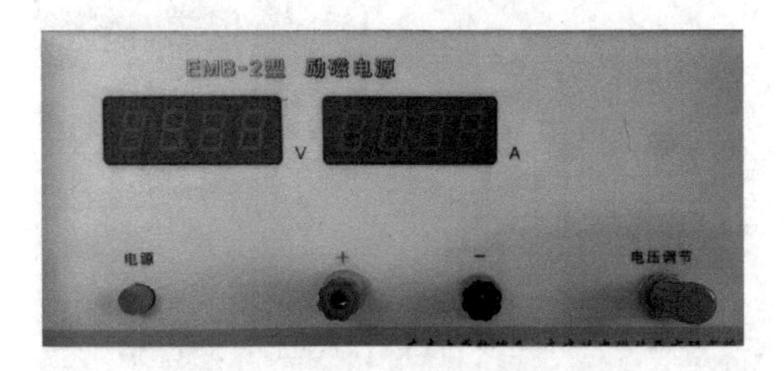

图 9　螺线管电源面板图

表 1　示波管电源主要工作旋钮（按钮）及作用

符号	功能说明	符号	功能说明
☼	亮度调节、加速电压的辅助调节	↔	图像左右位置调节
⊙	主聚焦调节	∽	偏转电压的调节
○	辅助聚焦调节、加速电压的主调节	▬	电压选择按键按入时，电表显示偏转电压
↕	图像上下位置调节	▬	电压选择按键放开时，电表显示加速电压

3. 螺线管电源

螺线管电源面板如图 9 所示，电压从 0～22 V 连续可调。电压值和电流值均由数字电表显示。电路中设有过热、过流保护，过载时自动跳断。

实 验 原 理

1. 电加速与电聚焦

本实验所用的 8SJ31 型示波管的构造以及工作原理如图 10 所示。K 为阴极，是一个表面涂有氧化物的金属圆筒，经灯丝加热后温度上升，一部分电子逸出脱离金属表面成为自由电子发射（自由电子相关知识见本教材“实验 21 金属电子逸出功的测定”）。自由电子受外电场力（正向）作用，形成电子流。G 为栅极，套于阴极之外，顶端开有小孔，其电位比阴极低（约 −5 V～−30 V），使阴极发射出来的具有一定初速度的电子在外电场（反向）作用下减速。该电场将使得阴极表面发出的电子在栅极小圆孔前方会聚，形成一个电子射线的交叉点（第一聚焦点）。初速较小的电子受反向电场力作用返回阴极，而初速大的电子穿过栅极顶端小孔射向荧光屏（如图 11 所示）。如果栅极所加反向电场足够大，可使全部电子返回阴极，屏幕不亮。通过栅极电压控制，可以调节荧光屏上光点的亮度，其旋钮符号为☼。

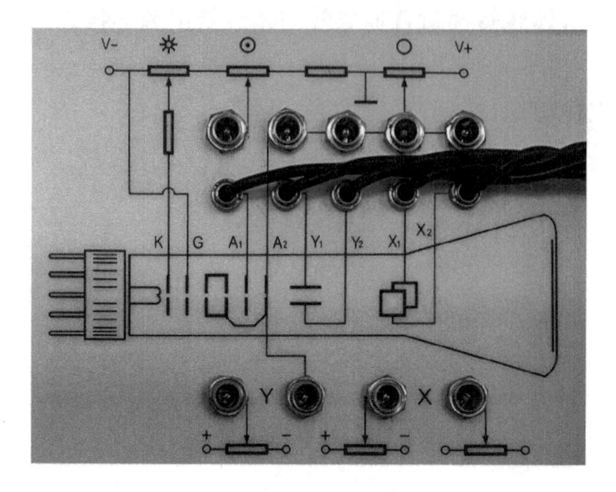

图 10　示波管工作原理图

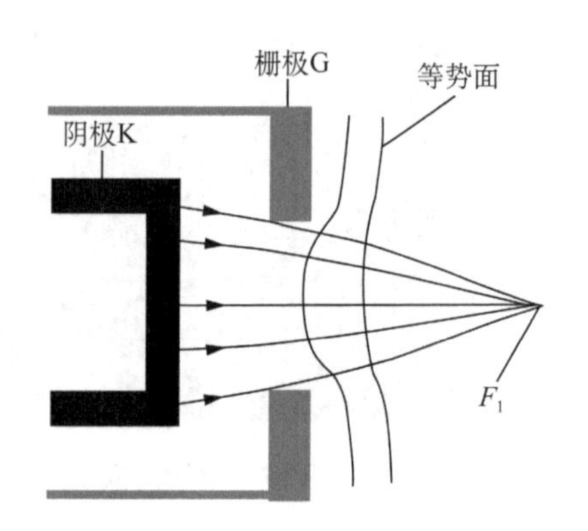

图 11　栅极附近电子束的运动轨迹

在栅极之后装有长的金属圆筒状的加速电极，其相对于阴极的电压一般为 1 300 V 左右。筒内的同轴金属膜片用于阻挡偏离轴线的电子，使电子射线尽量呈细线状。加速电极之后是第一阳极 A_1 和第二阳极 A_2。第二阳极通常和加速电极相连，形成高电位，而第一阳极相对阴极的电压一般为几百伏特，较加速电极与第二阳极低，这三个电极形成聚焦电极（见本教材“实验 14 模拟静电场的描绘”），它可以对阴极发射的电子进行加速，且使之会聚成很细的电子射线。改变第一阳极的电压可改变电场分布，使电子射线在荧光屏上聚焦成细小的光点，对应于聚焦调节，符号为⊙。调节第二阳极的电压可改变电场分布，实现辅助聚焦，其符号为○。如图 12 所示，经过第一聚焦点 F_1 后发散的电子束在聚焦电极中受电场力的作用而会聚。

为使荧光屏上的光点可以自由移动，可在射线行进路线上装置两对互相垂直的偏转板，即 Y 偏转板和 X 偏转板。在 Y、X 偏转板上施加适当的电压，可使电子射线在电场力的作用下产生垂直和水平方向的偏移，从而控制屏幕亮点的位置。

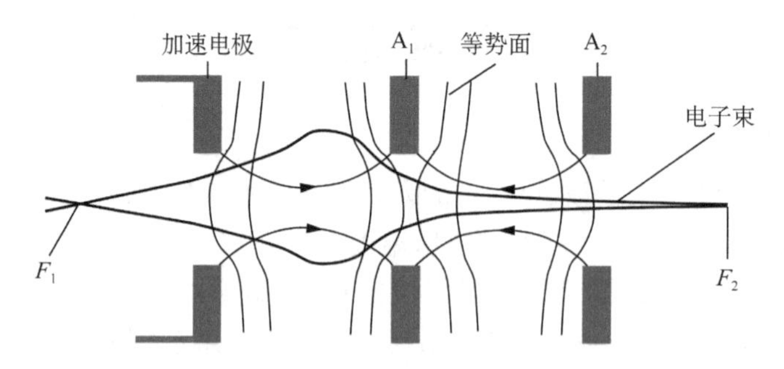

图 12　聚焦电极中电子束的运动轨迹

2. 零电场磁聚焦原理

零电场情况下，为使电子射线聚焦，可在示波管外套一个通电螺线管，使在电子射线前进的方向产生一个均匀磁场，如图 13 所示，磁感应强度为 B，螺线管中心轴线方向为 z 轴方向，与电子前进方向一致。速度为 v 的电子，自第一聚焦点散射后只在洛伦兹力的作用下运

动，有

$$\boldsymbol{F} = -e\boldsymbol{v} \times \boldsymbol{B} \tag{9}$$

将电子的速度分解为平行于磁场方向速度 v_z 及垂直于磁场方向速度 v_τ，其中 v_z 在其方向上不受磁场力的作用为匀速直线运动，v_τ 在洛伦兹力作用下做匀速圆周运动。从 z 轴顶端去看，其运动情况如图 14(a)所示。在垂直于电子运动方向上，洛伦兹力提供电子做匀速圆周运动的向心力，其运动规律有：

$$F = evB = ma = m\frac{v_\tau^2}{R} \tag{10}$$

由上式可得电子运动轨道半径为：

$$R = \frac{mv_\tau}{eB} \tag{11}$$

该式表明，速度较大的电子所绕圆周半径较大(图 14(a)上圆)，速度较小的电子所绕圆周半径较小(图 14(a)下圆)。

将式(11)代入周期公式 $T = \frac{2\pi R}{v_\tau}$ 可得：

$$T = \frac{2\pi m}{eB} \tag{12}$$

可以看出，周期 T 与电子速度 v 无关，故在匀强磁场中，速度大小不同的电子绕行一周所需时间相同，即由第一聚焦点分散射入磁场的电子在经过一个周期后又会重新回到中心轴线，如图 14(b)中点 1、2、3 所示。

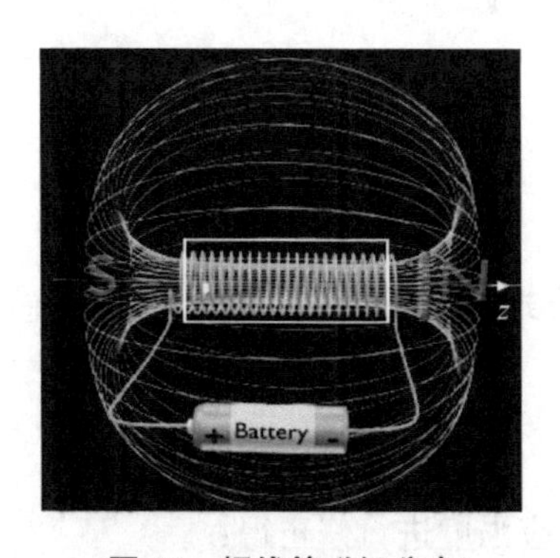

图 13　螺线管磁场分布

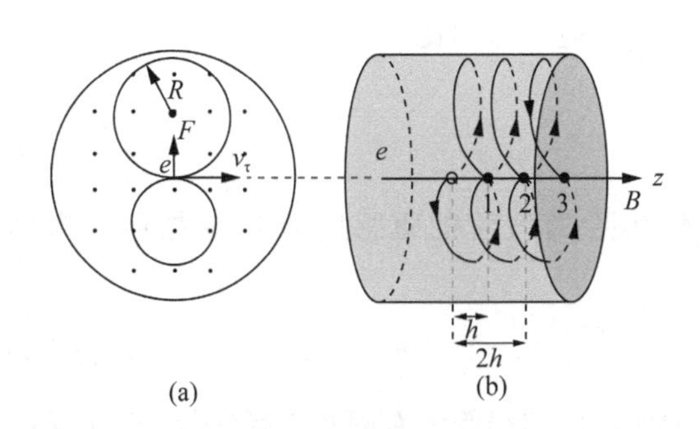

图 14　电子束的磁聚焦

图 14(b)中 1、2、3 点并不重合，其原因在于电子不仅在垂直于磁场线方向做圆周运动，且同时在与磁场平行的方向上做匀速运动，这两种运动的合成轨迹为一条螺旋线。螺距为：

$$h = v_z T = \frac{2\pi m v_z}{eB} \tag{13}$$

由上式可以看出，螺距的大小与速度 v_z 及磁感应强度的大小有关。调节加速电压 U_a

的大小，可以改变电子进入磁场的速度 v，从而改变 v_z；调节螺线管中的励磁电流 I 的大小，可改变螺线管内磁感应强度 B 的大小。通过对加速电压及励磁电流的调节，可以使螺距 h 的大小正好等于第一聚焦点到荧光屏的距离 l（或 $h=\frac{l}{2},\frac{l}{3},\cdots$），可实现电子束在荧光屏上的聚焦。

上述即为零电场聚焦原理，这里所谓的零电场指的是将示波管的加速电极第一阳极 A_1、第二阳极 A_2、偏转电极 X、Y 全部连在一起，并相对于阴极 K 加同一加速电压 U_a，这时来自电子射线第一聚焦点 F_1 的电子将发散进入加速电场区域，且在零电场中做匀速运动。

3. 磁聚焦测电子荷质比

根据上述理论，实验中可通过确定加速电压调节励磁电流大小的方案来进行。当加速电压确定时，电子的初速度相等，这是因为电子离开阴极时的初速度与被上千伏加速电压加速后的速度可以忽略不计。则电子获得的动能为：

$$E=eU_a=\frac{1}{2}mv^2 \tag{14}$$

实际情况下，电子的偏转角 θ 很小，故可有以下近似关系：

$$v_z\approx v=\sqrt{\frac{2eU_a}{m}} \tag{15}$$

根据公式(13)，调节磁感应强度 B 的大小，使其从电流为零增大至第一次聚焦，则此时螺距 h 的大小正好等于第一聚焦点到荧光屏的距离 l，则有：

$$l=h=\frac{2\pi mv_z}{eB}=\frac{2\pi m}{eB}\cdot\sqrt{\frac{2eU_a}{m}}=\sqrt{\frac{8\pi^2mU_a}{eB^2}} \tag{16}$$

由此可推出电子荷质比为：

$$\frac{e}{m}=\frac{8\pi^2U_a}{l^2B^2} \tag{17}$$

为简化起见，螺线管的磁感应强度 B 按照单层密绕公式进行计算，轴线中心的磁感应强度为：

$$B=\mu_0nI\cos\beta \tag{18}$$

实验中所用的螺线管为有限长直螺线管，经计算对磁感应强度进行修正得：

$$B=K\mu_0nI \tag{19}$$

式中 $\mu_0=4\pi\times10^{-7}\ \mathrm{H\cdot m^{-1}}$，$n$ 为螺线管单位长度的匝数 ($n=\frac{N}{L}$，N 为线圈匝数，L 为螺线管总长)，K 为修正系数，计算公式如下：

$$K=\frac{1}{2l}\left(\sqrt{D^2+(L+l)^2}-\sqrt{D^2+(L-l)^2}\right) \tag{20}$$

式中螺线管的内直径 $D_{内}=0.090\ \mathrm{m}$，外直径 $D_{外}=0.100\ \mathrm{m}$，取平均值 $D=0.095\ \mathrm{m}$，螺线管的

长 $L=0.240$ m，第一聚焦点到荧光屏的距离 $l=0.199$ m，经计算得 $K=0.869$，同学们亦可根据所给参数自行计算。

实验内容

1. 熟悉仪器

对照表 1 及仪器介绍，了解各旋钮的作用。

2. 观察电子射线的电聚焦现象

将示波管通过导线和示波管电源相连接，开启示波管电源，观察电聚焦现象，并将观察结果填入表 2 之中。

(1) 阳极 A_1 不加电压，偏转板 X 和 Y 都不加偏转电压。

(2) 阳极 A_1 加电压，偏转板 X 加偏转电压，偏转板 Y 不加偏转电压(或 Y 加偏转电压和 X 不加偏转电压)。

(3) 偏转板 X 和 Y 都加偏转电压，观察旋转上述各旋钮时出现在荧光屏上的现象，分别将结果记入表 2 中。

(4) 偏转板 X 和 Y 都加偏转电压，但 X 引线插入 Y 插孔，Y 引线插入 X 插孔。

方法如下：

调节亮度旋钮☼(即调节栅极 G 相对于阴极 K 的电压)、聚焦旋钮 ⊙(即调节第一阳极 A_1 的电压)、辅助聚焦旋钮 ○(即调节加速电极和第二阳极 A_2 的电压) 以及标有"↕""↔""∿"符号的旋钮，观察各旋钮的作用和加速电极 A_2 的电压大小。将观察结果记入表 2 中。

实验中必须注意，亮点切勿过亮，以免损坏荧光屏，同时亮点过亮，聚焦程度也不容易判断。

(5) 对所观察到的各种现象加以解释。

3. 观察电子射线的磁聚焦现象

(1) 将示波管的加速电极，第一阳极 A_1、偏转电极 X 和 Y 全部连在一起，即将各电极对应的引线插入画有连线的插孔中。

(2) 偏转板 X 和 Y 未加偏转电压，调节辅助聚焦旋钮，使加速电压 U_a 为 900 V 或 1 000 V，这时来自第一聚焦点 F_1 的发散的电子束进入加速电极后的零电场中做匀速运动，且不再会聚，在荧光屏上形成一个光斑。

(3) 将螺线管接上电源，调节螺线管的励磁电流 I，改变磁感应强度 B，观察第一次出现的磁聚焦现象。继续加大励磁电流 I，将观察到第二次聚焦，第三次聚焦等。试用前面讨论的理论，解释所观察到的现象。

4. 电子荷质比的测定

(1) 设加速电压为 U_a，并设第一次、第二次、第三次聚焦时的励磁电流分别为 I_1、I_2 和 I_3(多次测量，求出其平均值)，然后将 I_1、I_2、I_3 折算为相当于第一次聚焦时的平均励磁电流 I，即加权平均值，计算出电子的荷质比。

(2) 将螺线管磁场的方向反向，再做一次，重复上述步骤。

(3) 按要求计算各项数据，计算出电子荷质比的平均值。并与公认值 $\frac{e}{m}=1.76\times$

10^{11} C/kg相比较，用百分误差表示。

本实验加速电压值可采用 950 V 和 1 050 V(也可以自选其他电压值)。注意，改变加速电压后，应重新调节亮度。调节亮度后加速电压值也可能有了变化，再调到设定的电压值即可。

数 据 表 格

表 2 电聚焦现象的观察及各电极电压的情况

实验条件	旋钮符号	旋钮调节方向和产生的现象	简要原因分析
阳极 A_1 不加电压，偏转板 X 和 Y 都不加偏转电压，即引线不插入插孔。	☼		
	⊙		
	○		
	↕		
	↔		
	∿		
阳极 A_1 加电压，偏转板 X 加偏转电压，偏转板 Y 不加偏转电压(或 Y 加偏转电压，X 不加偏转电压)。	☼		
	⊙		
	○		
	↕		
	↔		
	∿		
偏转板 X 和 Y 都加偏转电压，即引线都插入插孔	☼		
	⊙		
	○		
	↕		
	↔		
	∿		
偏转板 X 和 Y 都加偏转电压，但 X 引线插入 Y 插孔，Y 引线插入 X 插孔	☼		
	⊙		
	○		
	↕		
	↔		
	∿		

表 3　实验所需参数测量及计算

实验室给定参数	参数名称	结果或表达式
$\mu_0 = 4\pi \times 10^{-7}\ \mathrm{H \cdot m^{-1}}$	线圈匝数 N	= ________
$D = 0.095\ \mathrm{m}$	$n = N/L$	= ________
$L = 0.240\ \mathrm{m}$	修正参数 K	= ________
$l = 0.199\ \mathrm{m}$	磁感强度表达式 B	= ________ $\cdot \boldsymbol{I}$
	电子荷质比表达式 e/m	= ________ $\cdot \dfrac{U_a}{I^2}$

表 4　磁聚焦测定电子荷质比

B 的方向	加速电压 U_a/V	励磁电流/A						平均值 I /A	加权平均 I /A	e/m /(10^{11} C/kg)
正向	900 V	I_1								
		I_2								
		I_3								
	1 000 V	I_1								
		I_2								
		I_3								
反向	900 V	I_1								
		I_2								
		I_3								
	1 000 V	I_1								
		I_2								
		I_3								
荷质比测量平均值 $\dfrac{e}{m}=$										
荷质比公认值 $\dfrac{e}{m}=$										
百分误差 $E=$										

（注：表格中灰色区域为课堂需测量量，请保证测量的正确性和完整性。）

注 意 事 项

1. 示波管屏幕荧光点亮度不宜长时间在最大亮度下使用，可在最大亮度下略降低亮度，同时应在使用完后及时关闭电源。

2. 如示波管前膜片不正，可一手按住示波管前的有机玻璃片，一手抓住示波管后端，两端压紧并转动，使膜片变正。

3. 接插面板上的接线时，务必手持插头，不能拉着导线拔插头，以免将导线拉断。

4. 更换励磁电流方向时，应先将电流调零，再拆换导线接头，更换导线接头只可更换电源端或螺线管端中的一端。

5. 调节励磁电流 I 时，越接近聚焦点应越仔细调节，实验过程中可从小至大，再从大至小循环调节，但应注意分清聚焦次数。

观察思考

1. 本实验所见荧光点(或光斑)的颜色为绿色，是否有其他颜色的荧光物质？荧光物质的发光原理是什么？

2. 为什么折算第一次聚焦的平均电流是 $I=\frac{I_1+I_2+I_3}{1+2+3}$，而不是 $I=\frac{I_1+I_2+I_3}{3}$？

3. 该实验是否会受地磁场及其他杂散磁场的影响，是否有办法减小影响？

4. 示波管中的第一聚焦点、第二聚焦点及实验过程中的第一、二、三次聚焦点之间有什么关系？

拓展阅读

本实验中示波管的原型为阴极射线管(Cathode Ray Tube 缩写 CRT)，它由英国人威廉·克鲁克斯首创，可以发出射线，因此这种阴极射线管被称为克鲁克斯管(如图 15 所示)。它由盖斯勒管发展而来，是一种能减少阴极加热器耗电的阴极射线管。其中，旁热式阴极结构体，具备热电子发射物质层的金属基底；在一端的部位上设有保持基底金属，在内部还设有收纳加热器游离电子的管状套筒；加热器的主要部分筒径较大，加热器腿部一侧的筒径较小，而且也是支承套筒的异形支承体。克鲁克斯管是将电信号转变为光学图像的一类电子束管，人们熟悉的电视机显像管就是这样的一种电子束管，由此促进了图像显示技术的发展。

图 15 克鲁克斯管

1. CRT 显示器

1938 年德国人 W. Fleching 申请了彩色显像管专利，1950 年美国的 RCA 公司研制出三束三枪荫罩式彩色显像管，1953 年实用化。20 世纪 60 年代，玻壳由圆形发展为圆角矩阵管，尺寸由 21 in 发展到 25 in，偏转角由 70°增大到 90°，荧光粉由发光效率较低的磷酸盐型发展到硫化物蓝绿荧光粉和稀土类红色荧光粉；70 年代以后，彩色显像管进行了一系列改进，显示屏由平面直角转变为超平、纯平，尺寸发展到主流 29 in 以上，偏转角由 90°增大到 110°，横纵比不断增大，采用自会聚管以提高显示分辨率，并且正向高分辨率彩电方向发展。这些方面取得了突破性进展后，研制成功了超薄、纯平显示器。

图 16　球面 CRT

图 17　平面 CRT

2. PDP 显示器

PDP(Plasma Display Panel,等离子显示板)是一种利用气体放电的显示技术,其工作原理与日光灯很相似。它采用等离子管作为发光元件,屏幕上每一个等离子管对应一个像素,屏幕以玻璃作为基板,基板间隔一定距离,四周经气密性封接形成一个个放电空间。放电空间内充入氖、氙等混合惰性气体作为工作媒质。在两块玻璃基板的内侧面上涂有金属氧化物导电薄膜作为激励电极。当向电极上加入电压,放电空间内混合气体便发生等离子体放电现象。气体等离子体放电产生紫外线,紫外线激发荧光屏,荧光屏发射出可见光,显现出图像。

相比于 CRT 显示技术,PDP 显示技术是异常巨大的技术革新,它亮度好,不失真,屏幕大,厚度薄,无辐射且可扩展多种信号输入接口,但也有其缺点,PDP 的功耗较大,一般使用寿命不超过 6 万 h。

图 18　PDP 等离子显示器

图 19　LCD 液晶显示器

3. LCD 显示器

LCD(Liquid Crystal Display,液晶显示器),他的构造是在两片平行的玻璃基板当中放置液晶盒,下基板玻璃上设置 TFT(薄膜晶体管),上基板玻璃上设置彩色滤光片,通过 TFT 上的信号与电压改变来控制液晶分子的转动方向,从而达到控制每个像素点偏振光出射与否而达到显示目的。按照背光源的不同,LCD 可以分为 CCFL(Cold Cathode Fluorescent Lamp)显示器和 LED(发光二极管)显示器两种,而在外观上并无太大差别。CCFL 显示器的优势是色彩表现好，不足在于功耗较高；而 LED 显示器的优势是体积小、功耗低，因此用 LED 作为背光源，可以在兼顾轻薄的同时达到较高的亮度。其不足主要是色彩表现比 CCFL 显示器差，所以专业绘图 LCD 大都仍采用传统的 CCFL 作为背光光源。

4. LCD 与 OLED

OLED(Organic Light-Emitting Diode)又称为有机电激光显示、有机发光半导体(Organic Electroluminesence Display, OLED)，是目前主流的手机厂商争先恐后推荐的一种显像技术。OLED 属于一种电流型的有机发光器件，是通过载流子的注入和复合而致发光的现象，发光强度与注入的电流成正比。OLED 在电场的作用下，阳极产生的空穴和阴极产生的电子就会发生移动，分别向空穴传输层和电子传输层注入，迁移到发光层。当二者在发光层相遇时，产生能量激子，从而激发发光分子最终产生可见光。所以 OLED 与 LCD 是不同类型的发光原理。

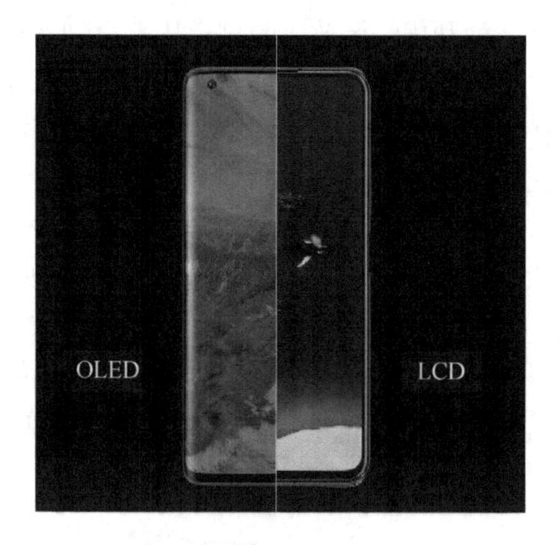

图 20 LCD 屏与 OLED 屏

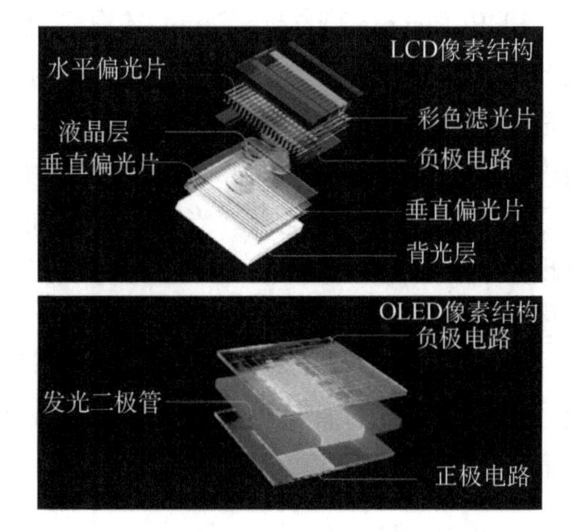

图 21 LCD 与 OLED 单像素点原理

相比于 LCD 屏，OLED 有更小的功耗，更宽的温度使用范围，更浓郁的色彩观感，更大的可弯曲程度等各方面的优势，但也有更容易老化而形成残影及调光机制限制等缺陷，而这些困难将会在 Micro LED 里得到较好的解决，这项技术目前还在实验阶段。

参考文献

[1] 钱锋,潘人培.大学物理实验[M].北京:高等教育出版社,2005.

[2] 戴玉蓉.预备物理实验[M].南京:东南大学出版社,2011.

[3] 马文蔚,周雨青.物理学:上册[M].6 版.北京:高等教育出版社,2014

[4] 马文蔚,周雨青,解希顺.物理学:下册[M].6 版.北京:高等教育出版社,2014.

[5] 马文蔚,周雨青.物理学教程[M].3 版.北京:高等教育出版社,2016.

[6] 陈小凤,陈玉林.大学物理实验[M].北京:高等教育出版社,2015.

[7] 吴泽华,陈小凤.大学物理学[M].北京:高等教育出版社,2011.

[8] 李相银.大学物理实验[M].北京:高等教育出版社,2009.

[9] 霍剑青,吴泳华,刘鸿图,等.大学物理实验[M].北京:高等教育出版社,2002.

[10] 王云才.大学物理实验教程[M].4 版.北京:科学出版社,2016.

[11] 陈玉林,李传起. 大学物理实验[M].北京:科学出版社,2007.

[12] 原所佳.物理实验教程[M].3 版.北京:国防工业出版社,2011.

[13] 丁慎训,张连芳.物理实验教程[M].北京:清华大学出版社,2002.

[14] 丁红旗,张清,王爱群.大学物理实验[M].北京:清华大学出版社,2010.

[15] 霍剑青.大学物理实验课程教学基本要求的指导思想和内容解读[J].物理与工程,2007(1):7-9.

[16] 陈骏.推进“三三制”,创新本科教学模式[J].中国高等教育,2010(11):12-14.

[17] 张礼,左玉生,吴弘,等.物理实验教学方法的研究与发展[J].实验技术与管理,2015,32(10):197-198,202.

[18] 徐晶,王国余.大学物理实验分层次教学与创新能力的培养[J].大学物理实验, 2013,26(2):94-96.

[19] 庞通,黄艺荣,徐依斓,等.三线摆实验中摆角偏大产生的误差及修正方法[J].大学物理实验,2015(1):96-98.

[20] 袁婷.迈克耳孙干涉仪应用功能拓展研究[J].价值工程,2019(30):183-185.